広島県福山市の小野敏雄さん（故人）が超高うね栽培で作ったジャガイモ。大きく、数も多い（撮影　田中康弘）

ジャガイモの超高うね栽培

広島県福山市　小野敏雄さん

撮影　田中康弘

①うね間80cm、株間40cmで、種イモを普通に植え付ける。うね間を80cm以下にしないこと

小野敏雄さん（故人）は、若い頃は、勤めながら農業に従事していた。退職してからは、米作りに力を入れてきたが、身体を悪くしてから、ジャガイモやネギなどの野菜を栽培してきた。ジャガイモの葉が完全に埋まるように培土するやり方は、五〇年以上前から続けてきた。普通の作り方に比べて、イモの味がよく、クズイモが少なく、二倍は収穫できるという。

②草丈12～15cmまで育てる。イモの数を多くしたいときは、茎数を3本くらいにし、大きいイモを収穫したいときは、芽かきして茎数を1本にする

③土寄せして、ジャガイモを完全に埋めてしまう。生育に合わせて2回土寄せする人が多いが、この1回のみ。「他の人は恐ろしがってようせんのよ」

⑤肥料の上から土をかぶせる

④盛った土の上に、苦土ホウ素入り化成肥料（14-8-12）をまく。土壌がアルカリ性になると、そうか病が出やすいので、アルカリ化しない肥料を使う

⑥うねの高さは40cm。高うねにすることで、ストロンが伸びるスペースを十分に確保できる。また、土中に酸素が供給されやすくなる

⑦うねの断面。土中に埋まった芽は、すぐに地上に顔を出し、順調に育つ。強い樹になる

⑧収穫始まり

小野敏雄さん。65歳で退職後、84歳まで稲作りや野菜作りを楽しんでおられた

⑨イモがまとまって着くので、収穫しやすい

⑩1株に着いたイモを並べてみた。大きくて数も多い

ジャガイモは「植え付け八分作」

撮影　赤松富仁

元北海道大学の吉田稔先生（故人）によれば、ジャガイモ栽培では、植え付けまでの作業のやり方で、収穫の八割が決まってしまうのだという。そこで、出芽直後の畑で、生育診断の方法を教えていただいた。

（本文四五頁参照）

この畑の出芽日は5月29日くらいかな。ジャガイモは1日1.2cmずつ大きくなるから、この草丈からすると出芽後8～9日だとわかるんだ（撮影日は6月8日）。理想的なジャガイモの出芽日は、ソメイヨシノの開花日（平均気温10℃）と同じなんだ。ここの土地ならもっと早植えして、出芽を早めたほうがいい。この畑の出芽揃いと株間については、ほれぼれするくらい揃っている。これは100点満点だ

北海道訓子府《くんねっぷ》町《ちょう》のジャガイモ農家・中西康二さんと吉田稔先生

（4茎の株を掘ってみた）これは茎の太さがバラついているな。1番細いのは無効になる。植え付け深さ（白い部分）は6cmくらいだから合格！

茎数はまあまあだ。1株当たり2～3茎のものがほとんどで、何より1茎がない。本当は4茎が理想だけどね

まず、全体に草丈が短く、出芽が遅い（同日撮影）。出芽日については大減点！　出芽揃いと株間についても、バラつきが大きい

1茎の株がけっこうある。1茎だとイモが大きくなりすぎて、中心空洞になりやすいんだ

毎年この診断を自分で繰り返して、栽培技術を高めていくことが大切！

出芽期の生育診断のポイント

①出芽期の早晩
ジャガイモは、収量が直線的に増えるという特性をもつ。だから早植えして生育期間を延ばせば、そのぶん増収する。尻込みしてないで早植えすること

②出芽のバラつき
出芽が遅れれば、そのぶん肥大開始も遅れる。出芽後は株同士が競合しあうから、生育の遅いやつはますます遅れていく

③株間のバラつき
競合するのは地上部だけじゃない。地下でイモ同士が重なれば競合して太りにくい

④茎数のバラつき
1本の茎につくストロンの数は決まってる。茎数が多いほうがイモが増える

うね立て、草取り、土寄せいらず

ジャガイモの超浅植え栽培

福井県福井市　三上貞子さん

三上貞子さんが本格的に野菜作りを始めたのは、平成十二年から。それまでも、仲間八人と地元のスーパーに野菜を出荷していたが、どちらかというと和裁の仕事が中心だった。平成十六年に、田んぼ四〇〇坪を埋め立てて畑に替え、その畑で野菜の不耕起栽培に挑戦するようになった。

①3月中旬、幅2mのうね（うね立てはしない）に種イモを植え付ける。条間30cm、株間40cmの5条植え

②種イモが埋まるくらいの浅い穴を掘って植え付ける。切らなくてもいいように、小さいイモを種イモにする

③種イモに2cmくらい覆土し、植えた位置がわかるようにソバ殻（籾がらでも可）をのせる

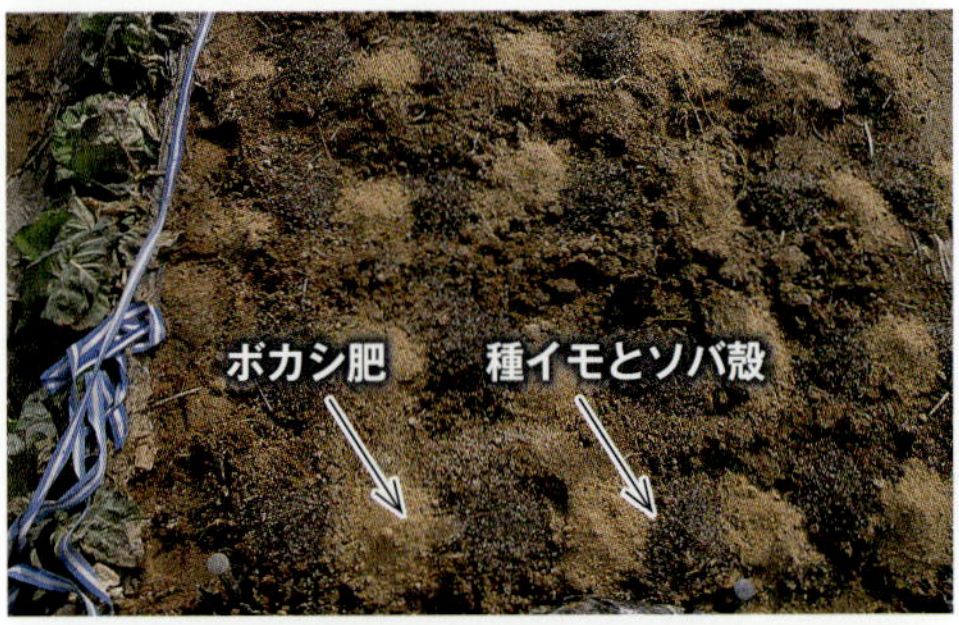

④株間にボカシ肥をお椀一杯分施用

⑤黒マルチをかけたら定植完了。2～3週間後、マルチに切り込みを入れて、芽を外に出す。マルチの切れ目に、ひとつかみの土をかけて、隙間から光と風が入るのを防ぐ

⑥収穫日を葉茎が枯れるまで遅らすと、マルチに直射日光が当って青イモになりやすい。ジャガイモの実がついたら収穫の合図。福井では6月半ば

⑦収穫のときは、まだ青い茎葉を鎌で刈り取る

⑧マルチをはぐと、地表面にジャガイモがゴロゴロ。掘り起こす必要はなく、手で拾うだけでいい

サツマイモ苗を切り分けて植えてみた

宮城県村田町　佐藤民夫さん

佐藤民夫さんは、二・五haの畑をフル回転させて、さまざまな野菜を年中切らさず栽培する。収穫した野菜は、すべて直売所で販売するプロ農家だ。サツマイモの苗が足りなくなってしまったため、試しに切り分けて植え付けてみた。

長さ30cm、10節ほどの苗を、半分に切る。長い苗は3つに切った

長い苗は斜め植え、短い苗は直立植えにした。写真の苗はどちらも斜め植え

直立植え
棒で垂直に穴を開け、苗を2～3節挿し込む

斜め植え
竹の棒で斜めに穴を開け、苗を3～4節土中に挿す

10月の収穫の様子。どの苗にもイモは着いていた。短くて節が少ない苗のほうには、数は少ないが大きなイモが着き、逆に、長い苗には中イモがたくさん着くようだ。写真の品種はパープルスイートロード

撮影　田中康弘

この株には7本着いていた

左から、ベニアズマ、安納イモ、パープルスイートロード

洗ったパープルスイートロード。長い苗（斜め植え）の株が多かったせいか、中イモが多くとれた

干しいも作り

徳島県阿波市　塩田富子さん

撮影　田中康弘

塩田富子さん。イチゴ農家だが、干しいものためにサツマイモの作付を増やした

①大鍋にたっぷりの水を入れて煮る。お湯が少なくなってきたら注ぎ足す

②串が通るまで煮あがったら、いもが熱いうちに、水の中で皮をむく。タマオトメなど皮がむけやすい品種は、手でつるっとむける。皮がむけにくいベニキララや安納は、つまようじを使うと早くきれいにできる

③端を切って形を整える。以前は、煮る前に切り落としていたが、煮ている最中に黒ずみやすかったのでやり方を変えた

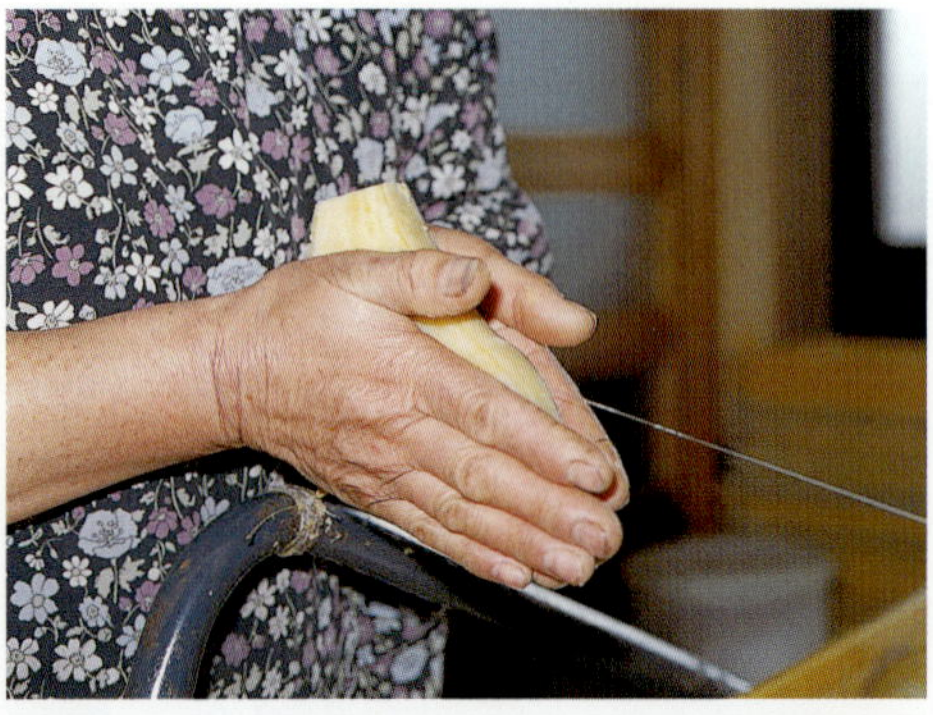

④ピンと張ったテグスで、1～1.5cmの厚さに切る（包丁だといもがつぶれやすい）。下から上に向かっていもを動かす

⑤スティックタイプにするときの切り方

⑥きれいに洗った網の上に並べる

⑦3日目くらいに裏返す。デコボコになった縁をカットして形を整える

⑧通常は7～10日間、半生だと4～5日で干し上げる。いずれも途中で1回裏返す

⑨じっくり干し（左）は、ビニル袋に入れてコンテナに詰め、予冷庫で保存する。4～6℃で4～6か月。保存期間中、ときどきカビなどのチェックを必ず。1か月くらいで白い粉がふいてくる。半生タイプ（右）は、すぐに食べる

サツマイモの品種によって味や色、食感が楽しめる（本文125頁参照）

ジャガイモ品種の特徴

田宮誠司

食感・煮くずれ度からみたジャガイモ品種

（図は田宮誠司氏・北海道農業研究センターの図をもとに編集部で作成）

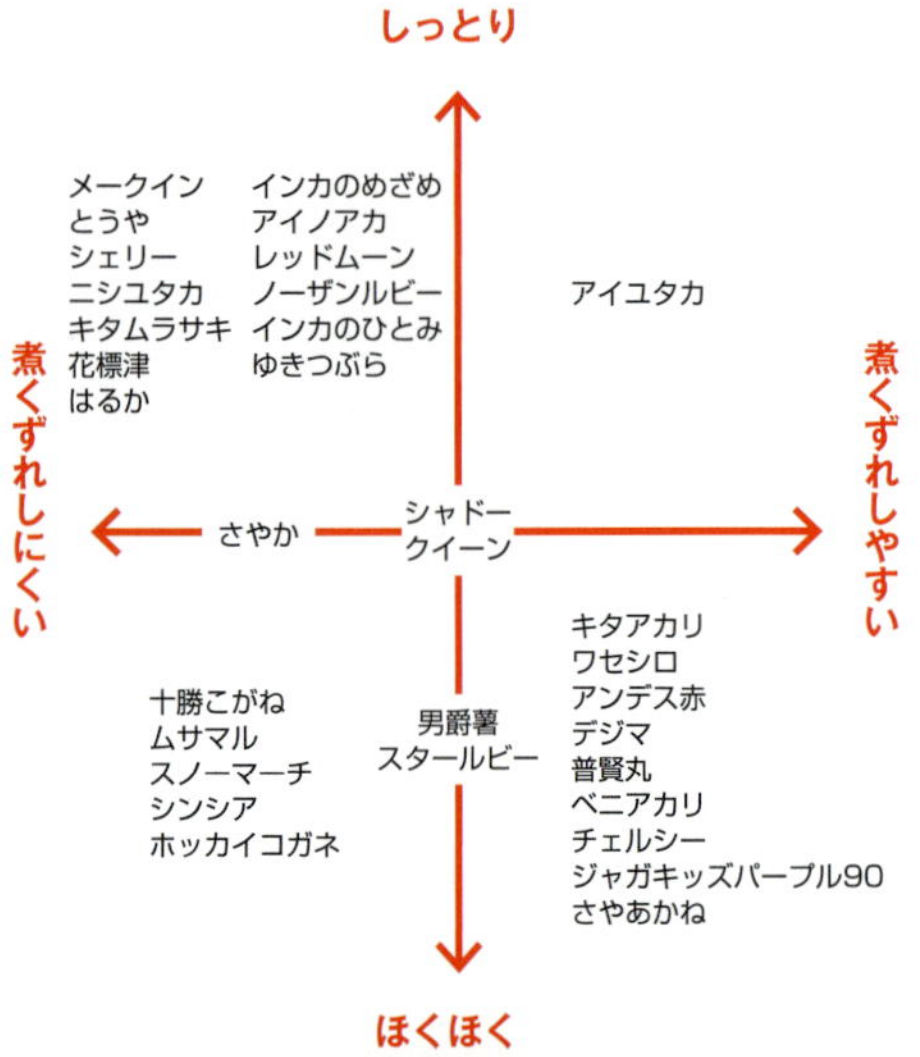

十勝こがね　食味はよく、煮物、フライなど調理適正が高い。休眠期間が長く、貯蔵性が良い。線虫抵抗性

シャドークイーン　キタムラサキから選抜。肉色は紫で、食味はよい。調理用

さやか　大粒で多収。蒸しいも、サラダ、煮物に向く。チップやフライには向かない。線虫抵抗性あり。そうか病、粉状そうか病、黒あざ病、青枯病には弱い

はるか　食味はよく、サラダやコロッケに向く。多収。線虫抵抗性で、青枯病にはやや強い。多収穫だが、熟期は男爵薯より遅い

インカのひとみ　インカのめざめから選抜。栗に似た独特の風味があり、煮物、フライドポテトにも向く。ウイルス病、疫病に弱く、青枯病、粉状そうか病には強い。線虫抵抗性なし。休眠期間は極短

ノーザンルビー　キタムラサキより選抜した赤肉品種で、線虫抵抗性あり。煮くずれは男爵薯より少なく、肉質はやや粘で、食味は中

アイユタカ　暖地二期作向け。肉が軟らかく食感が滑らか。調理特性はよい。多収、大イモで、線虫抵抗性。青枯病、そうか病、疫病には弱い

アイノアカ　暖地二期作向け。あっさりした味で、煮くずれが少なく、カレー料理等に向く。春作でやや多収、秋作では収量が少ない。線虫抵抗性はない。そうか病や青枯病には強い

さやあかね　男爵薯なみに食味がよく、コロッケに向く。疫病、センチュウに抵抗性で、病気に強い。減（無）農薬栽培も可能

アンデス赤　赤皮で黄肉。肉質は粉質で、食味は上。春秋二期作が可能。休眠期間が短いので長期貯蔵には向かない。大イモに中心空洞が発生することがある

スタールビー　赤皮で黄肉。食味は男爵薯並で、用途は調理用。中心空洞が発生しやすいため、浴光育芽で萌芽と初期生育を確保し、大イモを避ける

チェルシー　フランスで育成されたJennyという品種。早晩性。一株当たりのイモ数が多く、小イモだが収量は多収。フライに適する

シンシア　フランスで育成された品種。栽培可能地域は広い。休眠が長いので芽が出始めていることを確認してから植え付ける

スノーマーチ　白黄皮で白肉。煮くずれが少なく、調理特性は男爵薯より優れる。そうか病に強い。褐色心腐れや中心空洞が発生することがあるので、多肥や疎植を避ける

サツマイモ品種の特徴

吉永　優

食感・甘みでみた
サツマイモ品種

（図は吉永　優氏・九州沖縄農業研究センターの図をもとに編集部で作成）

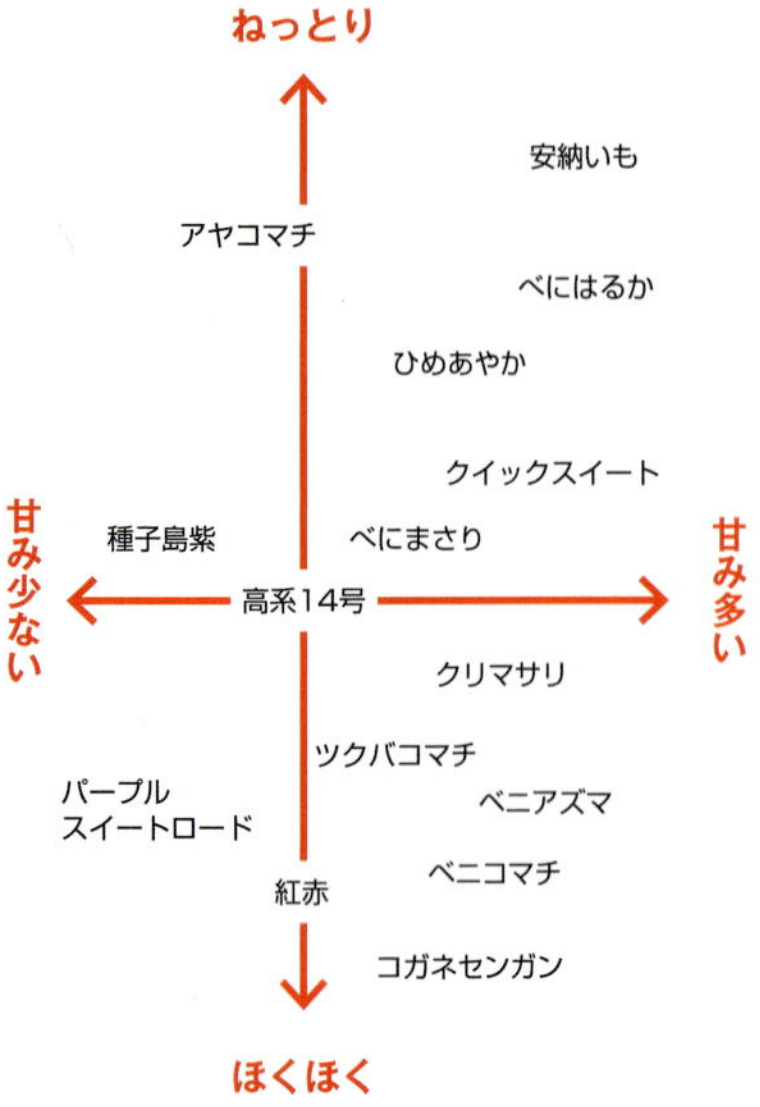

安納いも　種子島の在来品種。ねっとりして甘みが強い。焼きいもは大人気

アヤコマチ　カロテンを多く含み肉色は橙。食味はよく、調理にも向く

べにはるか　新しい品種で、食味や外観がきわめて優れる。甘みが強く美味。線虫抵抗性は強

種子島紫　種子島の在来品種。舌触りが滑らかで食味がよい

ひめあやか　肉質はやや粘質でしっとりとしていて、食味が優れる。小イモが多く着く。立枯病、つる割病、黒斑病にやや強

パープルスイートロード
肉色は紫で、食味はよい。多収でイモの形がよい。貯蔵してから焼きいも等に加工する。つる割病に強、立枯病、ネコブセンチュウ、黒斑病には中

高系14号　昭和20年、高知県の農事試験場で早掘り用品種として選抜。早掘りの食味は非常によい。適度なホクホク感があり、貯蔵により甘みが増して食味が向上する

はじめに

一般的な顕花植物は、花を咲かせて実を着け、種子を拡散して、種を存続しようとする。しかし、気候変動や自然災害で、種子拡散者がいなくなってしまうこともあるし、移動した場所でうまく定着できないこともある。そこで、ジャガイモやサツマイモなどは、種子だけでなく、地下の茎や根に養分やエネルギーを蓄えて、次の萌芽期まで生き延びる戦略（栄養繁殖）をとっている。このような種子繁殖と栄養繁殖の両方を行なう植物は、植物の生存には不利な環境条件（ニッチ）に適応してきた植物ということもできる。

ジャガイモとサツマイモは、ともに新大陸起源の栽培植物である。チリ南部の一万四千年前の遺跡（モンテベルデ）から、ジャガイモの遺物が見つかっており、人類が新大陸に到達した直後から食用にしていたことがわかっている。栽培の歴史は古く、ジャガイモは紀元前五千年ごろ、サツマイモは紀元前三千年ごろには栽培化されていたと考えられている。

両者とも、旧世界に伝播した直後は、作物としてさほど重要視されていなかった。旧世界には、麦、稲、アワ、キビなど、イネ科の穀物があったからだ。ジャガイモ、サツマイモが、普及するようになったのは、飢饉がきっかけであった。

イネ科穀物が食料として重要なのは、貯蔵性が極めて優れるからだ。条件がよければ、常温で二〇年近くも保存可能である。ただし、一年草として栽培され、短時間で種子に養分を蓄えるため、収穫量が天候に大きく左右される。冷害年には、稲の収穫量が平年の三割にしかならないこともある。もし、天候の悪条件が数年間も続けば、たちまち飢餓に直面する。貯蔵施設や広域流通が発達しておらず、代替作物もなかった時代には、たびたび飢饉に見舞われていた。

悪天候や土壌の劣化に強いジャガイモとサツマイモは、救荒作物として重要な位置を占め、世界中で栽培されるようになった。どんなに科学が発達しても、人間の力では天候や自然災害をコントロールすることはできないため、今後とも救荒作物としてのジャガイモ、サツマイモの重要性が失われることはないであろう。

一方、現代では、「生存のための食料」としてだけでなく、「おいしい食品」としてのジャガイモ、サツマイモの価値が高まっている。現代の食生活の中で、フライドポテト、ポテトチップス、ポテトサラダ、焼きいもなどが存在しない生活は想像できない。そのために、さまざまな味や食感を持つ新しい品種が育成されている。また、多少条件が悪くても栽培可能であるために、家庭菜園でも人気の作物のひとつになっている。

本書では、我々の生存と食生活に欠かすことができない、ジャガイモとサツマイモの栽培法や品種についての事例を収集しました。

農家が教える

ジャガイモ・サツマイモつくり 目次

執筆者、取材対象者の肩書や市町村名は、原則として掲載時のままとしました。

〈カラー口絵〉

Part1 ジャガイモ栽培 プロのコツ

Part2 ジャガイモ栽培の基礎

Part3 サツマイモ栽培　プロのコツ

Part4　サツマイモ栽培の基礎

あっちの話　こっちの話

レイアウト・組版　ニシ工芸株式会社

食べ比べてわかった新品種の本当の実力

北海道帯広市　中藪俊秀さん

編集部

新品種ができても市場では売れない

北海道十勝といえば、いわずと知れたジャガイモ産地。ここで作付けされている品種のほとんどが「男爵」と「メークイン」である。

「本当はもっといい品種がいっぱいあるのに…」という中藪俊秀さんは、三〇年近くジャガイモの種イモ生産をしてきた、十勝の畑作農家である。六年前、かつては組合長まで務めた種イモ生産組合を脱退し、北海道農業研究センターが次々育成している、新しい品種で勝負しようと決めた。

最初作ったのは、「十勝こがね」など数種類。自分で食べて、「うまい」と思った品種だ。だが、作ったイモを地元市場へ持ち込むと、知名度がないために、まったく相手にされなかった。男爵やメークインなら一箱（一〇kg）一三〇〇円くらいのところ、たったの四〇〇円。経費もでない値段のため、六ha分の新しい品種は、ほとんどデンプン工場へ回した。当然値段は安い。

しかし「困難にぶつかると燃えるたち」の中藪さんは、市場で売れないなら、自分で販路開拓をしてやろうとの想いを強くした。

売り先は、意外に早く見つかった。息子の俊彦さんが参加した幕張（千葉県）のアグリエキスポで、東海地方にあるスーパーのバイヤーが、中藪農園のジャガイモに興味を持ってくれたのだ。そのバイヤーは後日北海道まで来て中藪農園の畑を見た後、サンプルを送ってほしいといってきた。その後、「ぜひ扱いたい」と連絡が入った。契約販売の始まりである。

中藪俊秀さん

焼きジャガイモで四品種を食べ比べ

そのスーパーは月に一度、販売員や消費者を集めて、野菜の食べ方などの勉強会をしていた。そこで中藪さん、「ぜひオレにもイモの話をさせてほしい」と願い出た。

素材の味をしっかり確認してもらうために、スーパーの焼きイモ器を使って、焼きジャガイモを作った。北海道から持参した「十勝こがね」「とうや」と、スーパーが普段仕入れている男爵、メークインを食べ比べ

中藪農園のジャガイモ畑。約40haの畑でジャガイモ、大豆、アズキ、カボチャ、小麦などをつくる（撮影　小椋哲也）

てみた。すると、十勝こがね、とうやに軍配が上がった。「味が濃くて、おいしい」と、参加した約四〇人の多くが言ってくれた。

品種の特徴を知ってもらう

その後も何度か勉強会に足を運んだが、一番ウケたのは、ジャガイモのパリパリサラダ。ジャガイモを生のまま千切りにして表面のぬめりを水で洗い落とし、水を切ったら塩をふって軽く揉み込んで、ごま油を少々絡ませる。

中藪農園の主な4品種。どれも芽が浅く皮がむきやすい。すべてシストセンチュウ抵抗性（撮影　小椋哲也）

とくに果肉の白い「はるか」は、パリパリサラダに向いている。一見すると大根サラダのようだが、食べてみるとジャガイモの新鮮な食感が味わえ、「おいしい！」と評判になった。

さらに、ジャガイモには食べ頃の旬があることも伝えた。とうやは掘りたての新ジャガがおいしいが、十勝こがね、はるかは貯蔵したほうが甘味やうまみが増してくる。とくに、はるかは九月に掘って翌春四月まで貯蔵するとビックリするほど甘くなる。

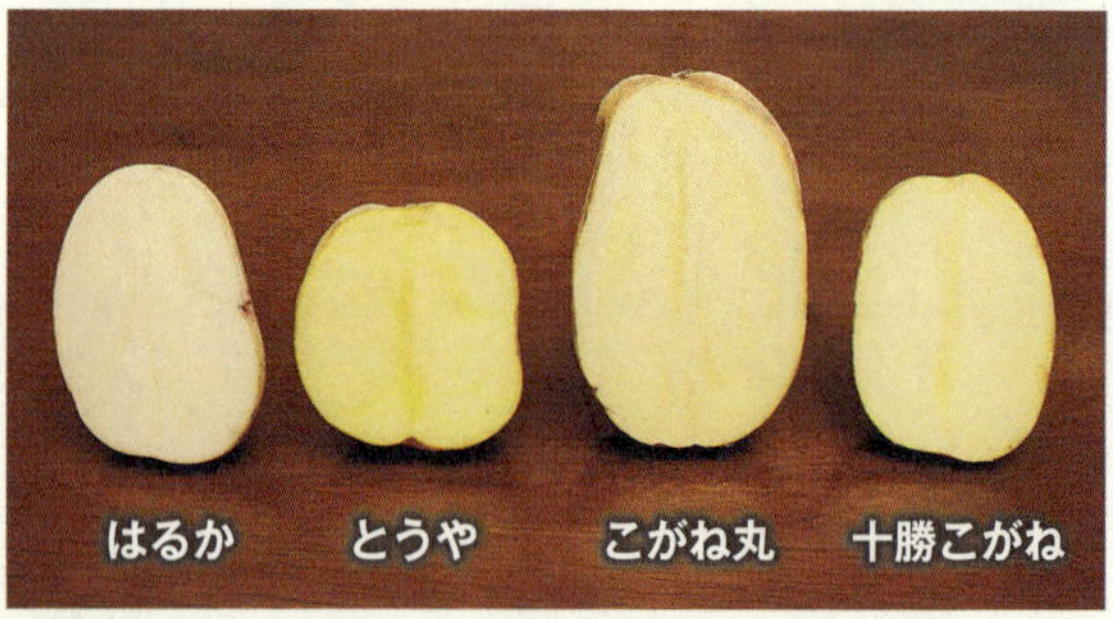

断面を見ると白肉の「はるか」が目立つ。写真にはない「さやか」も白肉（撮影　小椋哲也）

スーパーから男爵が消えた

中藪さんの話を聞いて、スーパーの販売員さんたちのセールスにも力が入ったのだろう。最近、そのスーパーからは男爵が消えてしまったという。「うちでは男爵を仕入れる必要がなくなりました」とバイヤーが言ってきたのだ。さすがに中藪さんも驚いてしまったが、中小規模のスーパーは、大手量販店と差別化するために、目玉になる商材を必死になって探しているようだ。

中藪さんがスーパーに売り込んだ品種は、おもに以下の五つ。

十勝こがね　中藪さんがもっとも力を入れているのが十勝こがね。ホクホク系なのに煮崩れしないのが最大の特徴。「カレーやシチューに入れて、三日くらいたっても煮崩れしない」。そのうえ冷めてもおいしい。油との相性もいいのでフライにも向く。中藪さんは、加工業者に頼んで十勝こがねでコロッケを作ってもらい、道の駅やホテルで販売したら大人気となった。

　ただ、十勝こがねは、中心空洞が出やすいという欠点がある。イモを大きくしようと欲張って肥料をたくさん入れると空洞が出る。そこで、窒素を、男爵なら一〇a一〇kg入れるところを、十勝こがねは六kgくらいに抑えている。またイモの休眠が長いので、種イモは春先ハウスで芽出しをしてから植えるようにしている。初期の茎立ちがよければ、中心空洞が出にくいともいわれている。

はるか　しっとり系で煮くずれしにくく、肉色が白いのが特徴。最近の人気品種はほとんど果肉が黄色いので、差別化できる。ポテトサラダ専用といわれる「さやか」の血を引き、煮物だけでなく、サラダにも合う。食味もいいので「ぜひこの品種を扱いたい」というバイヤーが急増中だ。

　注意するのは、芽が同じ場所に集中しやすいので、種イモは切り方に気をつけること。また、熟期が男爵より遅いので早掘りしない。

とうや　掘りたてがおいしい早生種で、クセがないので煮物やスープに合う。少し前に人気が出たキタアカリも早生でおいしいが、キタアカリは、とうやの二倍くらい肥料を食う。とうやは一〇a当たり窒素六kgくらいですむ。

こがね丸　十勝こがねを親に持つ大玉品種で、収量も多い。油との相性が抜群でポテトフライ専用とされる。知り合いの飲み屋さんにこれを持って行って、フライにしてもらうと、お店の人は存在感のある味にビックリする。

さやか　マヨネーズやドレッシングによく合う淡白な味で、ポテトサラダに向く。芽が浅いので皮がむきやすい。光に当たってもエグミが少ない。量は多くないがサラダ専用の業者向けに作っている。

種イモをハウスに3週間ほど並べて芽を出してから（浴光育芽）、植え付ける

お客さんのことを考えて作るのはおもしろい

　じつは、「十勝こがね」や「はるか」は、北海道ではほとんど作られていない。一方、府県では少しずつ作る人が増えていて、直売所などで人気を集めている。

　作付面積が大きい産地農家にとって、新品種の導入は簡単ではない。消費地から遠く、販路の開拓が容易ではないからだ。そんな困難な状況を打ち破ろうと、販路開拓を自分で始めた中藪さん。直売を始めて五年、東海のスーパーでは、中藪農園のジャガイモを一日五〇〇kg売ってくれるまでになった。このスーパー以外にも四つの業者と契約し、現在では、一〇haのジャガイモをすべて契約販売できるようになった。

　「正直、最初はどうなるかと不安だったけど、お客さんのことも考えて味や料理のことまで考えるとおもしろいのさ。奥深い世界だよ」と中藪さんはいう。

現代農業二〇一二年二月号　男爵・メークインをやめた北海道畑作農家の話

俵さんの生命力極強のジャガイモ品種

長崎県雲仙市　俵　正彦さん

編集部

自分で育種したジャガイモの畑に立つ俵正彦さん

個人でジャガイモ品種育成

ジャガイモは、地中の塊茎（イモ）による栄養繁殖で栽培される植物である。種イモにつく病原菌（ウイルス病や輪腐病）のまん延を防ぐために、一九五一年から、植物防疫法に基づいて、原原種→原種→採種と種イモを増殖する各段階で、厳格な検査が行なわれている。

育種、原原種の維持、施設などに大きな資金が必要なため、ジャガイモ品種の育成は、北海道、長崎などにある公的な研究機関が行なっている。民間や個人で、ジャガイモの育種に取り組む人はまずいない。

俵さんは、高校卒業後に、アメリカの大学やサリナスの野菜農家、アイダホのポテト協会の会長の農家などで農業研修をしてきた。アメリカのような近代的な農業経営をめざし、種イモと青果用のジャガイモを、雲仙や阿蘇の農場で大規模に生産していた。

ジャガイモは長期貯蔵がきくにもかかわらず、日本の市場では青果扱いで、非常に不安定な価格で取引が行なわれてきた。アメリカのジャガイモの生産現場を見ていた俵さんは、そうした日本の現状をおかしいと感じていた。そして、一九八二年に、生協と契約栽培をするようになった。

生協への契約出荷を始めて、クロピク（土壌消毒）をやめると、青枯病、そうか病などの土壌病害がまん延するようになった。既存のジャガイモ品種では、満足したものがない。そこで、収量、味、耐病性に優れた、地域の風土に適したジャガイモ品種を自力で育成し始めた。

育種を始めて一〇年目に、日本で初めての民間育種による新品種「タワラムラサキ」を育成し、現在までに一〇品種が品種登録されている。二〇一〇年には、農林水産省が選定する「農業技術の匠」にも選ばれ、二〇一二年春から、ようやく育成した品種の種イモを供給できる体制が整った。

土壌病害、ウイルス病に強い

　俵さんが育成したジャガイモ品種は、多収で、病気に強いものが多い。その代表が、メイホウの突然変異から生まれた紫色の「タワラムラサキ」だ。それまで有色系のイモは収量がとれないといわれていたが、タワラムラサキはその常識をひっくり返した。

　雲仙市では、一年を通じて西南の風がよく吹くため、ジャガイモの地上部に出る疫病のような病気の心配はない。厄介なのは、土壌病害の青枯病やそうか病だ。そのため、土壌消毒剤と縁が切れない。ところがタワラムラサキは「前作に青枯れが入った畑に植えてもいいぐらい」。

　また、タワラムラサキは、アブラムシが媒介するウイルス病に強いことがわかってきた。

　「ほら、あの右側の小さい株はインカのめざめですよ。春作で収穫したイモを種イモにして作ってみたら、ウイルス病であんなふうにしか育たない。左側はタワラムラサキです。前年の春からもう四作続けている。ウイルス病に抵抗性があるんじゃなかかと言われとるんですよ。あっちのタワラムラサキは一三年目だから、もう二五回も種イモを変えていない。こっちも変わらんでしょ」

　昔から、収穫したイモを種イモにして栽培を繰り返すと、次第に減収していくことが知られている。ある県の試験場によると、一回目で二〇%、二回目で二八%、三回目だと

右側は前作で収穫したイモを種イモにしたインカのめざめ。ウイルス病のために育たない。左側は、収穫イモを種イモにするのを3回繰り返したタワラムラサキ

俵さんが育成したジャガイモたち。手前から、ヨーデル、マガタマ、※ヨーデルワイス、※タワラワイス、※不二子、※ルパン、※織姫、彦星、マゼラン、ペチカ、小判、タワラムラサキ、ポラリス（略称で表記、※印は登録前の品種）

五〇％の減収。ウイルスの罹病率がだんだん高くなり収量が大幅に減っていく。そこで、検査に合格した無病の種イモを毎回更新することが奨励されている。

もし、ウイルス抵抗性品種であれば、必ずしも毎回種イモを更新する必要がなくなり、ジャガイモ生産者にとっては大幅なコストダウンにつながる。

俵さんが育成したジャガイモ品種

細長いジャガイモ、長右衛門宇内。頂芽だけでなくイモ全体から芽が出る。輪切りにするだけで芽の揃った種イモになるので便利

品種と土壌条件との相性

▼火山灰土

ジャガイモはどんな品種でも、土が固いとかやせているほうが、イモが作りやすい。ただし男爵は、固い土ほどイモが肥大するときに芽がくぼみやすい。軽くて軟らかい火山灰土などで作ったほうが、皮のむきやすいイモになる。

俵さんの品種でいえば、タワラムラサキも軽い土向き。どんな土質でもそれなりによくできる品種だが、軽い土のほうが、紫色が鮮やかだ。阿蘇の真っ黒い火山灰土で作ったタワラムラサキがそうだった。

▼固い土

固い土に合うのは、グラウンドペチカや彦星、マゼラン。ペチカを軽い火山灰土で育てると、葉っぱはよく茂るがイモの着きが悪い。彦星は、黄色のベースに赤色がまだらに入った美しい品種だが、固い土だと赤がより鮮やかになる。

俵さんの畑がある島原半島西側がそういう土だ。赤土なのだが、粘土ではなく玄武岩が風化してできている。また、干拓地などの堆積土も、粒子が細かく乾くとガチガチに固くなるのでこれらの品種が向いている。

一般の品種ならメークインだ。メークインは、デジマ、ニシユタカ、男爵と比べて三割増しくらいで肥料を食う品種でもあるので、肥持ちのいい玄武岩の風化土や堆積土に向いている。

▼砂質の土

河川敷など砂質の土に適したジャガイモは、従来の品種にはなかった。たとえば鳥取砂丘。水ハケはいいけど肥持ちは最悪。男爵もメークインもよくできないからラッキョウを植えたりしてきた。だが、「タワラムラサキやポラリス北極星を植えたら抜群」だ。

▼肥沃な土

ペチカの中に、イモがクロワッサンのような形になった変異株を見つけて固定した品種がある（まだ登録前）。ペチカ同様の色と真っ赤な二種類があり、仮の名をタワラルパンとタワラ不二子とした。俵さんはこれまでやせ地でも作れるジャガイモを探してきたが、この二品種は肥料が多い畑でよく育つ。ニンジンのあとでもよくできる。大玉の傾向があり、玉揃い抜群。

一般の品種では、同じく三tとれても青果

俵さんが育成した品種の特徴

タワラムラサキ	皮は赤紫、肉色はクリーム色。青枯病に強く、多収。連作可能
サユミムラサキ	タワラムラサキを固定している途中で出てきた品種。皮は赤紫、肉色はクリーム色。青枯病に強く多収。とにかく丈夫で、高温、低温に強く、排水不良など劣悪な環境でも、収穫できる
タワラポラリス 北極星	タワラムラサキの変異株。皮の赤紫の光沢がきれいで、芽の部分だけ白。肉色はクリーム色で、キメが細かく、舌触りがいい。イモ数は少なく、大イモになりやすい。多収
グラウンドペチカ	レッドムーンの変異株。皮は濃い赤紫色で、芽の周囲だけ丸く赤い。肉色は黄色。レッドムーンなど有色品種は、良食味で人気が高いが、収量が少ない。グラウンドペチカは、肥料に油粕をやるだけで極多収。試験データでは、男爵の1.8倍の収量
タワラヨーデル	アンデス赤の変異株。皮は赤紫、肉色は濃黄色。そうか病に強く、早生で多収。アンデス赤やレッドムーンは、収穫したあとの休眠期間が短いが、タワラヨーデルは、メークイン並みに休眠が長い
タワラマガタマ	タワラヨーデルを固定している途中で出てきた姉妹種。皮は赤紫、肉色は黄色で、そうか病に強い。早生。タワラヨーデルより、味が淡泊で、和食に向く
タワラアルタイル 彦星	グラウンドペチカの変異株。皮は鮮やかな黄色をベースに、赤いまだら模様。肉色は黄色で多収
タワラマゼラン	タワラアルタイル彦星の兄弟。皮は赤紫、肉色は黄色。緑化せず、エグミが発生しない。春作、秋作とも極多収。「じっくりジャガイモを味わおうと思うなら彦星、バターをつけて食べるならマゼラン」
タワラ 長右衛門宇内	メークインの収穫中に見つけた品種。肉色はクリーム色で、イモが長さが30㎝以上になることもある。芽は全体に散らばる。そうか病に強く、多収
タワラ小判	メークインの変異株で、皮は焦げ茶色。俵さんが憧れる「ラセットバーバンク」の味や食感を超えるのではと思っている。ラセットバーバンクはアメリカの有名品種で、フライドポテトに使うジャガイモ。日本の気候では栽培不可能かとあきらめていたが、このタワラ小判で夢がかなった。「ジャガイモ食いにはたまらない品種です」。栽培は容易で、樹が暴れず、玉揃いもよく、「男爵の2倍はとれる」

俵さんが育成した品種は、独立行政法人種苗管理センター北海道中央農場（春作用）および同雲仙農場（秋作用）にて、原原種を作成してもらい、種イモは植物防疫所の検査を受けて、平成24年春から本格的に供給体制が整った。問い合わせや種イモの注文は下記へ

俵屋農場
〒859-1205　長崎県雲仙市瑞穂町西郷丁231
TEL：090-7984-9691　FAX：0957-77-2426

になるのは一tだけで、大きすぎ、小さすぎの二tは加工用ということがよくあるが、ルパンと不二子は全部が2LかLで、それ以外がほとんどない。北海道のビート後などにもピッタリではないかという。早めに種イモを供給できるようにしたい。

▼転作田

転作田には、硬い土向きの品種が合う。九州では同じ火山灰土でも、昔から畑だったところはpHが低くて土が軽いが、長年田んぼにしてきたところは、山から運ばれたミネラルが多く、中性に近いpHで土が重い。火山灰土の昔からの畑ならタワラムラサキだが、減反田ならペチカや彦星がお勧め。

米の消費が減って、いまや減反面積は水田全体の四割にもなる。田んぼに植えるイモというとサトイモを連想するが、俵さんは「なんでもっとジャガイモを作らんのか」とかねがね不満に思ってきた。ジャガイモは機械化できるし、サトイモと違ってイモをバラバラに外したり洗ったりする手間もいらない。

減反田が水に浸かったらイモが腐るだろうと心配されるが、「水が動かんときには腐るが、水が流れとったら簡単には腐らん」と俵さん。昨年、福岡県八女市の友人が、減反田のジャガイモが水に浸かったというので、排水路を作って水が流れるようにアドバイスした。それで腐らずにすんだという。

その俵さんも驚いたのは、熊本の友人がレンコン田で作ったというタワラヨーデルだ。俵さんが、自分の畑では見たこともないほど大きなヨーデルがゴロゴロとれていた。ヨーデルはイモの着く位置が浅い。田んぼで高うねにして作るにはピッタリの品種かもしれない。

赤や紫の品種は緑化しにくい

イモの着く位置が浅いと、緑化が問題になるが、タワラヨーデルは赤いイモなので心配ない。

メジャー品種のメークインは、長崎でも作るし、静岡の三方原では最高のメークインができるが、うねからはみ出して緑化しやすいため、三割は二級品になってしまう。その点、俵さんの品種は、比較的浅いところにイモが着く品種が多いが、赤や紫の濃い品種はもともと緑化しにくい。また、タワラ長右衛門宇内の場合は、メークインから変異した品種でイモが長いにもかかわらず、地中に斜めに潜るようにイモが着くので緑化しにくいという。

ジャガイモはイモで変異する？

古代インカ帝国時代の南米では、ジャガイモは市場で物々交換されていた。当時の農民は、色や形がさまざまな、多くの品種を作っていた。このように多種の姿かたちのジャガイモがあるのは、どんな天候にも対応するためだったと説明されている。

しかし、長年ジャガイモの品種改良に取り組んできた俵さんは、「それは西洋人の学者が頭で考えた理屈。市場では珍しいイモが喜ばれたからですよ。栄養繁殖して、種で繁殖することをあきらめたジャガイモにとったら、人間に気に入られることが子孫の勢力拡大を図る一番の方策。『人間に気に入られるよう、次はどんなイモに変異してやろうか』といつも思うとったはずですよ」という。

現代農業二〇一二年二月号　ヤセ地でも転作田でもオッケー　タワラさんの生命力極強のジャガイモ品種

ジャガイモがゴロゴロとれる種イモの切り方と株間

東山広幸　福島県いわき市　じぷしい農園

小イモばかりのキタアカリ？

私は、北海道の水田専業農家の生まれだが、福島県いわき市の山間部で、無農薬の野菜や米を宅配する百姓を始めて、二〇年余りになる。野菜の中でもジャガイモは、もっとも栽培が簡単で、学生時代から学寮の空き地を開墾して栽培していたから、栽培歴はもう二五年以上になる。

私も、キタアカリという品種を知るまでは、ほとんどの人が行なうように、何も考えずに種イモを二つ切りにして植えていた。しかし、キタアカリは、この植え方では茎数が立ちすぎ、数は多いが小さなクズイモばかりになってしまう。このことで、品種によって種イモの切り方や栽植密度を調整する必要があることを、初めて知った。

キタアカリは「個数型」、ワセシロは「個重型」

イネの品種に穂数型・穂重型があるように、ジャガイモの品種にも、いうなれば「個数型」「個重型」という違いがあるように思う。たとえば典型的な「個数型」は、イモ数が多くなりやすいキタアカリ、「個重型」はワセシロやシンシアなど、大イモになりやすい品種だ。

イネの場合は、穂数型も穂重型も同じ大きさの米粒になるので問題はないが、ジャガイモの場合、ちょうどいい大きさ（M～L級）のイモがとれず、規格外のイモばかりでは経済栽培は成り立たない。

ここでは、品種に合わせた種イモの切り方、さらに栽植密度を変えることで、適度な大きさのイモを多く収穫する方法を紹介したい。

筆者

個数型は小さく切り、疎植　個重型は二つ切りで密植

ジャガイモの株当たりのイモ数は、茎数と一茎当たりのイモ数で決まる。

茎数は単純に種イモの芽の数で決まりそうに思えるが、これが意外とそうではなく、ワセシロなどは多くの芽をつけた種イモを植えても、二～三本しか茎が立たず、逆にキタアカリは芽が二つしかなくても三～四本の茎が立つことがある。さらに、一茎当たりのイモ数も、キタアカリのほうがワセシロよりも二倍以上多い。

次に、面積当たりで考えれば、イモ数とイモの大きさはほぼ反比例する。一株にイモが少ないワセシロと、イモが多いキタアカリを

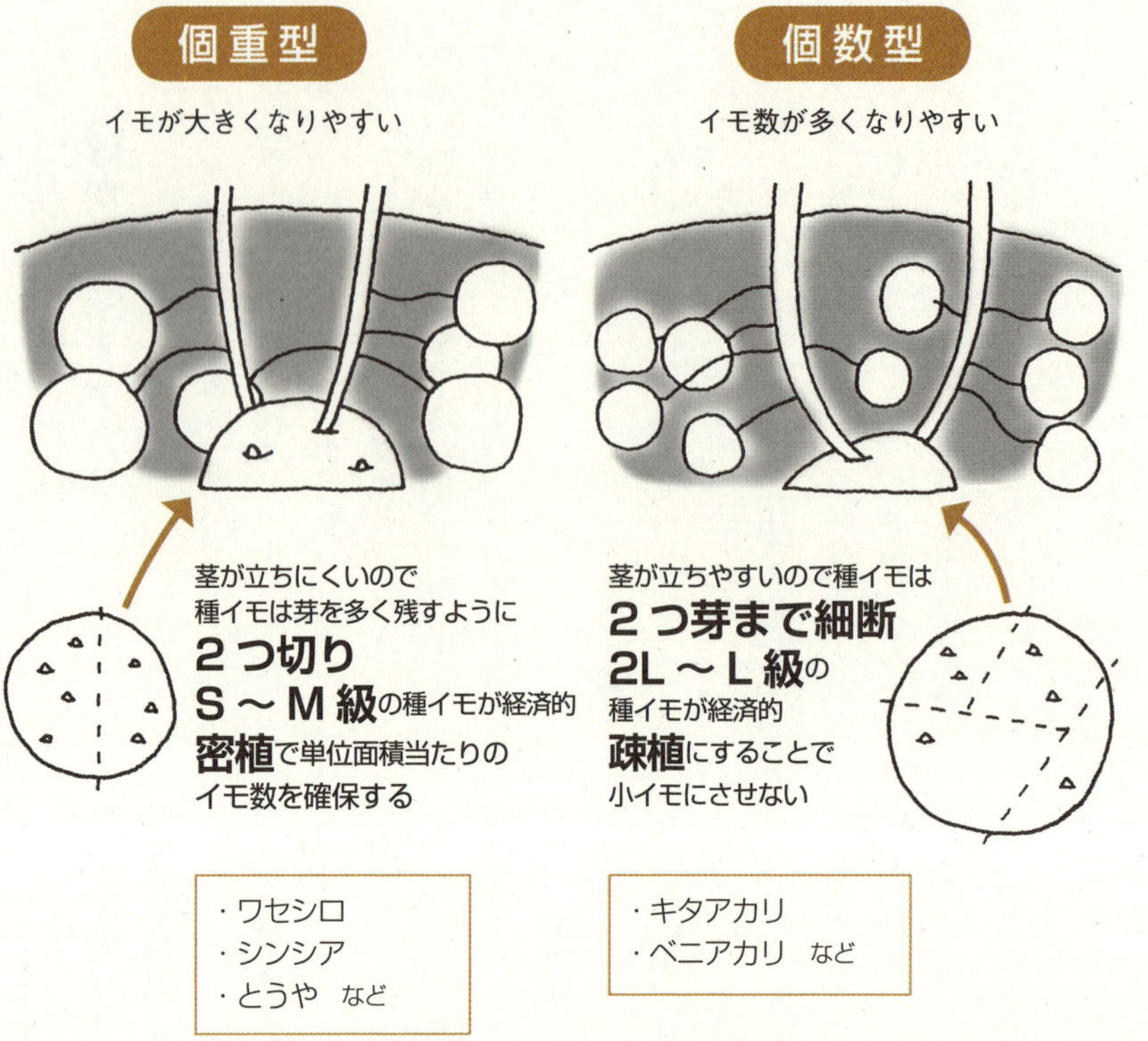
個重型
イモが大きくなりやすい
茎が立ちにくいので
種イモは芽を多く残すように
2つ切り
S～M級の種イモが経済的
密植で単位面積当たりの
イモ数を確保する
・ワセシロ
・シンシア
・とうや　など
個数型
イモ数が多くなりやすい
茎が立ちやすいので種イモは
2つ芽まで細断
2L～L級の
種イモが経済的
疎植にすることで
小イモにさせない
・キタアカリ
・ベニアカリ　など

十勝こがね、メークイン、男爵は中間タイプ

同じ密度で植え付けると、ワセシロは数は少ないが巨大イモばかりになり、キタアカリは大量の小イモ作りとなる。

そこで、ワセシロのような「個重型」は、種イモを二つ切りで密植する。逆にキタアカリのような「個数型」は、芽の数が二つぐらいになるまで細断し（L級なら三～七個ぐらい）、疎植気味に植えると、面倒な芽かき作業などしなくても、収穫の際には手ごろな大きさのイモが揃うようになる。

注意しなくてはいけないのは、「個重型」のイモの場合、大きな種イモを二つ切りで密植すると、恐ろしく種イモの数が必要で、種イモ代がかさんで仕方がない。

だから「個重型」のイモは、できる限りSかMの小さい種イモを選ぶ。逆に「個数型」のイモでは最低でもL、できれば2Lぐらいの種イモを購入し、四～六つに切ってもある程度の種イモ重量が確保できるようにしたい。小さく切っても芽は出るが、生育を揃えるためには、ある程度の大きさは欲しいからだ。

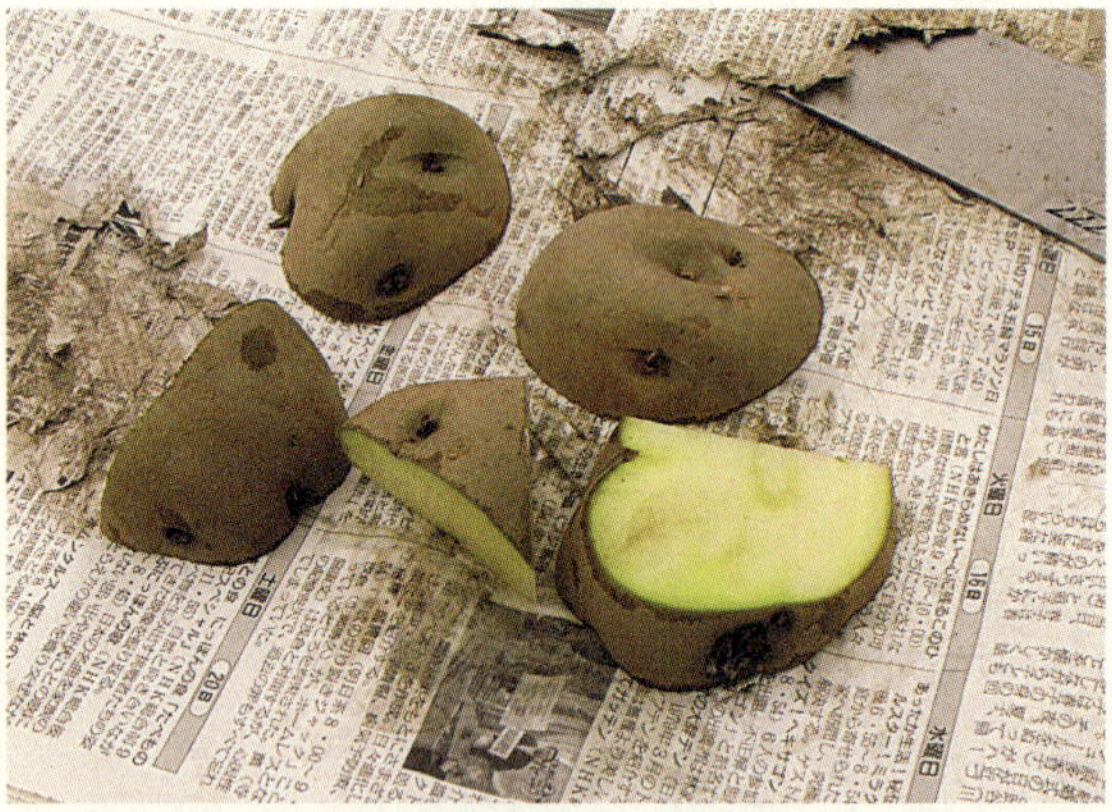

キタアカリは、芽の数が2つぐらいになるまで細断。断面が乾くとイモが弱り発芽が揃わなくなるので、なるだけ植え付けの直前に切る

種イモ代が安くすむキタアカリ

私はマルチ栽培で、うね間は一一〇cmで固定している。そこで、株間を変えることで、栽植密度を調整している。ワセシロで株間二〇～二五cm、キタアカリでは株間四〇cmに植え付けている。

ちなみにキタアカリの種イモは、L級一〇kg箱でおよそ八〇個。これを平均四個に切ると三二〇個で、株間四〇cmだとすると、一箱で一三〇mほど植えられる勘定になる（昨年は一五〇m近く植えた）。

これがワセシロでは、M級一〇kgで一一〇個ほど。二個に切って二二〇個。株間二五cmとして五五mしか植えられないから、キタアカリのほうが、種イモ代をかなり節約できる品種ということになる。

肥料は、魚粉を全層に一〇a当たり窒素成分で五〜七kg施用する。また、畑に並べたイモの上に、籾がら堆肥を一mに一kg程度載せている。

一般に、条間一一〇cmなら九五cm幅のマルチが使われるが、私は一三五cm幅のマルチを使っている。茎葉が茂ってきて、マルチが風でめくれる心配がなくなった頃、マルチを通路まで広げ、ピンで留めて全面マルチにする（一一八頁参照）。こうすると、草に困らない。ただし全面マルチにすると、高温でイモが腐りやすくなるので、地上部が枯れだしたらすぐはがす。

他の品種ではどうか

私が最近作った品種では、「とうや」はどちらかというとワセシロタイプ、ベニアカリはキタアカリに近いようだ。ベニアカリは種イモが高価だったので、昨年は一個を五個以上に切り分け、三kgの種イモで六〇m以上に植え付けたが、問題なく収穫できた。

十勝こがねは、中間タイプで、芽の数は三個程度になるように切り、株間は三〇〜三五cm程度に植えれば、大きな失敗はない。メークインは、芽は多いがイモが大きくなりやすいので、どう作ってもそこそこにとれる品種だ。

百姓が買う資材は、どれも大幅に値上がりしている。ジャガイモの種イモはそれほど値上がりがひどくないが、キタアカリのような「個数型」の品種を小さく切って植えれば、型も揃って種代が大幅に節約できる。品種の特性を知って、少しでも「損をしない農業」を追求しよう。

現代農業二〇一一年三月号　ジャガイモがゴロゴロとれる種イモの切り方と株間

芽の数と萌芽を揃えるため、植え付け2週間ぐらい前から浴光催芽。イネの苗箱に並べると後で運ぶのにも便利。頂芽部を上にして並べる。ネズミ害を防ぐためサンサンネットで覆い、裾は隙間を作らないようにビニペットで留める

大きさの揃ったイモがゴロゴロ出てきた。品種はキタアカリ

北海道で広がる ジャガイモの早期培土

谷　智博　北海道津別町

北海道では、ジャガイモの「早期培土」が広がりつつある。慣行の栽培法では、地上部の生育に合わせ、カルチで数回の除草および中耕培土を行なった後、六月に本培土を行なう。一方、早期培土は植え付け後、地上に芽が出る前に、本培土を終えてしまう方法である。（編集部）

収穫機に土塊が混じらない

早期培土のことを知ったのは、七～八年前です。カルビーポテトの担当者から話を聞いたり、すでに導入していた十勝地方の友人の圃場を見学していましたが、その頃は地元では慣行の培土方法が主流でした。

そんな頃、日農機の専務さんから「早期培土用に培土器を開発したので、実演してみませんか」と声をかけていただき、一部の圃場で試験的にやってみました。

実際に培土してみると、思いのほかきれいに土を盛ることができて好感触でした（このときは晩生品種のスノーデンでした）。

慣行栽培では、本培土までに、適期に中耕除草のためにカルチベーターを入れます（次頁の図参照）。カルチを入れるときに、雨後などで畑の土の水分が多いと土塊ができ、この土塊が収穫時にイモに混じってハーベスター（収穫機）に上がってきます。

一方、早期培土を試した畑では、カルチを入れないため土塊はほとんど上がらず、ラクに収穫できました。この時、次年度から本格的に早期培土を始めようと決めました。

カルチ＋培土器がおすすめ

早期培土専用の培土器として、当初は輸入機のロータリーヒラー（グリメ社）を考えていたのですが、四畦のヒラーは値段が二五〇万円くらい。一人で持つには、あまりに高価でした。そこで小橋工業のロータリーカルチに、日農機の培土器を組み合わせた機械にしました。使い勝手は試験導入で手ごたえを感じていましたし、なにより安価でした（ロータリーカルチと培土器のセットでもヒラーの約半額）。

また購入して何年か後にわかったことですが、この培土器には大きな利点があります。本培土したあとに、豪雨などで山が崩れたり

植え付け直後に本培土をする「早期培土」

しても、ロータリーカルチから普通のカルチに付け替えれば、やり直し培土ができるのです。これで、作付圃場すべてを、早期培土に切り替えることにしました。

ジャガイモの慣行栽培と早期培土の比較

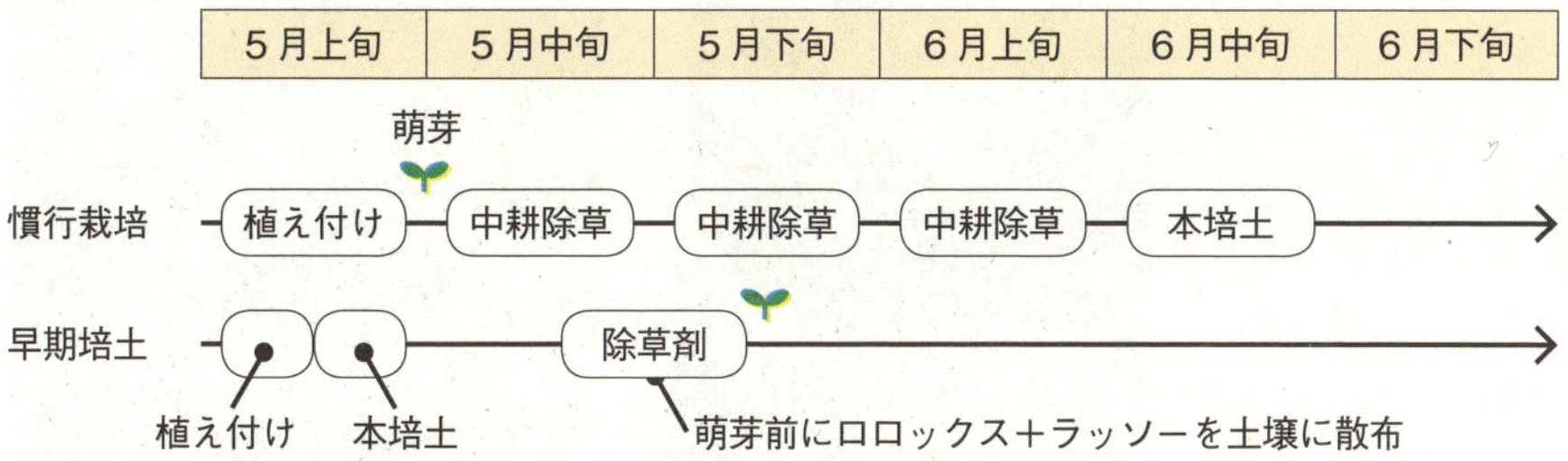

本培土の時期とジャガイモの育ち方のイメージ

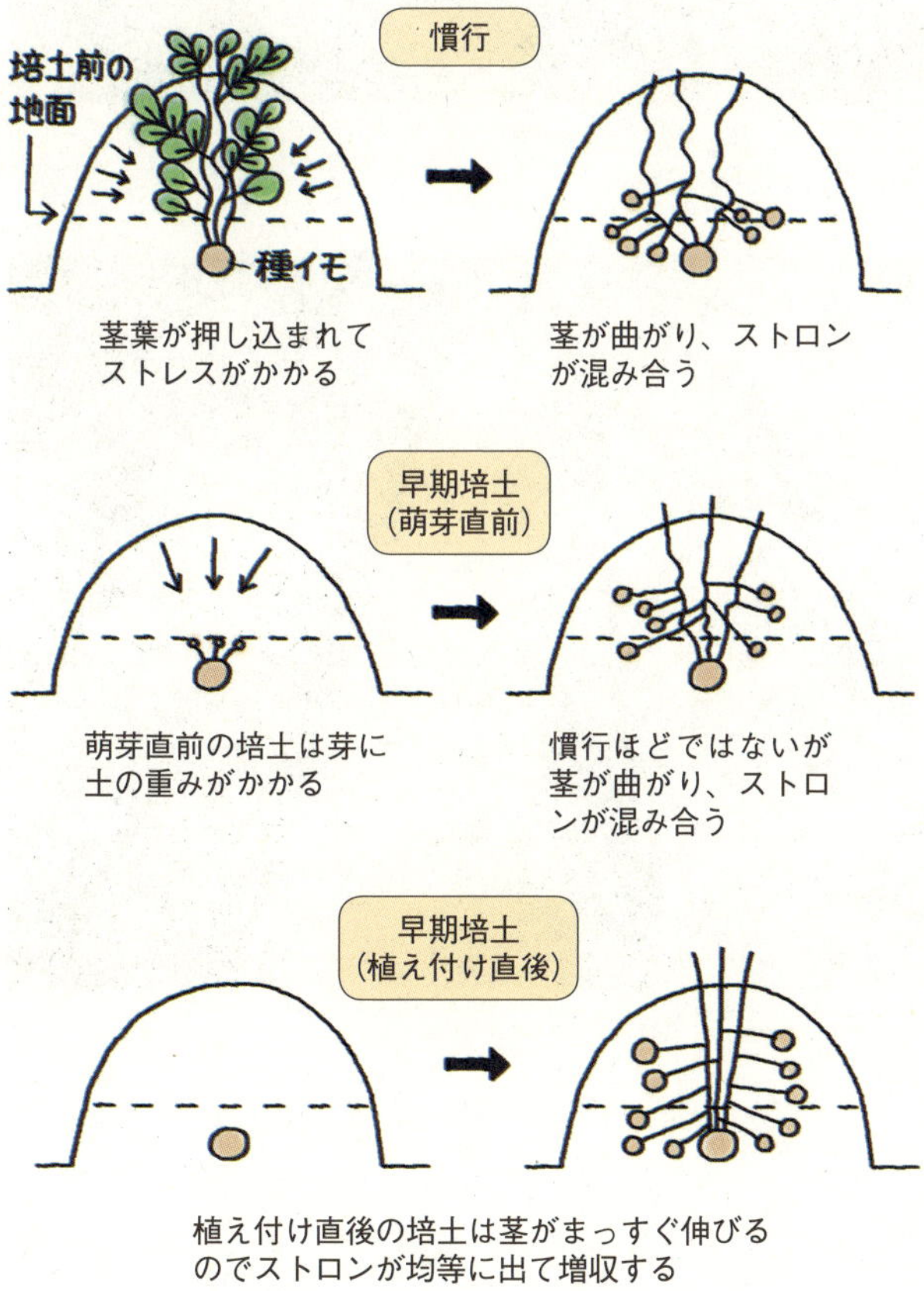

植え付け直後の本培土がよさそう

慣行の栽培では、六月上~中旬に本培土を行います。しかし、この時期は雨の日が多く、タイミングを逃すと培土作業が遅れ、せっかく伸びたジャガイモの根やストロンを傷めることもあります。そのことで減収する恐れがあります。早期培土ではこの点を回避できます。

早期培土のタイミングは、植え付け直後から萌芽直前までなら、いつでもよいことになっています。導入当初は萌芽直前がよいと聞いていましたが、私なりに観察していると、萌芽直前の培土では、上から土が重くのしかかり、茎がスムーズに伸びず、健全な生育にならないようです。

そこで、植え付け後できるだけ早くに、天気がよく暖かい日を選んで培土を行なうように心がけ、作物にストレスを与えない方法をとっています。暖かい日を選ぶ理由は、地表の温かい土を混ぜながら培土すると、種イモに温かいお布団を掛けたような感じになり、萌芽が揃うと考えているからです。

また早期培土では、増収も見込めると確信しています。慣行培土では、伸びた茎に横から培土するため、葉が埋まり、茎は曲がり、かなりストレスがかかっているのではないでしょうか。その点早期培土は、まだ芽が伸びる前に培土してしまうので、光に向かって茎がまっすぐ伸びます。そして茎全体から均等にストロンが出ることで、変形や緑化が防げます。収穫時に株を観察するとわかります

種イモの上に、18 〜 20cmの厚さに培土

が、慣行のほうはストロンがごちゃっと絡まり、イモとイモがぶつかるくらい固まっています。

最近は、播種機に培土器を取り付け、植え付けと同時に本培土を行なう方も増えてきています。

早期培土のデメリット

早期培土後、揃って萌芽し順調な生育

ただし早期培土にも、デメリットはあります。まずは培土後すぐに豪雨に遭うと、間違いなくうねにひび割れが起きます。このひびを、収穫するまでそのままにすると、土中に光が入ってイモが緑化し、減収につながります。実際私も、培土後の豪雨で緑化させたことがあります。早期培土を行なう際は、天気予報をよくみる必要があります。

それともう一つは、品種によっては、深植えすると、萌芽がうまくいかない場合がある点です。最近は、緑化防止のために深植え（六〜七㎝）する生産者が増えていますが、早生品種は、発芽の力が極端に弱いので、気をつけたほうがいいと思います。せっかく早期培土しても、萌芽しなければ何にもなりません。

昨年は過去最高の収量

昨年のわが家のジャガイモの成績は、異常気象にもかかわらず、変形や緑化が極端に減って、過去にないくらいの高収量を得ることができました。

私もまだ試行錯誤を繰り返していますが、早期培土は、もはやなくてはならない技術だと思っています。以前と比べると、導入する方がだいぶ増えましたが、まだまだ広がってもいいと思います。

現代農業二〇一二年五月号　北海道で広がるジャガイモの早期培土

ジャガイモ超高うね栽培に感動！

南澤基信　長野県千曲市

筆者

野菜作りを始めて一五年。サラリーマンをしながら、土日は農作業で汗を流して、日ごろのストレスを解消しています。ここ長野県千曲市は、内陸部に位置し、四季折々の自然にメリハリがあって温度差が大きく、雨の少ない地域です。

ジャガイモ作りは、春を待ちわびて、わが家で取り掛かる最初の農作業です。それゆえ、こだわって力を入れていますが、収穫は天候に左右されて、いつも思ったほど満足のいく結果は得られませんでした。そんなときに、目に留まったのが、現代農業誌の「ジャガイモ超高ウネ栽培」（カラー口絵参照）の記事でした。

広島県の小野敏雄さんがやっていた方法で、「収量倍増！」の文字に「えぇ！本当？」と目を疑いました。「この方法で、はたして増収が望めるのか？　大丈夫かな～」と、半信半疑のまま、ダメ元で試みることにしました。結果は予想外で、従来の栽培法に比べて増収です。掘り出した大きなジャガイモを見て、「これはいける！」と確信しました。

この方法のポイントは、間引きが終わったあと、芽がすっかり隠れるほどの高さまで土寄せし、その上に追肥することです。再び芽が出るまでは不安になりますが、しばらくするとちゃんと土から顔を出し、その後の生育は旺盛になります。以前は収穫を前に樹が枯れたり、害虫にやられたりしていましたが、今は樹が丈夫なように感じます。

高うねにすることで、適度な温度、湿度が保たれるのか、順調に育ってくれます。収量はこの栽培にしてからだいぶ増えました。わが家で使う、約一年分のジャガイモを自給しています。

年月の経過とともに、少しずつ施肥や仕立て方を変えてきていますが、試行錯誤しながら、自分流の超高うね栽培をさらに深めていきたいと思っています。

現代農業二〇一三年四月号

南澤さんのジャガイモ超高ウネ栽培の方法

①植え付けの約2週間前に、苦土石灰を1㎡当たり50gぐらい施し耕す。種イモを日光によく当てて発芽を促す

②うね幅を70～80cmと広めにする。堆肥を1㎡当たり2～3kg、元肥のジャガイモ専用肥料100gを、溝を掘って施す。肥料がイモに触れないよう土を5cmほどかぶせる。種イモを30cm間隔で植え、覆土する

③3週間ほどで発芽するので、草丈が10cmくらいになったら芽かきして茎数を2本にする。芽が隠れるまで、うねの高さが30cmくらいになるように土寄せする。その上にジャガイモ専用肥料を1㎡100gを散布し、さらに土をかぶせて収穫までおく

ジャガイモ超浅植えは、そうか病が少ない

山口今朝廣　宮崎県綾町

種イモの切り口を上に向け、覆土しない

私のジャガイモ栽培法は、福井県の三上貞子さんのやり方（カラー口絵参照）をヒントに始めた方法です。

ジャガイモの植え方は、種イモを半分にしたら切り口を上にして、切り口が土中に埋まらないよう、少しだけ押し込むというやり方です。覆土はしません。イモの切り口が見えているうねに、そのまま黒マルチを張ります。

種イモは、切り口が土中に埋まらないよう押し込むだけ。その上に黒マルチ

イモを「掘る」というよりは「拾う」ように収穫できる

作業の手順

①植え付けの一～一・五カ月前に、廃菌床を全面施用し、軽く耕うんしておく。一・二m幅の平うねにする。

②植え付け当日～五日くらい前に、種イモを半分にカット（宮崎では二月上～中旬に植え付け）。

③六〇cm間隔で三条植え。種イモの切り口を上に向け、マルチを張るときに種イモが動かないよう、切り口が土中に埋まらない程度に押し込む。

④黒マルチを張る（一・五m幅、厚さ〇・〇二mm）。

⑤芽が出てマルチが膨らんでくるので、破って芽を出してやる（三月下旬～四月上旬）。

このとき、マルチを破るのが遅いと高温で芽をやいてしまう。芽がやけると再生は難しいが、破るのが早くて霜の害を受けた場合は再生しやすい。遅れないことが肝心。

⑤収穫は、マルチをはぐと地表にイモがゴロゴロ（五月中～下旬）。

地表のイモはそうか病が少ない

イモが緑化しないかと心配かもしれませんが、黒マルチは光を通さず、青くなることはありません。ただし、ジャガイモ葉茎が枯れるほど収穫を遅らすと、マルチに直射日光が当たるため、内部が高温になってイモが腐ることがあります。まだ葉茎が青々しているか、少し黄色くなりかかったときが収穫適期です。

この栽培法でとくに気に入ったのは、地表面に着いたジャガイモは、そうか病が少ないことです。

現代農業二〇一二年四月号　ジャガイモ逆さ植え

籾がらでジャガイモの超浅植え栽培

佐賀県唐津市　吉原久之さん

農文協　小川　遊

ジャガイモを作っている皆さん、土寄せやイモ掘りって、腰への負担が大きいですよね。唐津市の観光農園「おいでな菜園」の吉原久之さんは、土寄せ、草取り、イモ掘りいらずのラクチン栽培をしています。

半分に切ったジャガイモ（小さければ切らなくてもいい）を、切り口を上にして、土に三分の一だけ埋めます（土に置いて押さえつけるような感じ）。三分の二が地表に出ているので、イモが見えなくなるまで籾がらで覆土。上に黒マルチをかけて、芽が出るのを待ちます。芽がマルチを持ち上げてきたら穴をあけて出してやり、あとは収穫を待つだけ。

収穫のときは、マルチをはがすとほとんどのジャガイモが地表に出ているので、拾うだけで収穫できます。スコップもいりません。

黒マルチによって光がさえぎられるので、地下と同じような条件となり、ストロンが伸びて肥大するようです。

現代農業二〇一二年三月号　あっちの話こっちの話

①畑は、堆肥とボカシ肥料を入れて中耕しておく。植え付けは、中くらいの種イモなら1個のまま使う。大きいイモなら2つ割りにして、切り口を上にして、土に3分の1だけ埋める

②種イモの間にボカシをひとつかみずつ置く。籾がらを、種イモの上にかぶせる。黒マルチを張る（写真は白黒ダブルマルチだが、黒マルチでいい）。籾がら覆土は、暑さ、寒さよけのため。生育適温の時期ならしなくてもいい

③芽が出始めたら、マルチを破って穴をあけ、1株につき2〜3本の茎数にする。マルチの穴は光が入りこまないように小さくあける。あとは土寄せも草取りも不要

④地上部が茶色に萎れたらマルチをはいで収穫。ほとんどのジャガイモが地表に出ているので、収穫は拾うだけ。超浅植えだと低温や高温の影響を受けやすいので、早植えはしないほうがいい。佐賀では3月初めに植え付け、6月中旬に収穫している

野菜作り名人ばあちゃんのジャガイモ栽培

新潟県長岡市　井開トシ子さん

編集部

誰よりも早い種イモの伏せ込み

このあたりでは、早掘りするために、種イモをトロ箱などで出芽させてから植える「伏せ込み」という作業をする人が多い。野菜作り名人の井開さんの伏せ込み時期は、飛び切り早い。普通の人の伏せ込みは、早くてもせいぜい三月二一日の彼岸の頃にやるのが通例。しかし、井開さんは、三月十五日頃やってしまう。

「近所の人たちはまだ外が寒すぎると思っておっかながっているようだけど、なに、イモが隠れるぐらい土をかぶせて、その上にワラをかぶせておけば大丈夫」

井開さんは、野菜の引き売りをしているので、次の作のことも考えて一日でも早く収穫したいと思っている。四月の八日頃定植して、六月の二〇日頃収穫というのが井開さんの作型だ。

イモとイモの間に元肥

元肥のやり方は、うねに溝を掘って種イモを置いてから、イモとイモの間に肥料を振っていく。以前は、元肥を振ってからその上に種イモを置いていたが、この方法に切り替えてからというもの、クズイモが出なくなった。

「前のやり方だと小さなイモもたくさんついたけど、この方法にしてから、まあ大きなイモがいっぱいつくもんだねえ。肥料が種イモの下にあるより、種イモの脇にあったほうが、ちょうどそこに根が伸びていくからいいんだよ」

追肥は、二回の土寄せのときに施す。

茎数は二本

芽が一〇cmくらいに伸びたら、二本残してかき、茎数を二本にする。

「三本残すとイモはたくさんつくけど小ぶりが多い、一本だとイモは大きくなるけど量をかせげない。だから二本がちょうどいい」

芽かきは、根元から引き抜く。鋏で切るだけでは、また伸びてくる。

土寄せは朝

イモは涼しいところで大きくなるから、土寄せ二回は必ず」なおかつ、時間帯は朝がいい。

「日中照りつけられた熱い土をのせてもイモのためにならない。朝のうちの冷やっこい

井開トシ子さん（当時80歳）

土をのせないと。ほれ、涼しい北海道でイモはよく育つだろ」

「昔っから野菜の作業は朝やるべきだといわれてきたろう。まったくその通りなんだよ。暑い盛りにキュウリに水やりしたら枯れちゃうし、日中にいじってばかりいたナスはくたーとなってバタバタ枯れた。野菜は日中暑いうちはいじるもんじゃないと教えられたもんだよ」

現代農業二〇〇七年三月号　ジャガイモ　収穫が早い！イモが大ぶり！

①

伏せ込み

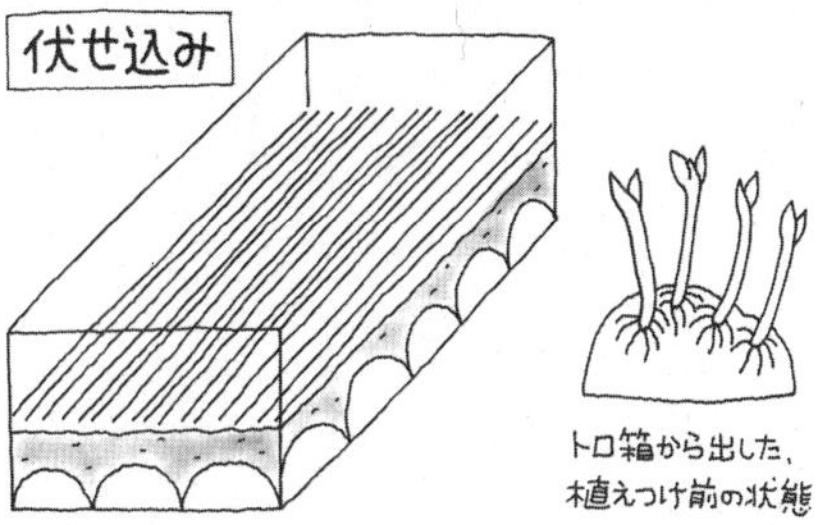

植えつけの25日くらい前に、半分に切った種イモをトロ箱などに敷き詰める。イモが隠れるぐらいに土をかぶせ、その上にワラをのせる。ここで芽出しすることによって、植えつけ後、確実に出芽させることができる。肥大開始が早まり、早掘りが可能

②

植えつけ

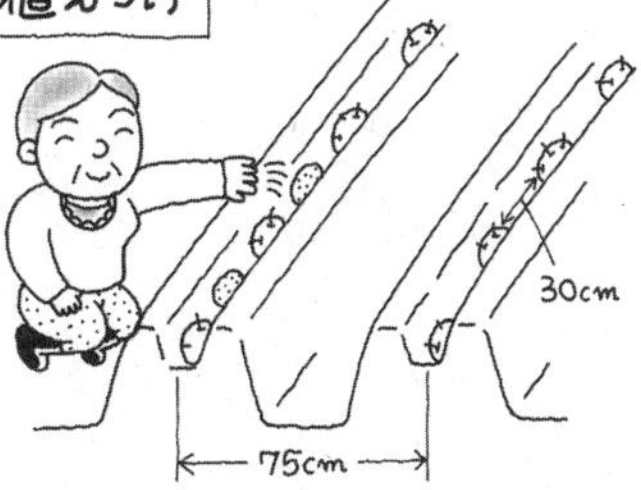

ウネに深さ15cmほどの溝を掘り、種イモを30cm間隔で置く。イモとイモの間に牛糞堆肥をひと握り、ジャガイモ用配合肥料をひと握りずつふっていく。肥料をふってから種イモを置くより、イモが大きくなる

③

芽かき

芽が10cmぐらい出たら、2本だけ残し、あとは引き抜く。その後、新たに芽が出てきても、そのつど引き抜く。大きなイモをたくさんとるため

④

追肥・土寄せ

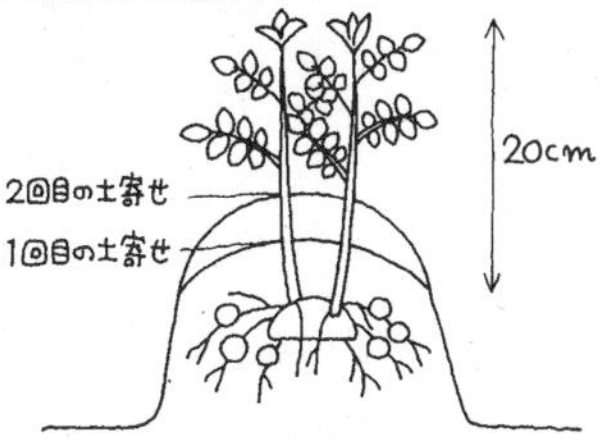

芽かきをした後、ジャガイモ配合肥料をひとつかみ2株の割合でふる。すぐさま1回目の土寄せ。その後、2回目の土寄せのとき、1度目より少なめのジャガイモ配合肥料をふる。追肥も土寄せもイモを大きくするため。土寄せをすることによって、イモを暑さや病気から守る。土寄せをしないとイモの上部が地表に出てしまい、緑化することもある。

⑤

摘花

花がついたらすぐ摘む。井開さんの経験からすると、イモが大きくなるそう

紅白ピクルス

広島県 竹原市
農家レストラン西野
西野 弘美

絵 近藤 泉

ジャガイモの

私の住む吉名地区では、日本一の価格がついたこともあるほど美味しいジャガイモがとれます。農家レストラン西野では、吉名のイモをふんだんに使った「じゃがだらけ膳」を出します。このピクルスは箸休めの料理です。茹ですぎないのがコツで、シャキシャキした食感を楽しめます。

❶ジャガイモの下ごしらえ

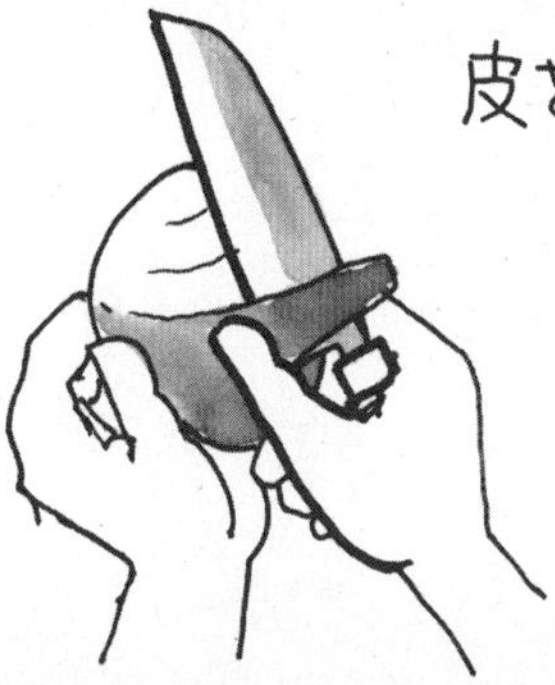

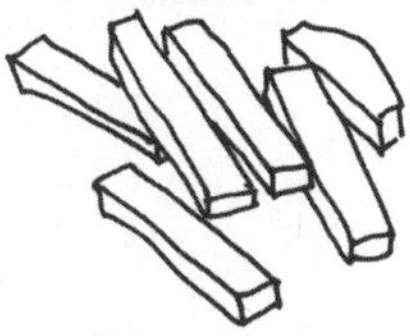
皮をむいて
拍子木切り
厚さ7mmくらい

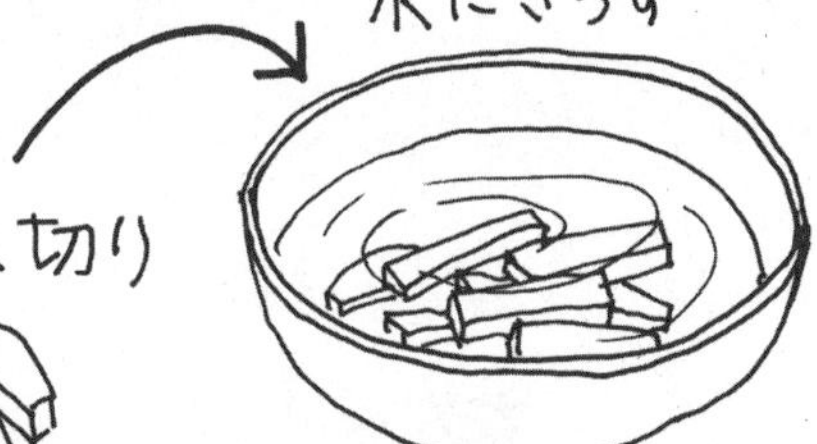
水にさらす

沸騰してからジャガイモを入れ、1分ほど塩茹でする。

イモが半透明になったら火を止め、水にさらしてからキッチンペーパーなどで水気をとる。

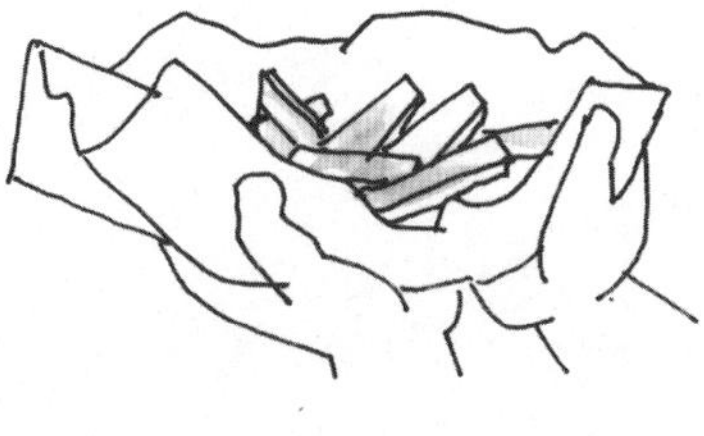

〈材 料〉
ジャガイモ…約100g（中1個）
塩……… 小さじ½杯
ピクルス液（ジャガイモ100gに対して）

赤の場合
- ラッキョウ酢……1カップ
- 赤梅酢……大さじ1
- タカノツメ……1〜2本

白の場合
- ラッキョウ酢……1カップ
- ユズ………半個

現代農業2012年12月号

収量を決める ジャガイモ

イモ類振興会参与
吉田　稔

植付け　ソメイヨシノが咲くころ出芽するように植え付ける

●東京で3月1日ごろ、仙台で4月1日ごろ、札幌で4月15日ごろ（出芽まで25日くらいかかる）
●ウネ間75cm、深さ10cmのすじを切り、肥料をまき、棒のようなもので引っぱって土とまぜ、株間30cmで植える。

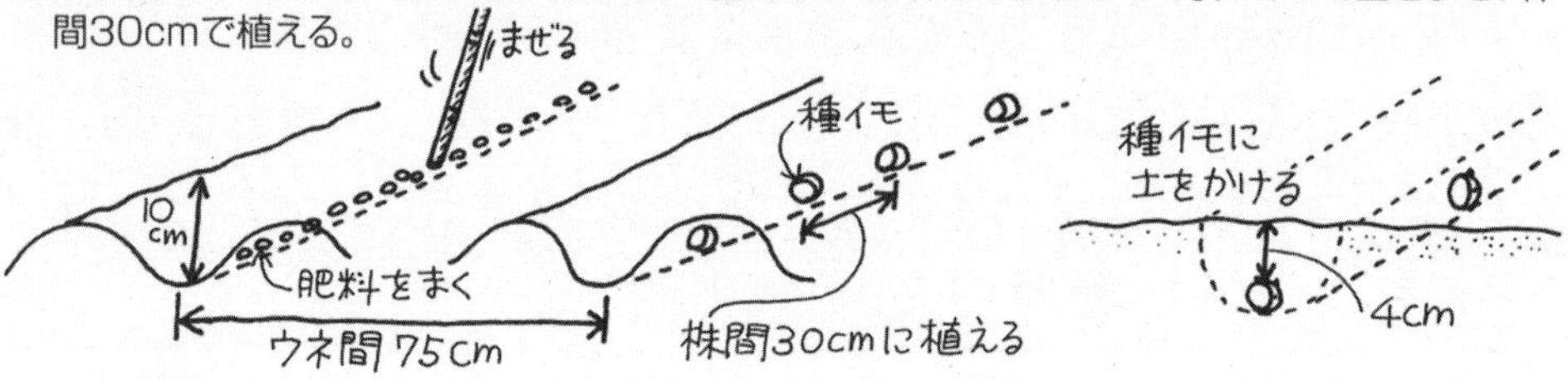

肥料　使いすぎるとデンプン含量の少ない水イモになるので注意

●1m²当たりチッソ7g 、リン酸11g、カリ9gがめやす。

耕し方　土寄せがイモの生長をたすける

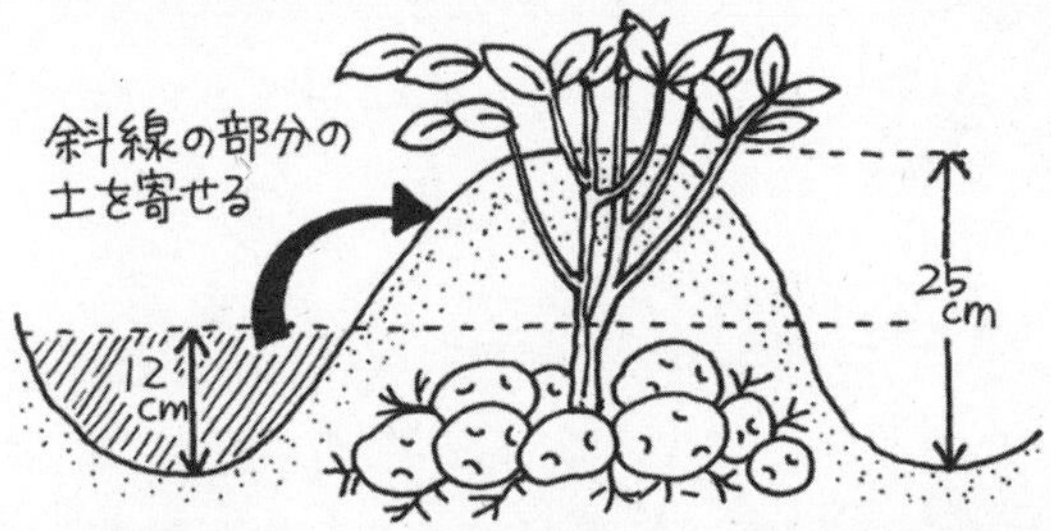

●出芽後20日ごろ、イモの肥大がはじまるので、左図のように土を寄せる。
●イモの生長をたすけるだけでなく、雑草も防げる。

防除　出芽後約1ヵ月で、エキ病が発生しやすくなるので、木酢液をかける。害虫は手でとろう

●エキ病をどうしても防げなければ、ダイセンかダコニールを10日おきにまく。

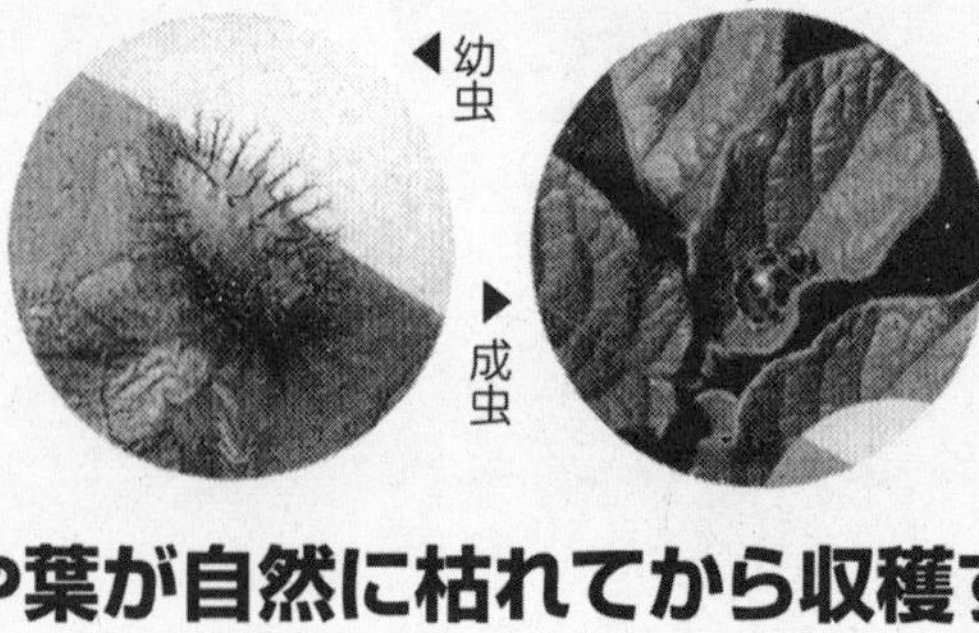

ジャガイモの害虫・
テントウムシダマシ

（写真は『そだててあそぼう4 ジャガイモの絵本』農文協刊より）

収穫　茎や葉が自然に枯れてから収穫する

●そうしないと皮むけする未熟イモになる。

学校園のスタート

失敗しない秘訣　種イモの切り方が

栽培のめやす（品種は男爵、メークイン）

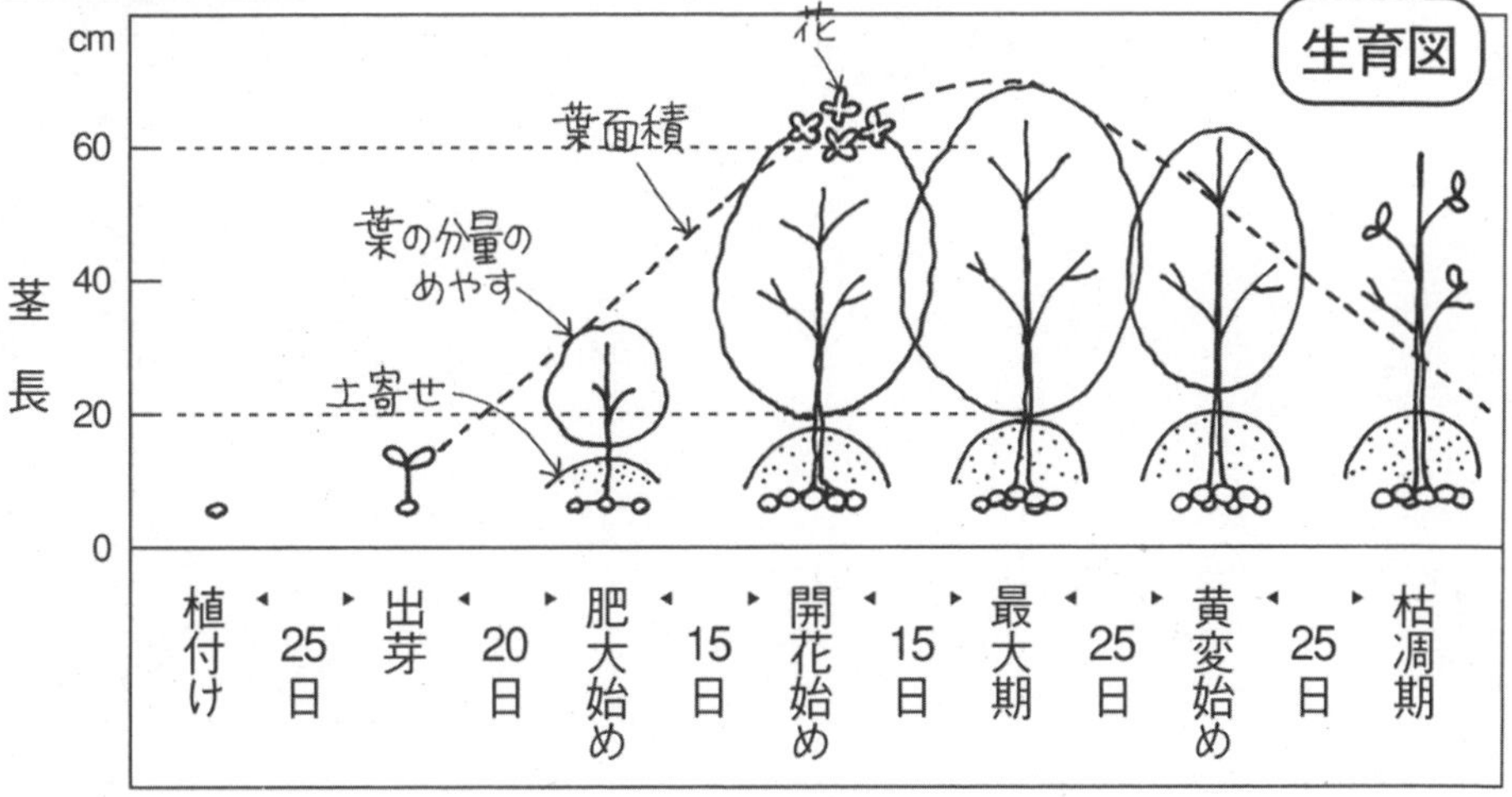

ジャガイモ栽培のポイント

1.無病の種イモを買う（切らずに植えられるS玉40～60g）。
2.ソメイヨシノが咲くころに出芽するよう計画を立てる。
3.浴光育芽をして黒っぽい芽（4～5mm）にして植える。

浴光育芽　黒っぽい堅い芽にすれば栽培がうまくいく！

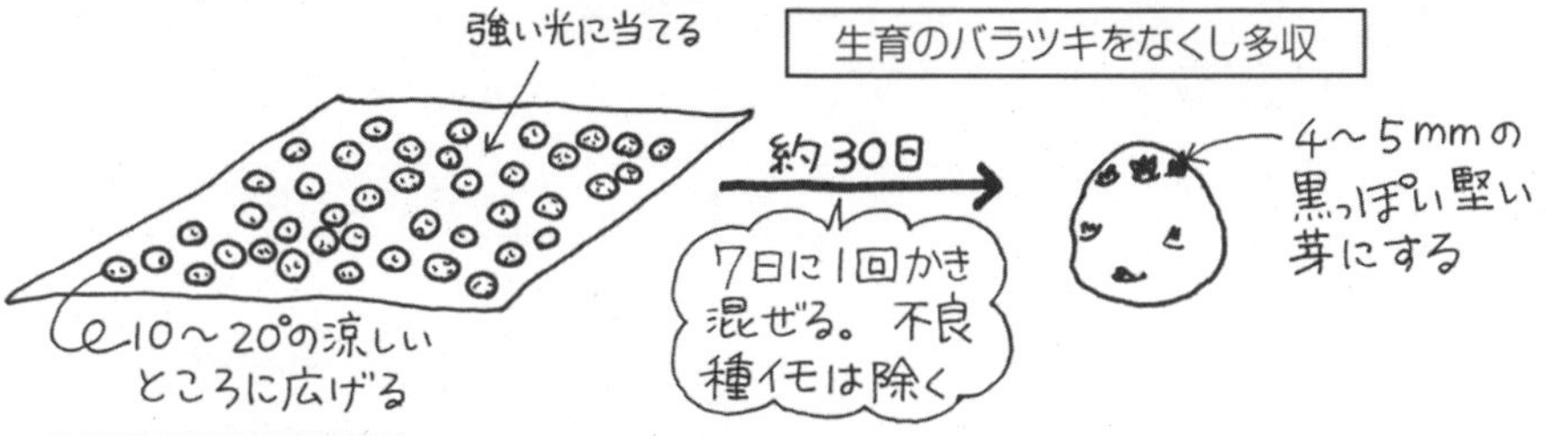

種イモの切り方　必ず頂芽を通して切る（60g以上の種イモ）

●切断面に皮をつくらせるため、植える5日前に切る。

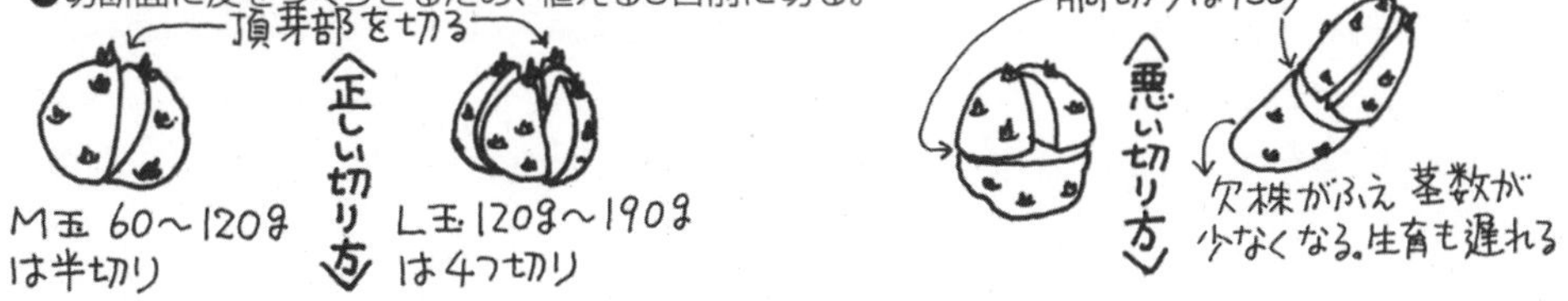

食農教育2000年5月号

土を入手しにくい学校でもできる ジャガイモのプランター栽培

いも類振興会参与 吉田 稔

**土を入手しにくい都会の学校でも取り組める
ジャガイモのプランター栽培を紹介しよう。**

種イモの準備

▼生食用のイモを種イモにすると、ウイルス病にかかっていることが多く、病気になってまともに穫れないことが多い。農協（JA）を通じて無病の種イモ用のジャガイモを入手するとよいだろう。

▼品種は日本でポピュラーな、男爵薯かメークインがよいだろう。

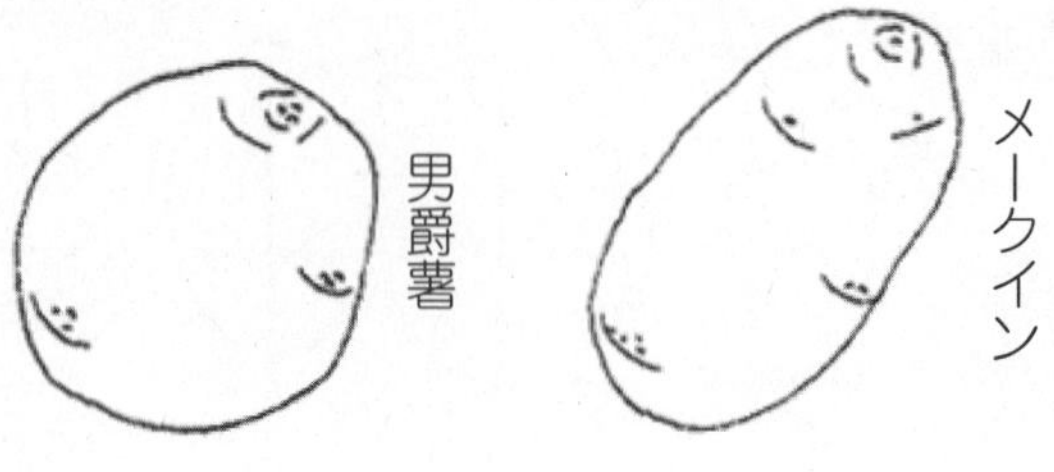

▼できればＬ玉（150gくらい）1個と、Ｓ玉（50gくらい）2個を入手し、成育と収量をくらべると面白い。

浴光育芽

種イモを下図のように、強い光と6〜20℃の低温下で約30日間、浴光育芽をする。

①早く芽が出る
②出芽がそろう
③イモ数がふえる
などの効果がある。

栽培ごよみ（関東）

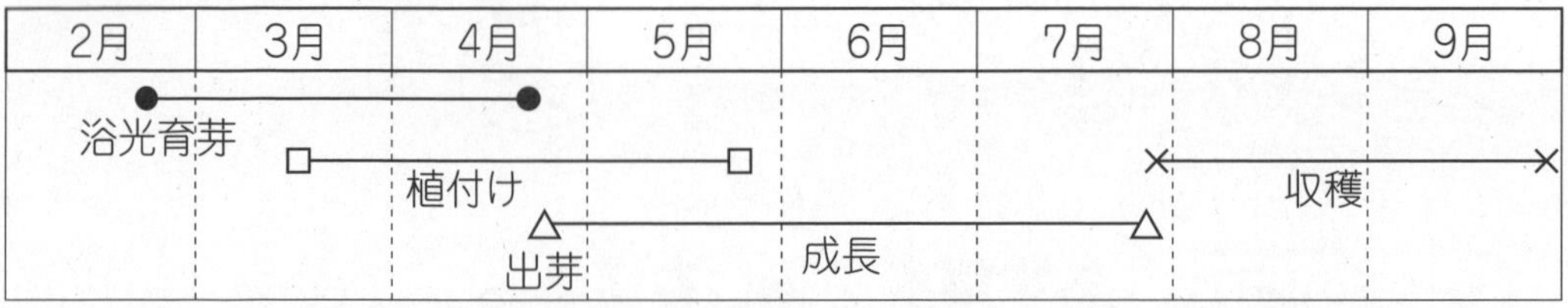

地方	植付早限期	出芽早限期
札幌	4月10日	5月５日
帯広	4月15日	5月16日
福島	3月25日	4月24日
浜松	2月15日	3月13日
岡山	3月14日	4月19日
長崎	2月15日	3月19日

▼植付時期は、左の表を参考にして、できるだけ早く植える（浴光育芽の開始は左表から逆算する）。

▼出芽期は、「ソメイヨシノが咲くときは出芽してよい」といわれるように、平均気温が10℃くらいで、晩霜の被害も少なくなる。

▼ジャガイモの出芽期は、一般の作物より1ヵ月くらい早いが、低温を喜ぶ作物なので、出芽期が早いほど多収し、イモも高デンプンになる（霜にあって枯れたように見えても、再成育するので、植えなおす必要はない）。

プランターの準備

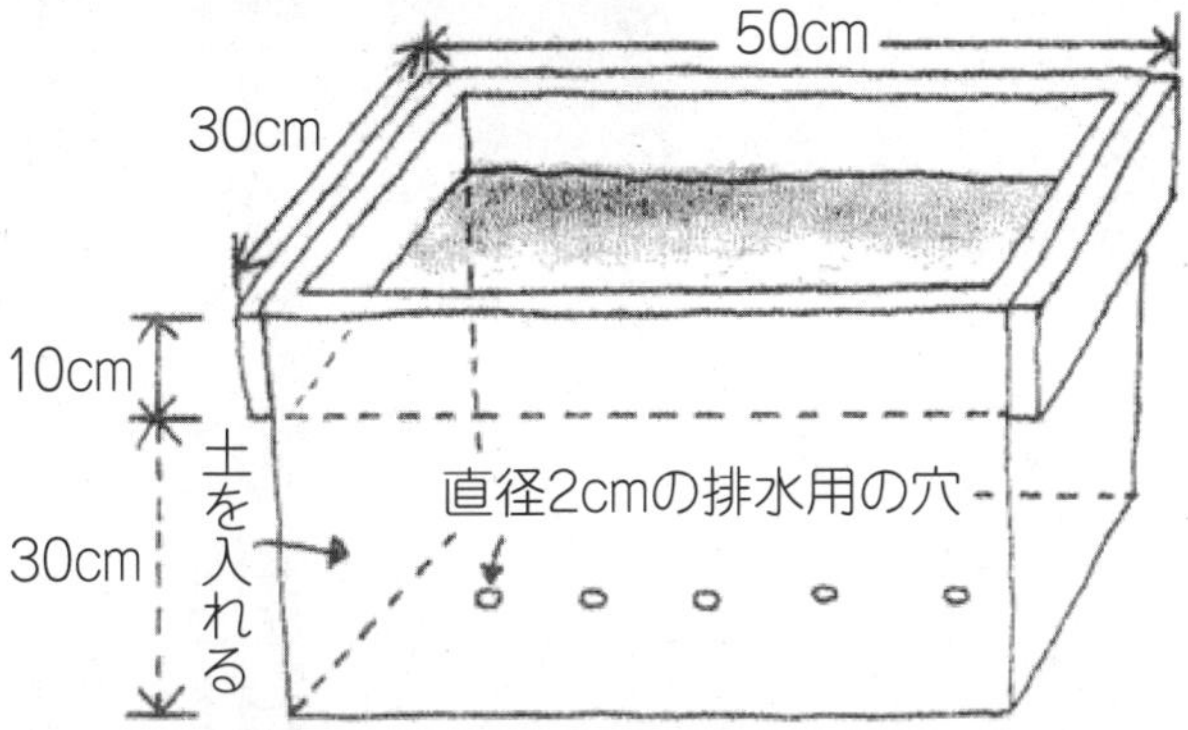

▼左図のサイズで、木製のプランターを手づくりするとよい（2株用）。深さを確保できれば、市販のプラスチックのものやトロ箱でもよい。いずれも底に、直径2cmの排水用の穴を5つほどあける。

▼木製の場合は、ペンキを塗るか、ビニールを張る（底の穴がふさがらないように注意）。

土の準備

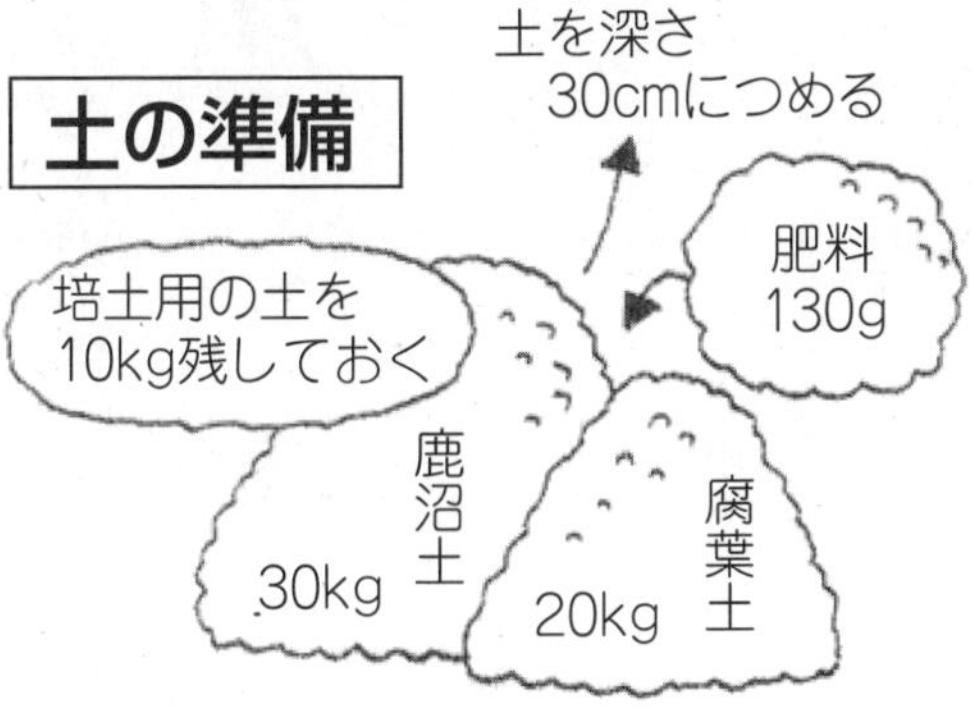

▼土は水はけがよく、しかも水もちがよいことが必要。

▼たとえば、鹿沼土30kg、腐葉土20kgをよく混ぜ、これに化成肥料（N・P・K＝8・12・9）か、この成分に近いものを、130g（畑の約3倍）を混ぜる。

▼そのうち10kgを、後日の培土用（イモの緑化を防ぐ土かけ用）に残し、あとをプランターに詰める。

植付け～出芽

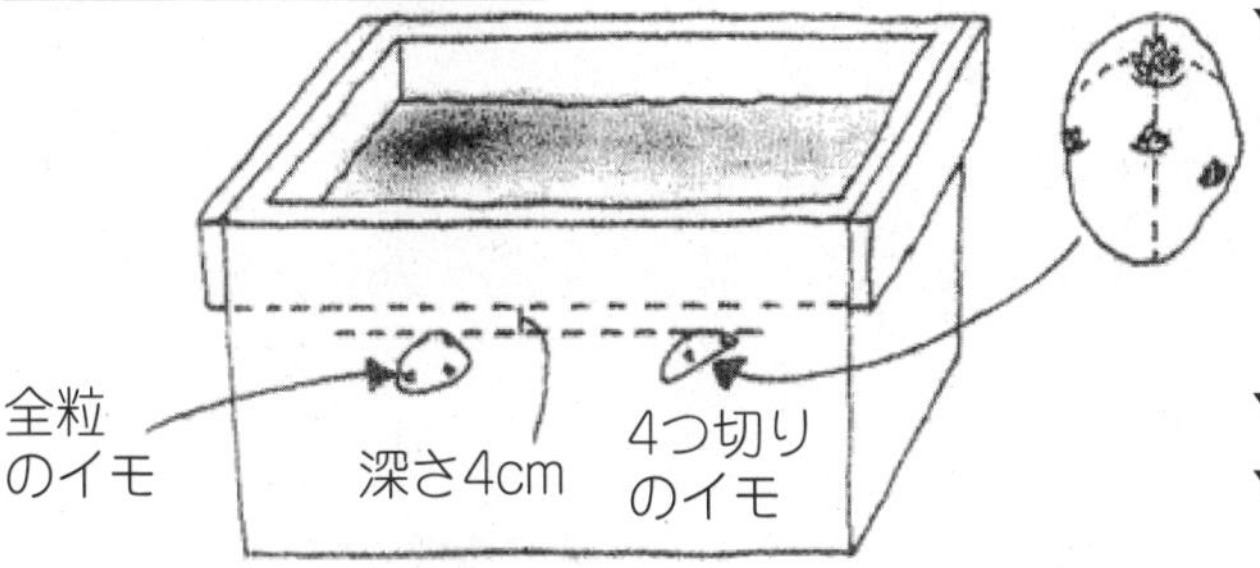

▼浴光育芽した種イモのうちL玉は、頂芽を通して縦4つ切り（植える4日前。4日間で、切断面の傷をなおす）とし、そのうちの1切片を植える。

▼植える深さは4cm。

▼出芽するまでの水やりは、多くやりすぎないように注意する。

出芽後の管理

出芽後20日目

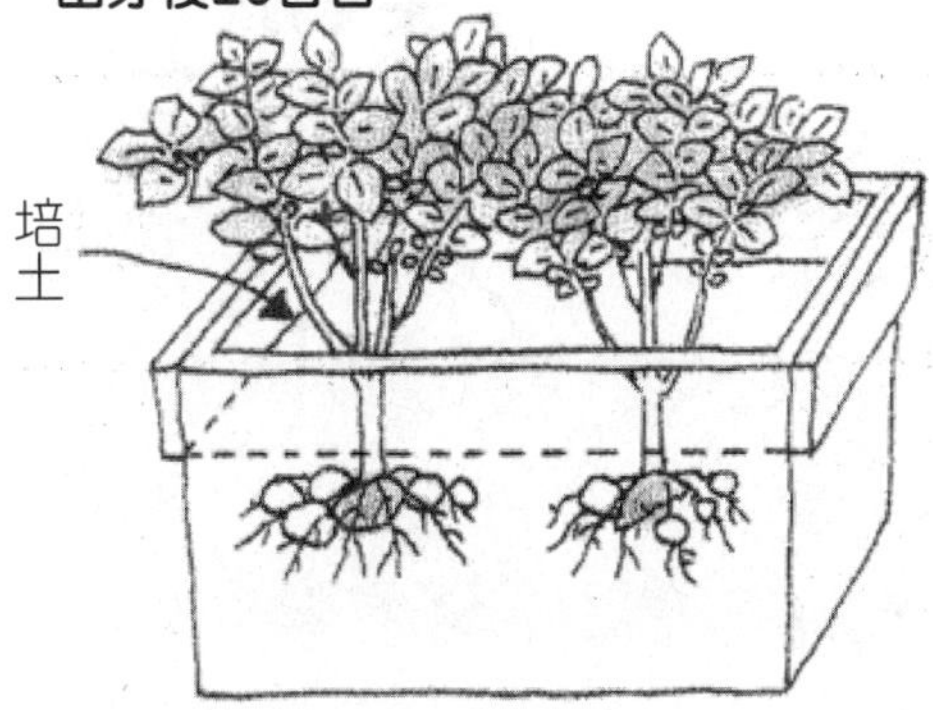

▼出芽後20日目ごろ、イモができはじめるので、残しておいた土を加える。

▼出芽後1ヵ月で開花をはじめる。その10日後には、えき病が発生しはじめるので（ニジュウヤホシテントウムシの飛来）、グリーンダイセンM水和剤とオルトラン水和剤をスプレーして防ぐ（以後、10日おきに行なう）。

▼黄変がすすみ、枯れるのを待って収穫する。

▼全粒イモと切りイモとで、イモの着きが違うかどうか、確かめてみよう。

食農教育2005年3月号

ジャガイモそうか病が激減、土中米ぬか施用

鹿児島県西之表市　荒河和郎さん

編集部

種イモの上に米ぬか

そうか病の大発生で、病害が出たジャガイモを山ほど捨てる羽目になったのが五年前のこと。それで、荒河和郎さんが使ってみようと思ったのが米ぬかだ。米ぬかを材料にしたボカシを畑に入れると、そうか病が出にくくなると知り合いに聞いたのを思い出した。

ただ、荒河さんが使うのは、生の米ぬかだ。畑に溝を切って種イモを置いたら、そのイモの上に米ぬかを手で落としていく。それから覆土（下の図）。

米ぬかの量は、二〇kgの肥料袋で一〇a一〇袋くらいなので、重さにすると一〇〇kgくらいだろうか。畑全面にまくわけではなく、種イモを植えた溝だけなので、それほどたくさんは使わなくてすむ。

米ぬかが、種イモに直接触れることになるが、生育に悪い影響はとくに認められないそうだ。

この土中米ぬか施用は、そうか病大発生の次の作から始めた。以来五年間、二〇aほどつくるジャガイモの畑で、そうか病はほとんど出ていない。この二月に収穫したジャガイモだけは、冬に雨が多かったせいか、さすがに水ハケの悪いところに少し見られたが、黒いシミのできたイモを目にしたのはしばらくぶりだ。

土中で乳酸菌が殖える？

ぬか床には乳酸菌が繁殖するように、嫌気的な条件の米ぬかには、乳酸菌が繁殖しやすい。土中の種イモのまわりでは、乳酸菌が増殖しているのでは…と考えている。そうか病菌は、pHが高い環境で繁殖しやすい。乳酸菌が作り出す乳酸のために、イモの周辺の土壌pHが下がり、そうか病菌が殖えにくい環境になるということだろうか。

ともかく荒河さんのジャガイモ畑では、米ぬかを使うようになってから、ウソのようにそうか病が出なくなった。

現代農業二〇一〇年六月号　ジャガイモそうか病が激減、土中米ぬか溝施用

土中米ぬか施用をしたジャガイモ畑の断面

ジャガイモ美味多収への道

吉田　稔　北海道大学

**生甲斐と知恵と努力を傾け
国産高品質イモの増収を**

コストダウンと増収こそ農家の生甲斐

周知のように日本の米は世界一価格が高く、カリフォルニア米のレベルにするには、コストを六分の一以下にしなければならない。一部、北海道や岩手など規模拡大に成功した農家からは、「一俵が一万二千円になってもやっていける」という声がきける。誠に結構なことだ。

が、同時に品質の良いものが増収できたという声もあげてほしい。この点で試験研究機関や指導者層が、コスト低減は困難だとばかりに研究指導を放棄し、農業は自然保全に役立っている、だから、最後まで保護すべきだなどという主張をするだけに止まっているのはいけない。また流通機構とか市場原理とかを持ちだして、外圧恐れるに足らずというような言い方をしているのはもっといけない。

ここ数年、フレンチフライ用冷凍ジャガイモの輸入が急増して、わが国のジャガイモ生産に大きな脅威を与えている。生のイモは植物防疫法により輸入されないが、加工されたものは自由である。昭和四十八年には、原料換算で六〇〇〇tだった輸入量が、六十一年には二五万tを超えた。生食用ジャガイモの生産量が北海道で約四〇万tだから、いかに大量の輸入であるかがわかる。

フレンチフライ用の場合、企業が国産原料に支払うキロ当たり価格は約三七円だが、これを約半分にしないと輸入ものに太刀打ちできない。筆者は三分の一の価格も可能だと主張する。それは反収を二倍にし、生産費を三割節減するのである。一〇a当たり収益は三・五倍になる。

だが指導機関は機械化の情報は提供しても、生産費を節減する具体的な研究はないに等しい。もう一つの反収増加については、この過剰時代に何を今さらという。そうではない。より少ない経費で反収を増加することにこそ、むしろ農家の知恵、経験、努力の発揮のしどころがあり、農業を生涯の仕事と選んだ生甲斐をもてるというものである。

吉田　稔氏（1926～2005年）

品質の伴わないものは収量のうちではない

農業生産では、「品質の伴わないものは収量とみなされない」という意識が欠かせない。米でいえば、一等米こそが、日本人の食料に供される最高品質のものであり、一等米を百％生産する技術こそが最高の技術である。

残念ながら、ジャガイモにはまだそれが確

ジャガイモはもっとおいしく、もっと多収できる（撮影　安場　修）

立されていない。一つには、外観品質だけを優先する市場の身勝手な態度にふりまわされているということに理由がある。食品価値には無関係な「爪あと傷」や「皮むけ」のジャガイモが、内部品質が同じでも、L玉以外は安く評価されるというような具合にである。

一方、農家の側にも、品質に対する考え方の甘さがある。

図1　収量の三角柱理論

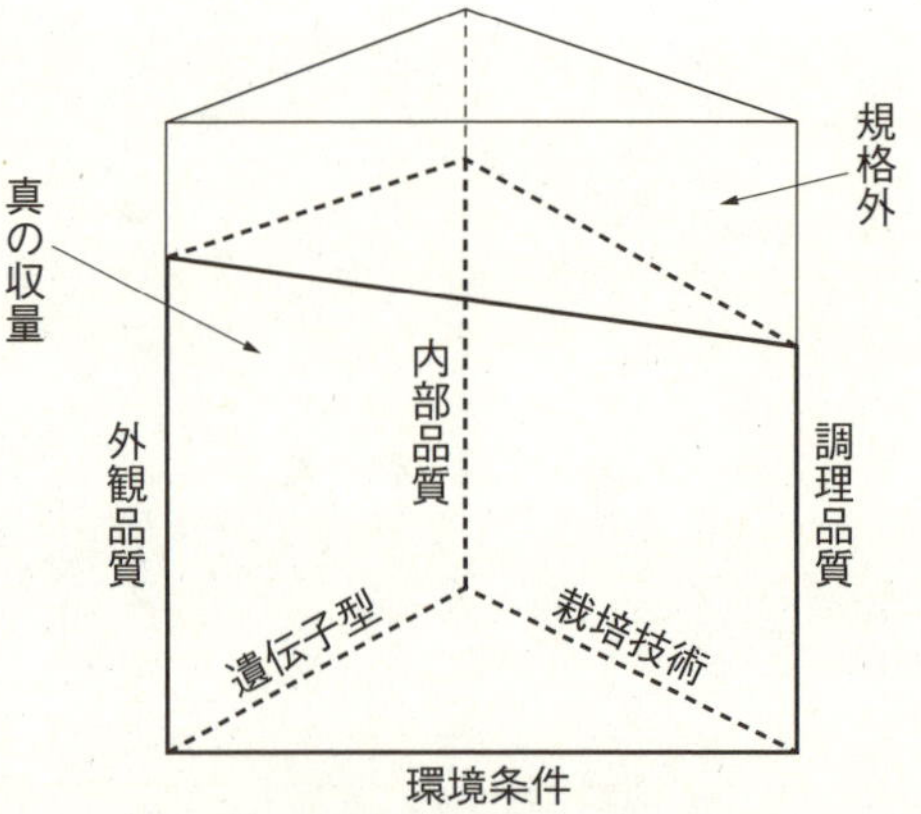

農産物で品質を伴わないものは収量とみなされない。規格内収量を最大にするのが最高の栽培技術（吉田1980）

古くから、収量の三角形理論というのがある。それによると、栽培環境条件、遺伝子型（作物や品種）、栽培技術の三要素により収量が決定し、それぞれの要素（＝辺）を整えて、できるだけ正三角形になるようにし、かつこの三角形を大きくすることが多収の方向だと説明されている。

しかし、実際は近年になるほど規格が厳しく、規格外品が大量に畑に放置される。最近の例でも北海道産のメークインで、規格歩留り率六割以下というのが多い。それは当然問題となっているのだが、高温、多湿、日照不足、干ばつ、低温、強風などの環境条件のせいにしたり、そうか病や軟腐病などの病害のせいにしたりですませているのが常である。

品質問題は、収量の三角形理論だけでは、解決されない。

収量の三角柱理論で品質の伴った多収を

品質を伴った真の収量を得るには、三角形の上に三本の柱を立てることである。すなわち、図1の三本柱で示した収量の三角柱理論である。外観品質、内部品質、調理品質の品質論を研修し、規格外品を可能なかぎり減少する技術を確立してこそ真の多収は実現されるのである。

▼第一の柱―外観品質

外観品質に影響ありとされる原因には、大別して次のようなものがあげられる。

（イ）外観を損なう病虫害…そうか病、軟腐病、疫病、乾腐病、粉状そうか病、黒あざ病、コメツキムシ類、ケラ、ナストビハムシなど。対策は輪作と適正防除。

(ロ) 変形…コブイモ、出目イモ、ジグザグイモ、割れイモ、芽イモなど。対策は黒あざ病防止、適正施肥、正しい培土、土作り。

(ハ) 周皮異常…粗皮、ネット、亀の甲症、象皮病類似症、緑化、陽やけ、皮目肥大。対策は輪作確立、土作り、排水、正しい培土。

(ニ) 機械受傷…つめあと傷、皮むけ、切傷、割れ傷、打傷、押し傷など。対策は注意力とていねいな取扱い。

▼第二の柱—内部品質を左右する原因

内部品質とは切断して初めて分かるもので、大別して以下のような要因が考えられる。

(イ) 腐敗に導く病害…軟腐病、疫病、黒あし病、輪腐病など。対策は輪作確立と適正防除。

(ロ) 維管束褐変に導く病害…乾腐病。対策は輪作確立と排水。

(ハ) 果肉を深く食害する虫害…コメツキムシ類、ケラ、ナストビハムシなど。対策は適正防除。

(ニ) 生理障害…褐色心腐れ、黒色心腐れ、中心空洞、マホガニ褐変、凍害、強い枯《こ》凋《ちょう》処理による維管束褐変、水イモ、アントシアン集積など。対策は適正施肥、正しい培土、排水、土作り、正しい貯蔵、イモ数増加。

(ホ) 機械受傷…内部黒斑。対策はていねいな取扱い。

(ヘ) 成分…固形分、でんぷん価、糖分、ポリフェノール物質、チロシン、鉄、ビタミンC、クエン酸など。対策は正しい栽培。

▼第三の柱—調理品質

調理品質とは加工場で加工したとき、あるいは家庭で調理したときの品質で、大別すると、(イ) 粉ふき性、(ロ) 食味、(ハ) 製品の変色、(ニ) 油加工したときの油っぽさや歯ざわりなどがある。それらは前項の内部品質の諸要素と密接に関連し、さらに栽培条件さえ整えれば向上する。

以上のように整理するとわかるように、品質問題を深く追求することによって、消費者が要求する高品質のジャガイモを、計画的に生産する技術をもてるといえる。

しかし、これを現体制下で指導されるのを待っていてもいつ実現されるのやらわからない。なぜこうも明言できるかというと、私が「品質の伴わないものは収量とみなされない」と活動を始めてからすでに一五年を経過し、その間に農業団体とも協力しているが、品質問題は一層深刻化しているといえるからである。それはいわゆる笛ふけど踊らずで、農家に品質改善の意識が不足していることと、意識はあっても規格外のジャガイモの山がどの要因で成立し、どう対処すべきかの追求心に欠けるからだと思う。

堆肥による土作りが基本

ジャガイモは確かに地域適応性が強く、土壌条件を選ばない。だがその土壌は、昭和四十年代以後機械化が進み、農家から牛馬がいなくなって、急速に地力が低下した。これを肥料の多用でカバーしようとするから、前述の品質問題が深刻化してきたと断言してよい。

土壌肥料学者には有機質は輪作する作物で供給されると考えている者があり、作物生産が砂耕培養的になっているのを平然としている向きがある。これではいけない。積極的に腐熟堆肥作りに励み、かつてのように軟らかくて黒々とした厚い作土層に戻さねばならない。とくにジャガイモは、土中に蓄積器官を育てる作物だからなおのことである。

北海道の土壌条件をみてみると、一般に有機質が五%以下のものが多い。また、作土層が一八cm未満と浅く、その下層に堅い盤層がある。そのため、降雨があると暗きょがあっても効かず、長期間にわたり停滞水がある。さらに作土は単粒化し緊密だから、通気性、透水性、保温性、保水性、微生物性が劣悪となる。こうしたところでは、当然イモは皮目肥大がおきやすく、腐れやすくて変形になりやすいのである。

最近はかなり認識が深まり、経営面積が三〇ha以上でも堆肥作りを始めたから、くどくは言わないが、全員がもっと積極的になってほしい。

ただ、堆肥作りで注意しなければならないのは、(イ) 完全に腐熟させ、土壌病害をもちこまないようにすること、(ロ) 二t以上(一〇a) の堆肥を多用しないことである。

後者の場合、堆肥の多用が窒素やカリの過剰を招いて、結果として施肥量を過多にしたときと、同様の弊害を生ずるからである。例えば、褐色心腐れを防止するため、水もちのよい土にしようと、一〇aに三t以上の堆肥を入れると、窒素とカリの過剰で肥大率を刺激し、かえって褐色心腐れが多発し、食味は最低になってしまう。

輪作を確立しよう

これも、すでにやかましく指摘されていることだ。連作や過作による土壌病害の発生が、ジャガイモ減収の大きな要因となっているからだ。ところが現地では、輪作確立をそっちのけにして、一方で高価な対策費を投じながら品質悪化と減収にあえぎ続けている。ジャガイモはとくに土壌病害の多い作物で、細菌性病害として、そうか病、軟腐病、黒あし病、青枯病、菌類病として黒あざ病、乾腐病、粉状そうか病、菌核病、灰色かび病、半身萎凋病などがあり、ほかにキタネコブセンチュウやジャガイモシストセンチュウの害もある。

大部分はイモにだけ被害を与えるが、軟腐病と青枯病は茎葉に発生すると急速に広がり、減収率が大きい。それを殺菌剤の散布回数増加で対応しているのはナンセンスといえよう。菌核病や半身萎凋病、黒あし病、黒あざ病なども地上部に被害を与えるが、さいわい局地的である。

必要なイネ科作物との輪作

輪作といっても、ジャガイモは麦類かトウモロコシ類のようなイネ科作物の後作でなければならない。最悪なのは大根、ニンジン、ゴボウ、テンサイなどの根菜類の後作で、共通病害のそうか病が多発する。ところがまずいことにイネ科作物は収益性が低く、農家としたらどうしてもジャガイモとの輪作に組み込みにくい。収益性の高い根菜などの後作となるのが、現在の一般的な状況だが、この状況から早く脱却しなければ、一層経営が苦しくなるものと予測される。

脱却するには、いまより低い生産費で、反収を増やし、収益を増した分だけ「土作り」と「輪作確立」のため、麦類の作付けをふやすことしかない。「そうか病対策」と称して土壌殺菌剤注入、深耕、客土、灌水などに投資するのは「農業にあらず」とやめ、国が奨励しているいまのうちに、麦類を組み込んだ安定した経営内容にすべきである。

有機栽培や自然農法は、農民としては正しい考え方である。それを肥料や農薬なしに農業はできないと決めつけるのは誤りである。輪作や腐熟堆肥作りに熱意を燃やし、可能なかぎり肥料投入量を減らすべきだし、減肥すれば生育は健全となり、農薬費も節減できる。

だからといって、病虫害で茎葉が失われていくのを、「タデ食う虫も好きずき」などと言って生態学者ずらしているのは農民といえない。必要であれば、適正広域一斉防除など、科学的で効率のよい農薬の使い方も知るべきだ。

現代農業一九八八年四月号

健全生育ジャガイモの姿

規格外のジャガイモを減らせないか

ジャガイモの反収は、全国平均で三・二t、北海道は三・八t、道外は一・九tといずれも他の先進国に比べて低い。これはジャガイモがもつ真の能力を発揮できていないことと、じつはもっと収量をとっているのだが、規格外が多いということに問題がある。

近年は、安い輸入野菜の増加による低値安定、高品質を要求する動向にともなう厳しい選別などによる収益性の低下、これに生産者の老齢化と後継者不足が加わって、作付面積が減少傾向にある。その分が輸入ポテトのシェア拡大になっているのは、たいへん嘆かわしい。こうした時代にあたり、コストを半減しながら高品質多収とし、同時に規格歩留まりを向上させる技術改善を図りたい。

規格外品の原因は多肥による巨大粒

まず、規格外品を減らす技術について述べよう。それには、収穫期に山積みされた規格外の原因を明らかにする必要がある。原因がわかれば改善技術が生まれる。

原因はそうか病であったり、軟腐病や疫病による腐敗もあるが、全国的に最も目立つのは、市場では扱わない二六〇g以上の巨大粒である。そして、その発生原因は〝多肥による急速な肥大〟であると結論できる。

北海道の開拓当初の古い文献によると、腐植の多い肥沃土では、縄でしばって持ち帰るほどの巨大粒がとれたとのことだ。現代はそれを、多肥で作り出しているのである。

その証拠に、北海道では一九七五年以来、あらゆる品種が、八月中旬の緑葉の多い生育最盛期に、巨大粒の増加を防ぐための強制的枯凋《こちょう》処理が行なわれている。すると生育途上で生育を止めてしまうから、イモは未熟で、でんぷん価が低く、長期貯蔵中に軟化したり、シワがよってしまう。つまり、多肥にすると一見、多収にはなるが、品種特性としての適正な生育を引き出し、バランスのよい肥大にしないと、本物のイモが得られない。金をかけて多肥にしても、歩留まり収量はあがらないのである。

それでは本物のイモはどう作ればよいか。本物のイモの育ち方を「健全生育型」とし、全国的に作付面積が最大である男爵イモを例に、ジャガイモの健全生育型の基本を示したい。

健全生育型の姿

図2のように、男爵イモは約一〇〇日の生育期間をもつ品種である。標準施肥窒素量は、反当たり七kgである。しかし施肥を誤れば、生育型は異常となり、適正な能力を発揮できないため収量もでんぷん価も上昇しない。

適正な生育とは、以下のような姿である。

①出芽後一日の茎長伸長率が、約一・二cm

図2　ジャガイモ（男爵イモ）の健全生育の姿

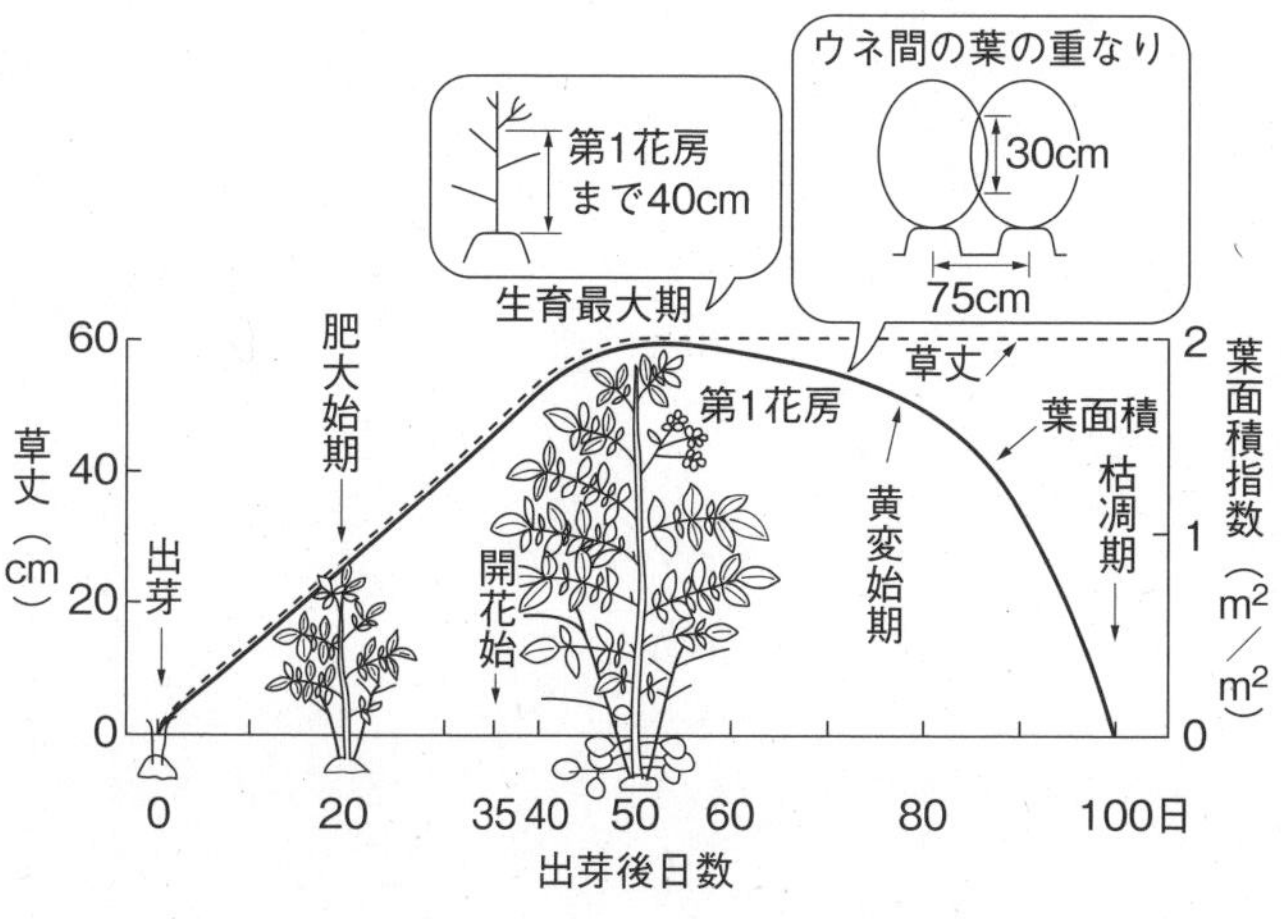

を保持し、二〇日目ごろにイモが肥大を始め、三五日目ごろに開花が始まり、そのときの第一花房下茎長が約四〇cmとなる。
②五〇日目ごろには生育を停止して、最大期となり、そのときの茎長は約六〇cm。七五cmのうね幅のとき、うねが通って見え、うね間の葉の重なりは約三〇cmで、光が下葉まで通り、風通しがよく、防除効果もあがる。
③その後二五日間は緑を維持するが、まもなく葉の黄変が始まる。この黄変という現象は、イネ・麦類・マメ類に見られるものとまったく同様で、茎葉の炭水化物や窒素などの養分が茎葉を育てる役割を終えて、イモの肥大へと移行するということである。したがって、黄変するのは肥料切れであると考えているようでは、また、いつ収穫しても緑葉が多いという状態では本物のイモは得られない。
④さらに生育が進むと、ほとんどの葉は落ちて枯凋《こちょう》期に達する。こうなってからは、イモへの同化産物の転流も、根からの窒素などの吸収もほとんどないから、調理適性が高く糖分のほとんどない粉ふき性のすばらしいイモとなる。同時に周皮にコルク質が集積して品種固有の皮色に変わり、皮むけしにくくなり、休眠が深くて貯蔵性が高く（発芽しにくい）、ストロンから離れやすくて収穫しやす

図3　多肥栽培により過繁茂・早期倒伏した場合

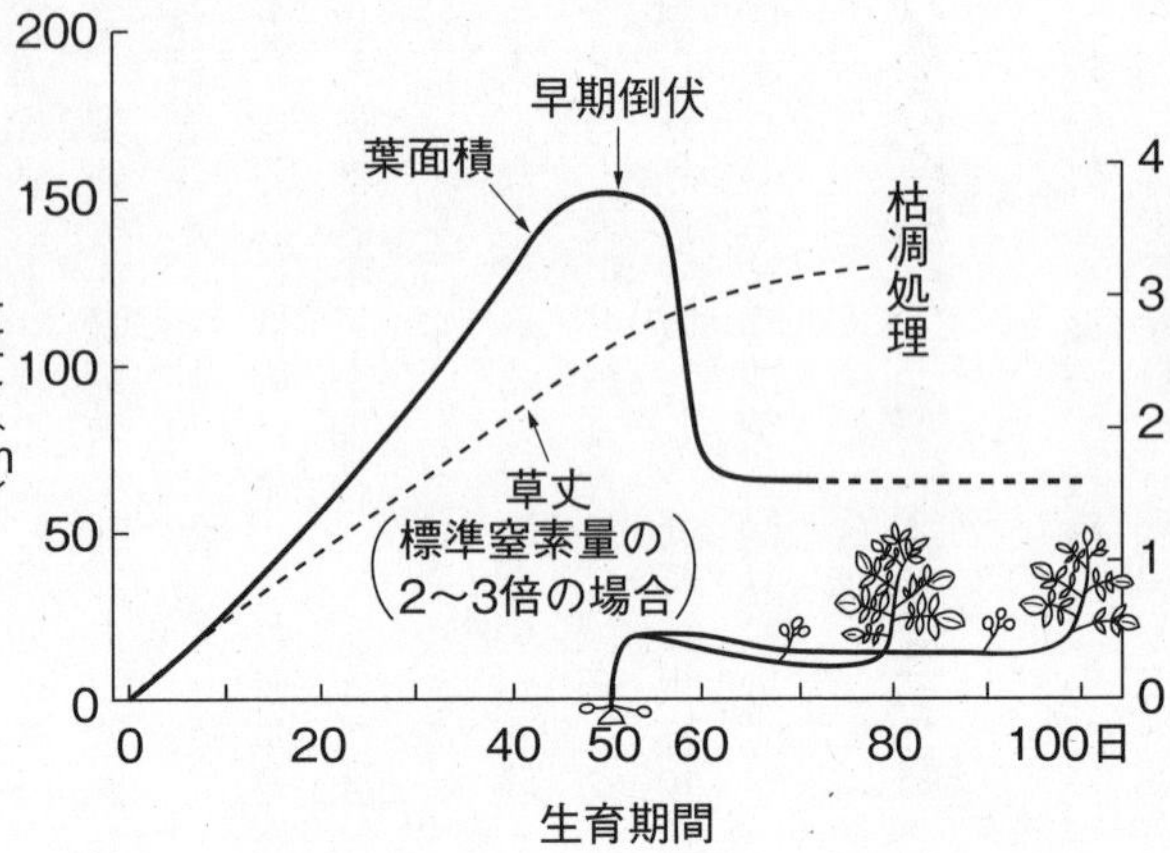

図4　男爵イモの健全生育型と過繁茂・早期倒伏型のちがい

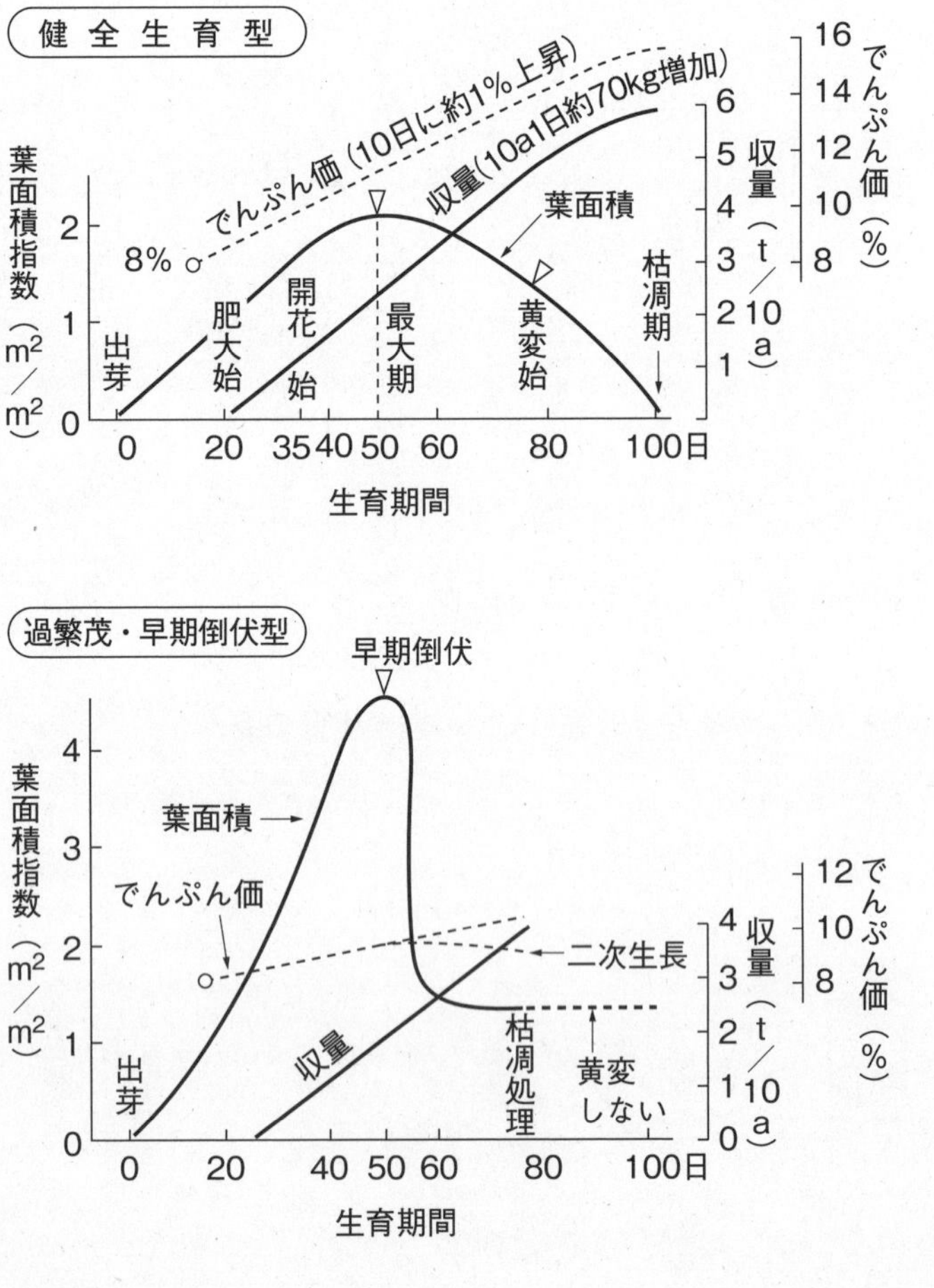

い、いわゆる完熟イモになるのである。

多肥は過繁茂・早期倒伏型で減収

「健全生育型」であれば、図4のように、イモの肥大率は一〇a当たり一日約七〇kgで、この結果として一〇日に約一%のでんぷん価の上昇が期待できる。

一方、多肥にして過繁茂に育てると、まず株が大きくなりすぎて葉面積が著しく増加し、必要量（葉面積指数で二・〇〜二・三）の約二倍となり、出芽後四〇〜五〇日の間にいわゆる早期倒伏をおこす。倒伏したあと、頭部をもちあげて高さ四〇〜五〇cmの群落を形成するが、葉面積を測定すると、必要量の七割以下である。

そして茎葉は育つがイモの形成は遅れて、ストロンは異常に長くなり、培土をしてもイモが外に出てイモ数が減少する。イモは肥大を始めると急速に肥大するが、でんぷん価の上昇は阻害され、中心空洞、褐色心腐れを発生しやすく、ひどいものは硝酸態窒素が多く含まれて人体によくない。

現代農業二〇〇一年九月号

うまさの秘けつ、でんぷん価を上げるには？

イモが肥大するしくみ

この話題に関しては、「でんぷん用原料だからでんぷん価を測る」という概念から離れ、加工食品用、生食用、種イモ用を問わず、その年の太陽エネルギーを効率よくでんぷんに固定したことを誇り合う理念をもつ必要がある。それには図5、6のイモの肥大するしくみを知るべきである。

ストロンを通じてイモに入ってきた茎葉部からの同化産物と、根から吸われた肥料分と水は、イモ内の維管束環によってイモ全体に

図5　イモの肥大とでんぷん蓄積のしくみ

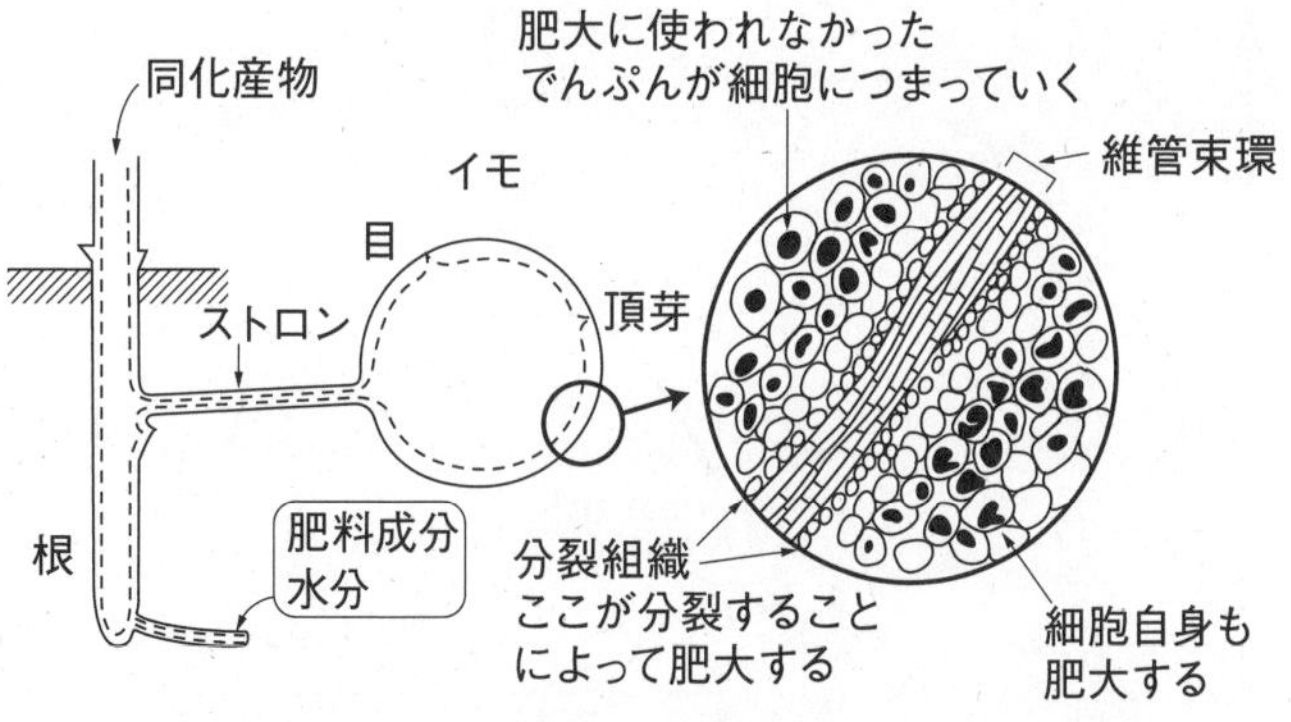

図６　でんぷん蓄積は肥大に使われた養分の残りですすむ

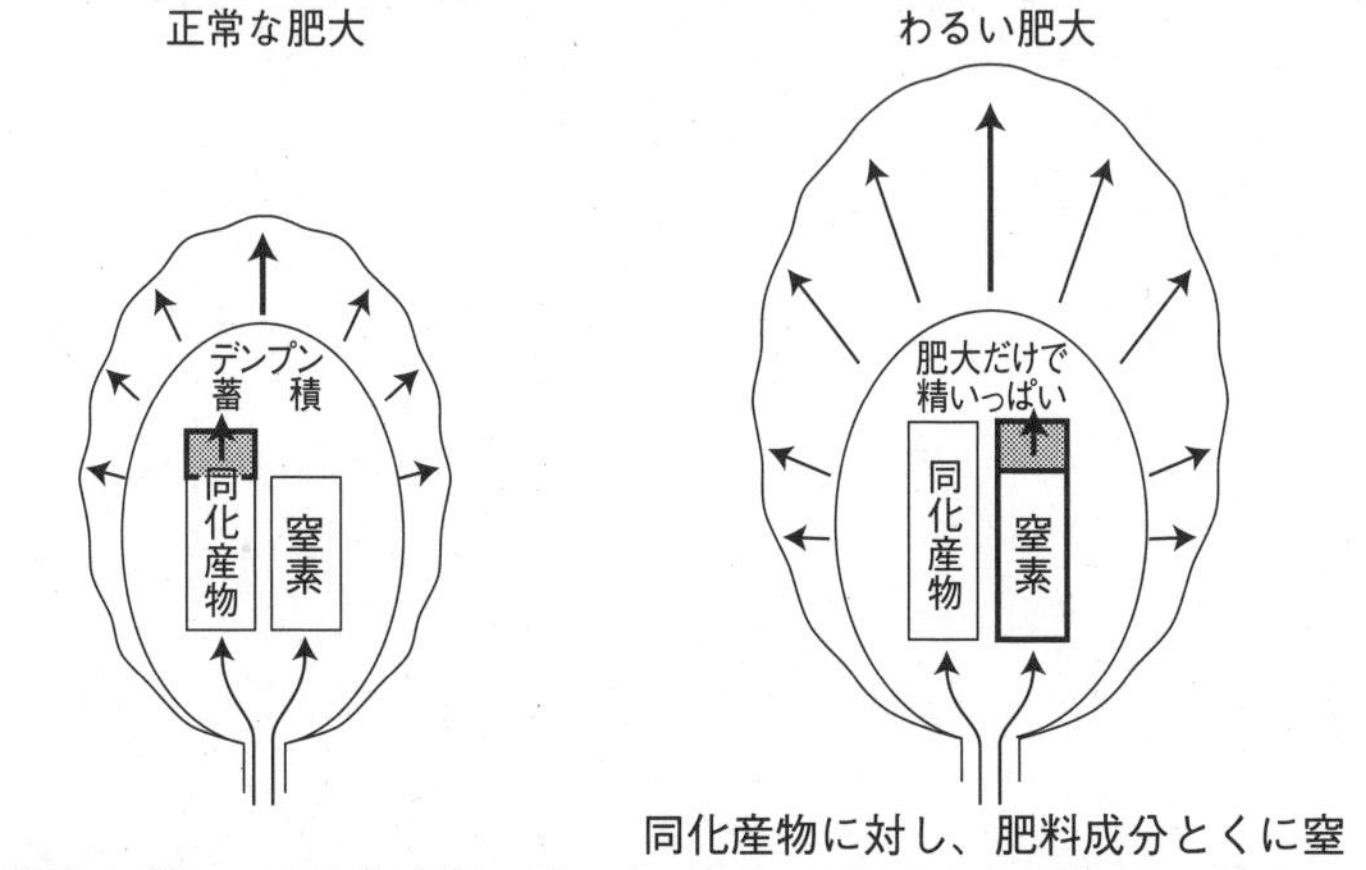

肥大に使われた同化産物の残り（斜線部分）がでんぷん蓄積にまわり、肥大とでんぷん蓄積のバランスがよい

同化産物に対し、肥料成分とくに窒素が多いので肥大は急速にすすむが、増えた窒素分を消化するのに同化産物の養分がとられ、余分がなくなり、低でんぷん価になる

配分される。導管と篩管からなる維管束環の両側に分裂組織があり、この細胞分裂によってイモは肥大する。さらに、イモの内部に向かうほど直径の大きな細胞（最大は直径一五〇ミクロンに達する）が見出されるから、維管束環での細胞分裂と細胞自身の肥大の二重の肥大能力をもち、養分が供給されるかぎりイモは肥大を続ける。

したがって条件が整えば、あらゆる品種で一個重を一kg以上にできる。ただし、ジャガイモは、肥大に消費した養分の残りがでんぷんとして蓄積される。つまり、流れ込む同化産物に対し、肥料成分とくに窒素が過多だと、細胞分裂や細胞の肥大に消費するエネルギーの割合が多くなり、余力がないので、でんぷんは蓄積されにくくなる。

肥料を増すほどでんぷん価は低下

イモの肥大とでんぷん蓄積をみた研究の結果が図7である。無肥料栽培だと肥大が悪く低収だが、でんぷん価は一八%となり、短時間（一八分かからない）で煮くずれするほどに粉ふき性がよく、食味は最高である。

施肥量を増すほど増収するが、三倍肥を超えると、しばしば減収傾向になる。それはストロンが異常に伸びて（一五㎝以上）培土からはみ出すことさえあり、イモ化率が低下するためである。

そして重大なことは、多肥にするほど直線的にでんぷん価が低下することだ。でんぷん価が低下すると、煮沸時間が二〇分以上でも煮えないとか、煮えムラがあるとか、食味が水っぽいというクレームが出る。調べてみると、煮たあとの粉ふき部分を顕微鏡で見たとき、でんぷん価が一四%以上だと、でんぷん蓄積が多いために、膨潤によってでんぷん粒が破裂していた。それに対し、でんぷん価一二%以下では破裂していないことがわかった。この関係から、多肥条件下での巨大変形粒発生による規格外、肥料費、低でんぷん価のクレームなどを頭に入れて、模式的に収益性を表わした（図7）。施肥量を増すと収益性も頭打ちになることがわかる。

でんぷん価一四%を超えるイモは少ない

そこで、品質評価票（略）というのを考案し、全道の生食用のでんぷん価を測定したのが図8である。

昨年までの二年間は、猛暑の影響でもっと低品質なので一九九八年産を示した。筆者が

図7　施肥量と収量、でんぷん価、収益の関係

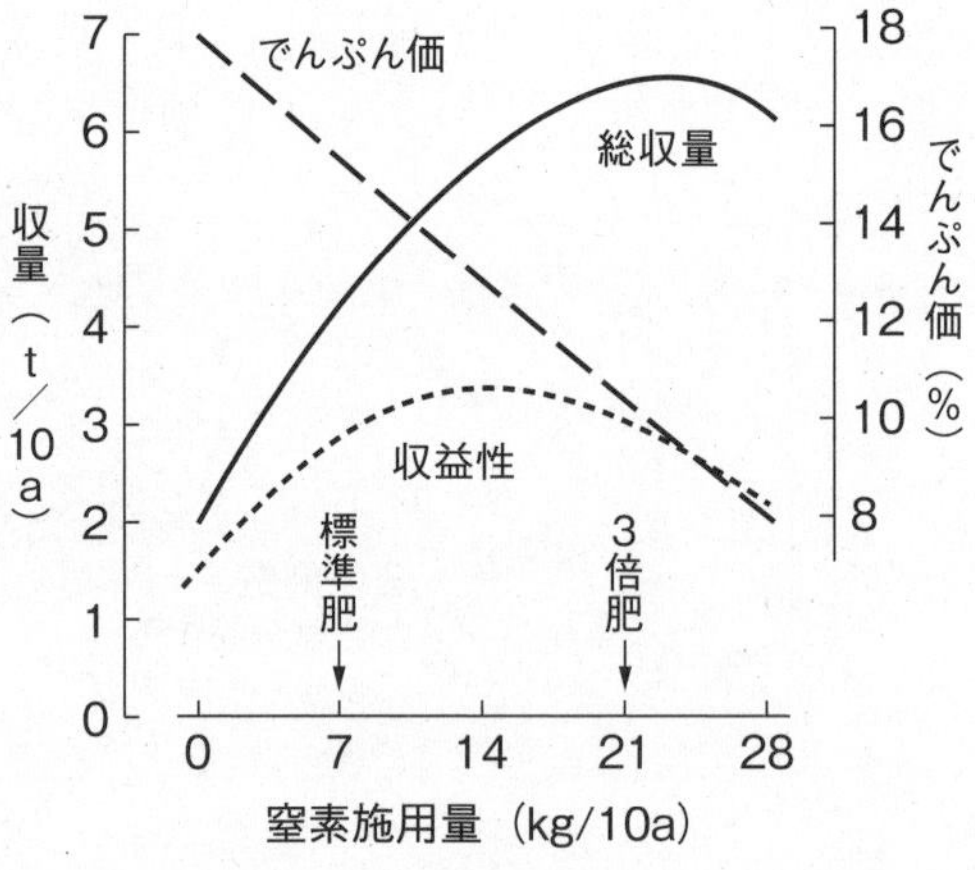

図8　ジャガイモの外観品質とでんぷん価

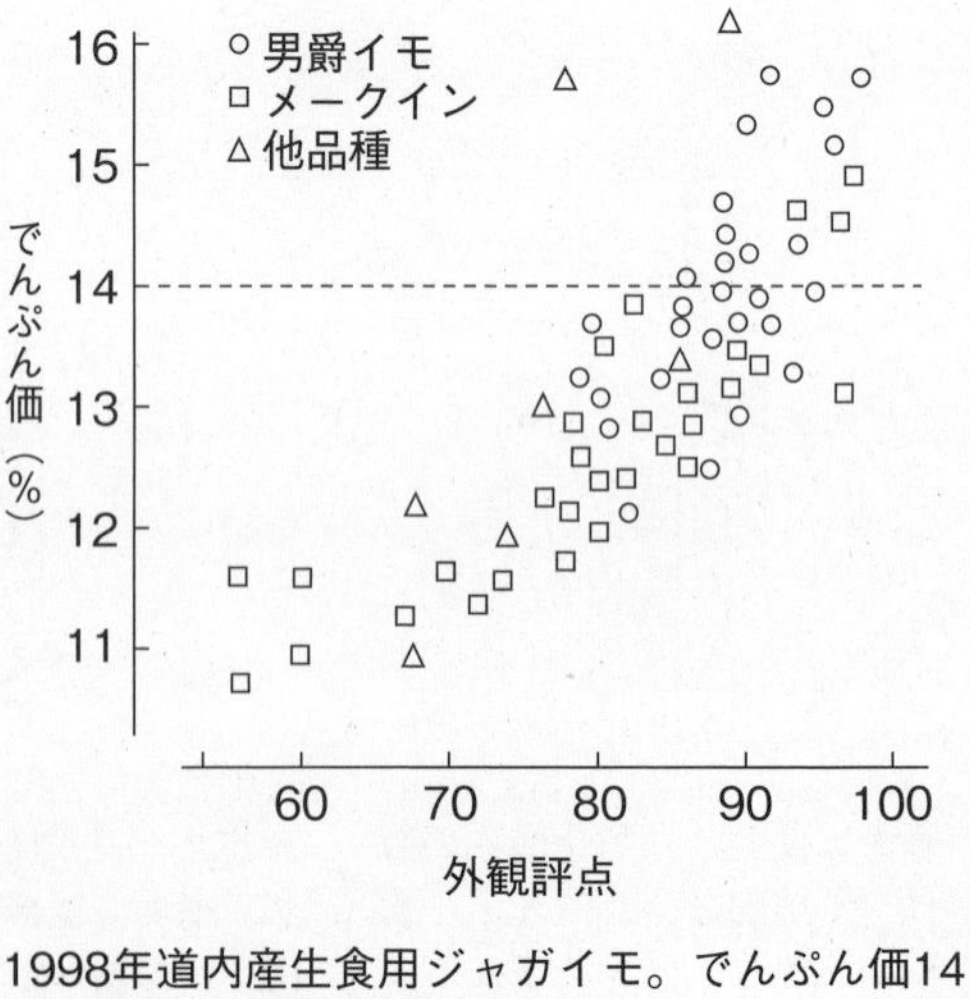

1998年道内産生食用ジャガイモ。でんぷん価14%以上のイモは3割に満たない

最低基準と提唱している一四%をクリアしたのは三割なく、一二%以下のいわゆる水イモが二割近くある。

そして男爵イモに比べて、メークインに低でんぷん価のものが多い。ここでもし「メークインのほうが、吸肥性が強いから低でんぷん価になりやすい」と考えたとしたら、改める必要がある。「二割ほど肥料を抑えて、でんぷん価一五%以上にすれば、男爵イモと同様の粉ふき性のよいものになる」と考えるべきである。

また、この図から、外観のよいもののほうが、でんぷん価も高い傾向にあることがわかる。総合技術の結果として外観があるということを痛感する。

水イモの原因は株の競合

ここまで扱ったでんぷん価は平均値であったが、イモごとのバラツキはどうであろうか。

そこで、一個ごとにでんぷん価を測る機械を開発して、ある一日のでんぷん価別収量分布をみた。すると、平均でんぷん価が一四%を超える優良農家の事例だが、でんぷん価は八〜一八%以上まで大きく変動し、とくにM玉とS玉の変動がひどく、さらに、困ったことに、一二%以下の煮えない水イモが一割近く含まれることがわかった。

この事実が明らかになってから、中心空洞や褐色心腐れと同様に、一二%未満のイモが一〇個のうち一個でもあってはならないと痛感、原因を究明した。その結果、最大の要因は、病害とか気象・土壌ではなく〝競合〟によるものとわかった。

つまり、圃場の整一化が競合を防ぐ技術であると判断、浴光育芽と全粒種イモの使用(後述)を進めたところ、平均値から前後二%、計四%の変動に収めることができた。また、それが画期的増収に結びついたのである。

でんぷん価を表示すべし

同様なことを、道内のある町村産メークイン(L玉一〇kg入り)で調べた。すると、平均でんぷん価は一三・四%とまあまあだが、一四%を超える優品は約三割しかなく、煮えづらいとか、まずいとクレームがつく一二%以下が二割以上あり、変動幅は七%と大きかった。この原因は、一人一人の圃場内のバラツキにとどまらず、すべての生産者のイモが農協の貯蔵庫内にブレンドされているからである。

今後、品質で勝負をするならば、でんぷん価を一四%以上に目標を立てる計画生産、バラツキのない圃場、そして生産者別の流通にし、ダンボールには「でんぷん価一四%保証」の表記をしたいものである。またL玉と表記されながら、開けてみると六三個中にMが四個、二Lが五個含まれていたことがある。こうしたことはよくない。

現代農業二〇〇一年十一月号

そうか病と粉状そうか病

そうか病は、かん水、酸性化では防げない

そうか病は図9(次頁)のように周皮がカサブタ状になる細菌性の病害で、連作ないし過作の経営で最大の悩みになっている。一度まん延すると、長年にわたって土壌中に生存し被害を与えつづける。

古くから、そうか病は砂地がかった乾燥しやすい圃場に大発生することが知られ、かん水によって防止できるという報告もある。しかし実際にはかん水栽培の多いアメリカでもそうか病は頭痛の種である。

長崎県をはじめとする連作地帯では、そうか病が大発生すると、クロールピクリンなどの土壌殺菌をするが、有用菌やミミズもいなくなるようでは正しい経営とはいえないだろう。

また同様に、連作地帯では、そうか病が土壌pH五・六以上で発生しやすいことから五・五以下に下げることが行なわれている。すなわち酸性土壌が多かったわが国の作土を、肥料の吸収がよくなるようにと、長い年月をかけて資材投入で土質改善したのに、再び資材を入れて酸性化しているのである。

ところが細菌のほうはもっと知恵が上で、酸性土壌でも大発生する菌が生まれたのである。これで全国的に苦しめられている。そしてついに五・〇以下の強酸性にする技術が生まれた。そこでは肥料の吸収が悪いために、窒素施用量が一〇a当たり標準の二〜三倍になっている。その結果、いつ収穫しても緑葉の多い生育になり、イモは常に未熟である。

浅植え深培土で菌の侵入を防ぐ

同様な周皮異常をおこす土壌病害に、粉状

図9　そうか病と粉状そうか病

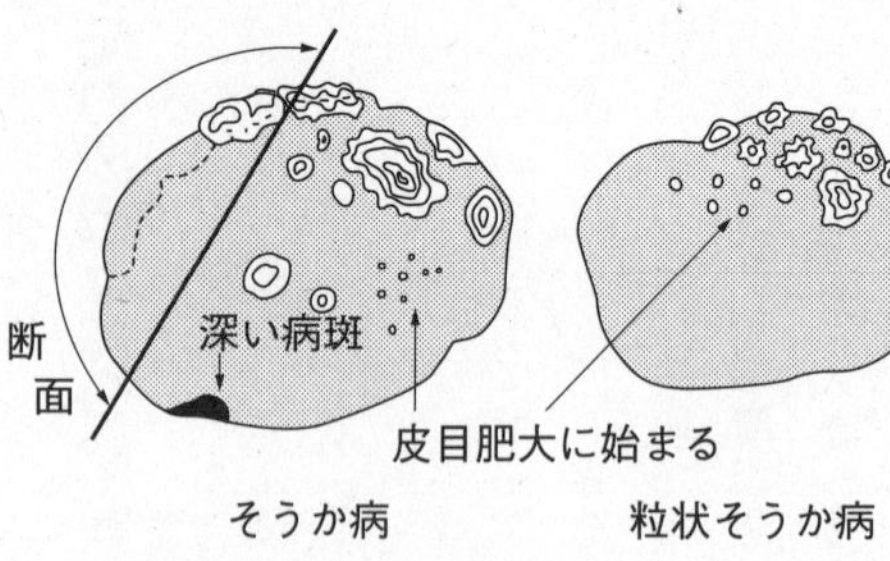

ジャガイモ　そうか病

病原は、グラム陽性細菌のストレプトマイセスである。ストレプトマイセスは、土壌中の放線菌の多数を占める。土壌中の腐敗植物体上、植物の根、家畜廃物を多量に施した畑土などで長期間生存できる。レッドビート、ビート、ダイコン、カブ、ニンジン、ゴボウ、小麦、大豆、インゲンマメなどの各種植物根に感染する。塊茎形成から肥大初期に地温が高く、少雨乾燥に経過した年次に早発し、発病も多くなる。この時期が多湿な場合、発病は抑制される。乾燥しやすく通気のよい圃場で発病被害が多い。土壌pHが5.2以上で発生し、6.5ないしアルカリ側で多発生する。健全無病の種芋を使用するほか、種芋消毒を行なう。ジャガイモの連作、過作をさけ、土壌pHを低く抑えるため過度の石灰施用をさけ、酸性肥料を使用する。さらに、発病を助長させる粗大有機物の施用をひかえ、完熟堆肥を用いる。前作緑肥としてイネ科作物、とくにエンバク野生種は発病軽減効果がある。休閑緑肥、後作緑肥のいずれでも効果がある。マメ科作物はイネ科に次いで有効である。ツニカ、ユキジロ、スタークイーン、ユキラシャ、スノークイーンは、そうか病抵抗性である。

ジャガイモ　粉状そうか病

病原は、ケルコゾア門（アメーバ鞭毛虫）のスポンゴスポラである。第一次伝染源は土壌中および罹病塊茎病斑中の胞子球である。胞子球は耐久性が高く、家畜の消化管を通過しても死滅しないとされ、また土壌中で十年以上生存できる。胞子からの遊走子の形成は、低温（13〜20℃）、多湿で良好である。寄主体侵入は13〜20℃で起こり、17〜19℃で盛んである。ジャガイモ、トマト、ナス、イヌホオズキなどのナス科植物のほか、アカザ科、アカネ科、アブラナ科、イネ科、イラクサ科、キク科、シナノキ科、スミレ科、タデ科、ヒユ科、フウロソウ科、ユリ科の根に感染することが報告されている。

発病は塊茎の形成期以降に多雨のとき、とくにある期間乾燥が続き、その後降雨があるとき著しい。しかし、20℃を超えると発病は抑制される。腐植に富む土壌で、保水力が強い排水不良の低湿地に被害が多い。無病の種芋の使用、4年以上の輪作、常発畑でのジャガイモの栽培回避、暗渠排水や心土耕による圃場の排水改善、抵抗性強の品種の栽培などの対策を行なう。品種によって抵抗性の差があり、男爵薯、とうや、キタアカリ、トヨシロは抵抗性弱、農林1号、ワセシロはやや弱、メークイン、さやか、コナフブキ、デジマは中、紅丸、ホッカイコガネ、サクラフブキ、スタークイーン、エニワはやや強、ユキラシャは強に属する。

（『農家が教える農薬に頼らない病害虫防除ハンドブック』農文協より）

図10　浅植え深培土

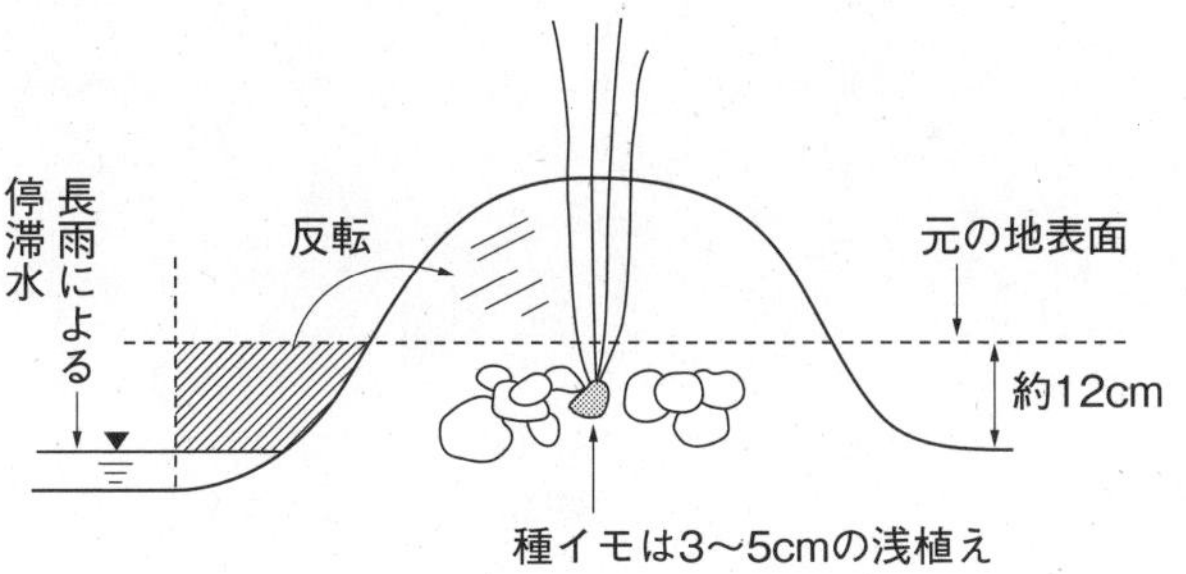

長雨でもイモの周囲が多湿にならず、皮目肥大しにくくなり、病原菌が侵入しにくい

図11　ジャガイモの土壌病害

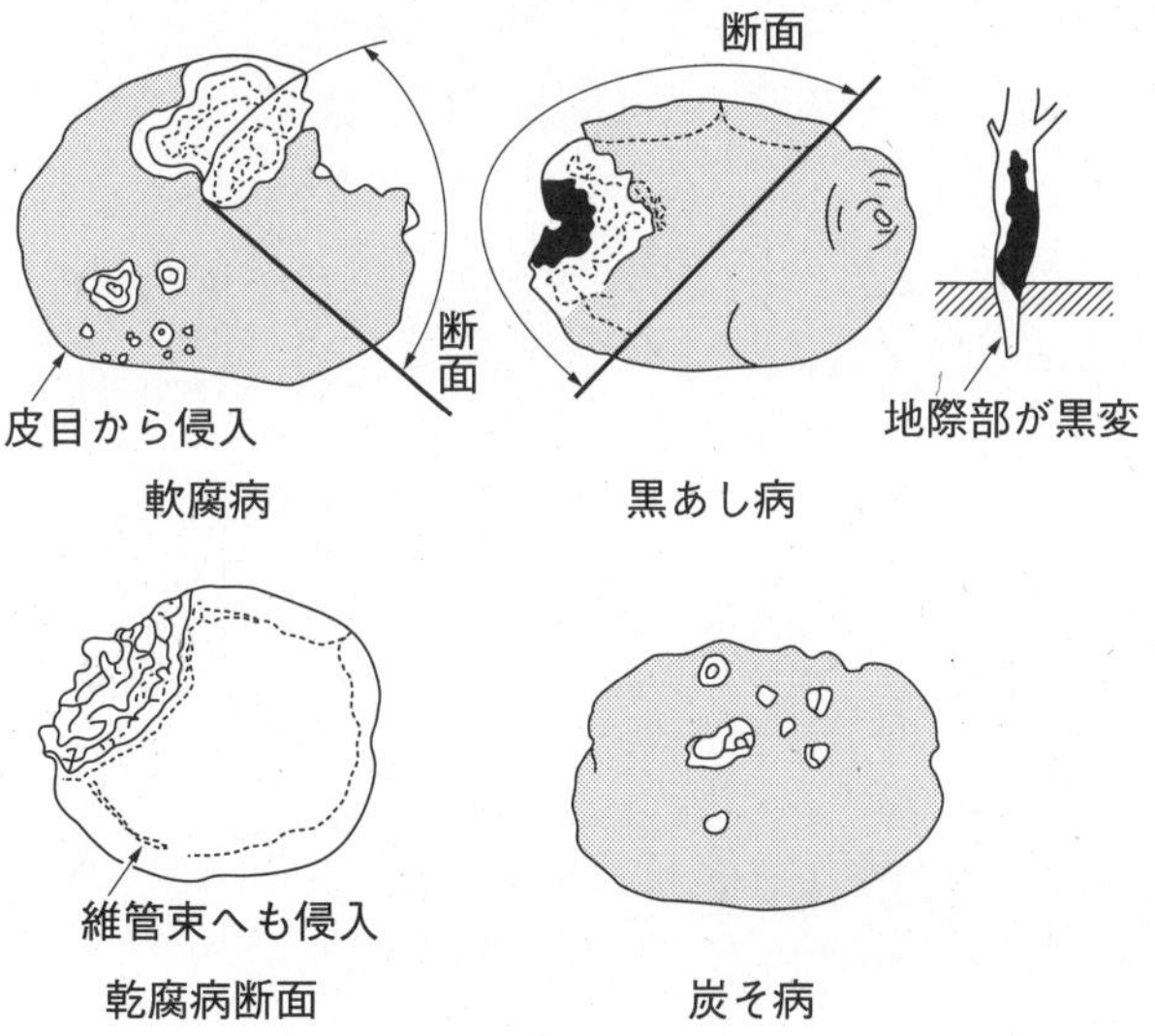

そうか病がある。これをそうか病と混同してはいけない。粉状そうか病は菌類病であり、しかも酸性土壌で発生しやすく、多湿圃場で大発生する。そうか病と粉状そうか病に共通しているのは、皮目肥大したところに菌が侵入して発病するということだ。

皮目肥大とは、排水不良などによってイモの周囲が多湿条件になることで、皮目という呼吸の場が拡大し、菌が侵入しやすくなる現象である。多分、イモの呼吸が阻害されると、イモ内部が酸素不足になるので皮目を大きく開き、軟弱になるため病害にかかりやすいのだろう。

そこで図10に示したような浅植え深培土が欠かせない。これは種イモを三～五cmの浅植えとし、出芽後二〇日目ごろに、うね間の土を約一二cm掘り下げ、これを反転して株際に盛り上げる作業である。これは古くから緑化防止のために実施してきた作業であったが、腐らないイモ作りと、イモの周辺地温を一五～二二℃の適温に保つための技術であることをあらためて強調したい。

かん水などにより一時的に多湿条件にすると、現代の多くの排水不良畑では、過湿にしてしまう危険性がある。多湿こそが皮目肥大を招き、あらゆる病害の元凶であると考える。

その他の土壌病害

図11はその他の土壌病害で、いずれも共通して種イモによって伝播する病害である。軟腐病と黒あし病は、まん延が早く大被害をもたらす。乾腐病と炭そ病は貯蔵病害と言われ、確かに貯蔵中に伝播するが、菌はすでに圃場から持ち込んでいる。とくに乾腐病は、収穫中の機械により受けた傷が原因であることが明らかだ。そして翌年、そのイモを種イモに使うことで発芽不良や生育不良を引き起こす。

図12（次頁）は黒あざ病で、種イモに黒いタール状の菌核をもって伝播する。茎の地際部に黒褐色の病斑をもち、切断してみると維管束の一部が被害を受けている。そのために茎葉への水分供給が不十分で、若葉が葉巻ウイルス病に似て内側に巻く。症状が進むと茎がアントシアニンの紫色を呈したり、気中イモが葉脈に着生したりする。こうなると、イモは様々な変形をきたす。早いときはイモの肥

図12　黒あざ病は変形イモの主要要因

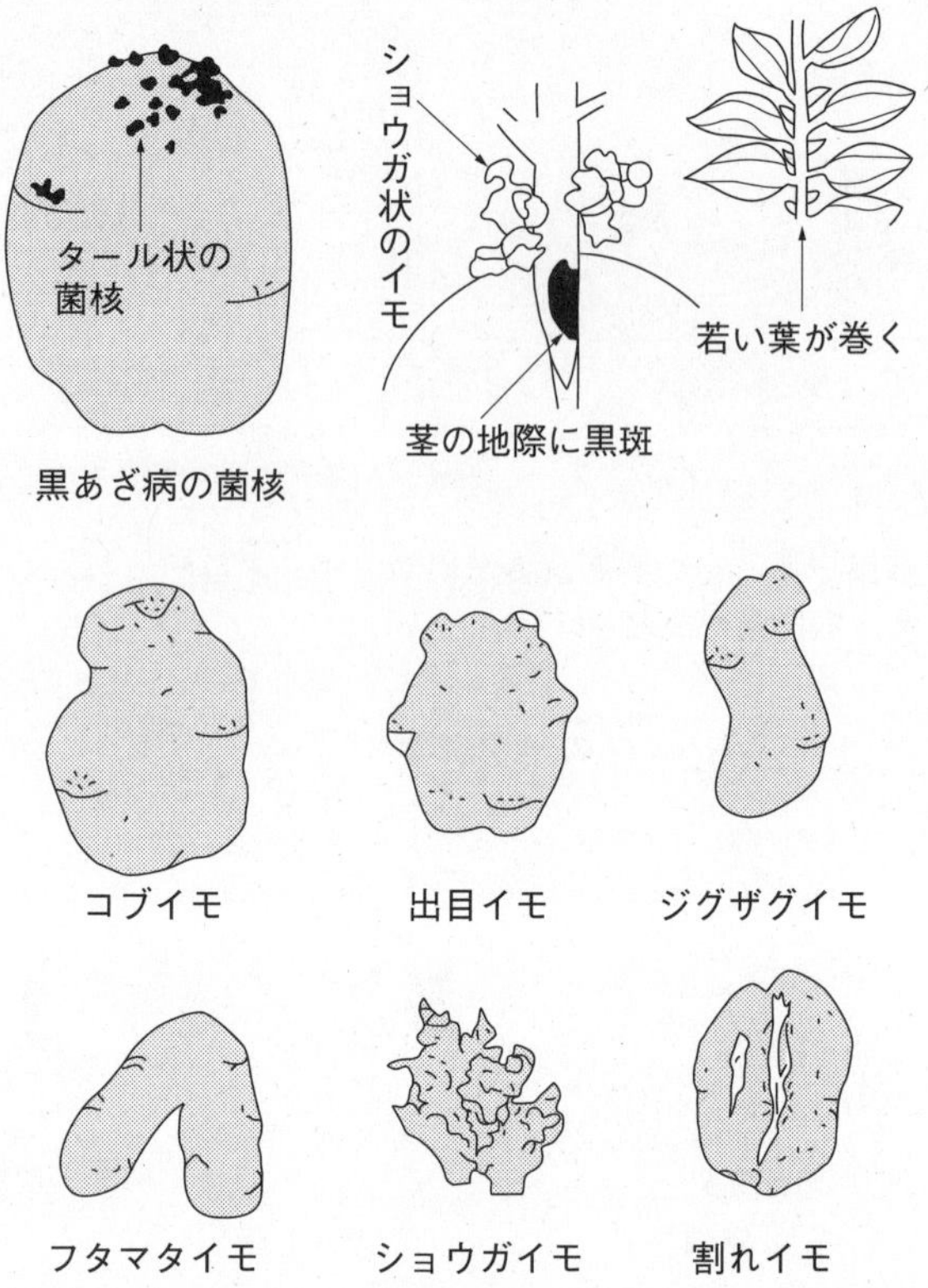

大始めと同時にあらゆる変形がみられる。これまでは、これらの変形を生理障害の二次生長としてきたが、そういうものはまれである。

主要な要因は黒あざ病によるものとわきまえ、良質種イモの入手に努められたい。とくに採種栽培で茎葉枯凋処理後、二週間以上放置することで菌核の着生がひどくなることを忠告しておく。

真の対策は輪作だが…

ここまであれこれ述べてきたが、真の土壌病害対策は適正輪作である。とくにジャガイモ（ナス科）から縁の遠い小麦、トウモロコシ、イネ科牧草などイネ科作物を前作にしたい。それが無理なら、次によいのはマメ科である。

北海道の例では、小麦が秋播き主体であるためにジャガイモ後作小麦が輪作の出発点となり、ビート後作ジャガイモが最も多い。ビートが前作になる欠点は、そうか病が共通病害であること、ビートの多収技術としてpHを六・五に上昇することが指導され、それがそうか病多発に拍車をかけていること。そのため、春播小麦を導入し、小麦後作ジャガイモを指導しているが、「春播小麦は少収で収益性が低い」とか、「業者が買ってくれない」とか称して改善されない。

また土壌病害対策には、完熟堆肥すき込みによって、作土の微生物相を向上させるのがよく、それが土作りにもなって、高品質多収ジャガイモ作にもつながる。しかし、ほとんど行なわれず、実施できたとしても完熟していない未熟堆肥である。時には大量すき込みにより、多肥と同様の過繁茂早期倒伏の生育と、低でんぷん価、中心空洞多発を起こしている。

機械による傷果も増えている

その他の規格外要因として、機械受傷があげられる。機械で収穫、運搬、荷上げ、荷下ろしなどをすることで各種の傷がつく。機械化農業になって急増したが、機械の進歩により減少することなく、大型化によって増加の傾向にある。詳述する誌面がなく、傷の種類のみ掲げるが、要するにていねいな取り扱いに徹することである。種類は切り傷、割れ傷、欠け傷、打ち傷、爪跡傷、皮むけなど多様で、打ち傷が肉質に及んで内部黒斑になるとクレームがつく。

また生理的な周皮異常で、ひどさの順にラセット、ネット、亀の甲、粗皮、象皮と呼ばれるものがあり、クレームになる場合がある。これが多い圃場は連作がつづいており、そうか病も多いものである。

現代農業二〇〇一年一二月号

イモ数を二倍にする方法

イモ数が多いほど多収

株当たりイモ数は、北海道で約九個、本州以南で約六個といずれも少ない。両者は栽植密度が異なるので直接比較できないが、男爵イモのように肥大期間が約八〇日ある品種では、一㎡当たり七五個ほどあれば、肥大期間をフルに活用した上で、規格歩留まりを最高にできるといえる。

圃場内の連続する五〇株について、イモ数と収量を調べてみたところ、イモ数は四個から二六個へと大きく変動し、収量も三〇〇gから一九〇〇gまでと広範囲だった。重要なのは、両者が高い有意な正の相関関係にあるということである。つまり、株当たりのイモ数が多いほど収量も多い。

この収量差は、出芽期の早晩や株間のバラツキなど一般に考えられる原因ではとても説明できず、株当たりイモ数に大きく影響されるといえる。さらに、イモ数は茎数に左右される（後述）ことから、株当たり茎数の影響力がきわめて強いことを知ってほしい。

イモ数が少ないと巨大な未熟イモを増やす

もう一点重要なことは、回帰式から「もし株当たりイモ数を一五個に一定化する技術をもてば、単収が六・二六tという画期的多収を図れる」ことを示唆していることだ。そこで図13を見てほしい。これは一茎株のように株当たりイモ数が少ないと、男爵イモの正しい肥大期間である約八〇日にならないうちに、市場で扱われないような三L（二六〇g以上）が発生してしまうことを示す。当然、イモは未熟である。

図13　茎数とイモ数、収量

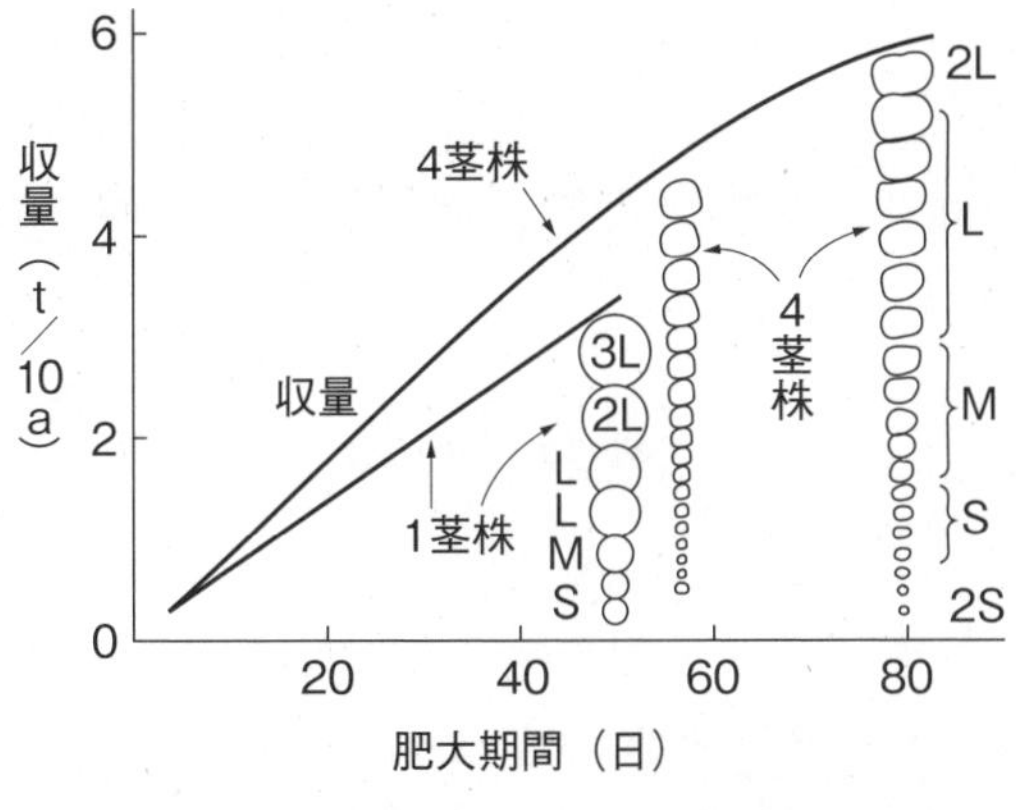

1茎株だと早く大玉がとれるが、巨大粒（規格外）が増えてしまう（男爵イモ）

北海道の例だと、日本最大の産地である十勝で、六月一日ごろの出芽で、六月二十日ごろから肥大を始め、五〇日後の八月十日に試し掘りをすると、すでに三Lが含まれる。そこで、緑葉の多い最盛期にもかかわらず、作物の生理を無視して強制的に茎葉枯凋処理が行なわれている。本州以南ではもっと早い時期に掘り始めていて、早出しできるのなら少収でもかまわないと言っているようだ。

株当たりの茎数を四本、イモ数を一五個に

そこで四茎株にして、株当たりイモ数を約一五個にしたところ、男爵イモの肥大期間を十分に生かし、しかも株内に二Lが一個程度になり、LM収量が最大になり、さらには出荷率が九〇%以上になった。

まず肥大初期の地下部をのぞいてみよう（次頁図14）。茎当たりのストロン節数は約一三あるが、茎が一本しかないと、そのうち成品イモになるのは半分ぐらいで、しかも大小のバラツキが出る。競合により選ばれて、大きくなるイモが現われるためである。

一方、四茎株ではストロン節は一茎株の四倍あるが、茎間の競合が加わってイモ数を減らしながら肥大するため、最終的なイモ数は

一茎株のやっと二倍ほどになるので粒ぞろいがよくなる。

これらの研究をまとめたのが図15である。株当茎数が増加するほど茎数は増加し、しかも株当たり収量が増加する。たとえば一茎株の約六〇〇gに対して四茎株は二倍の一二〇〇gになる。調査してみると、同じ三〇cm株間で、出芽期も同じなのに、葉面積が約五割増しだったのである。

もうひとつのまとめたデータが図16である。株当たり茎数が増加するほど総収量が増すばかりでなく、一～二茎株では巨大粒の発生が多くなり、四茎でLM収量が最大となることがわかる。ただし、七茎以上になるとLすらなくなり、全量がM玉以下になってしまう。

でかい種イモは損

これは余談だが、私は、種イモは切断しない全粒がよく、M玉以下のイモが種イモとして使えると考える。これだと現在規格外とされている二〇gのものまで有効利用できる。必ずそういう時代が来ると確信している。そういう時代になれば、七茎以上の株から成る採種圃で対応すべきだと考えている。

図17を見てほしい。これは種イモ重とイモの上の〝目〟の位置との関係図である。興味あることにS玉（四〇～六〇g）であろう

図14　茎数とイモ数、収量

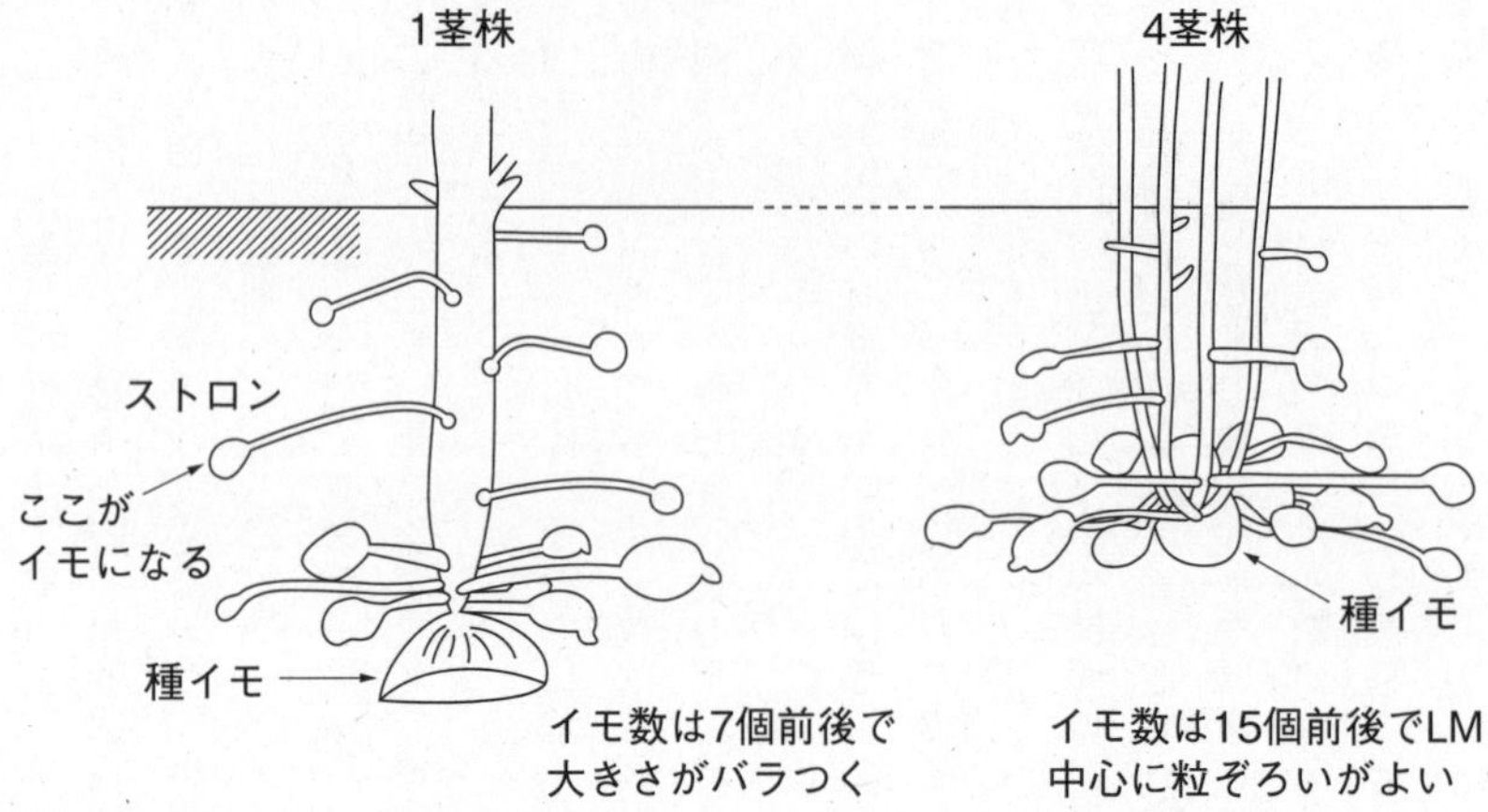

図15　株当たり茎数とイモ重

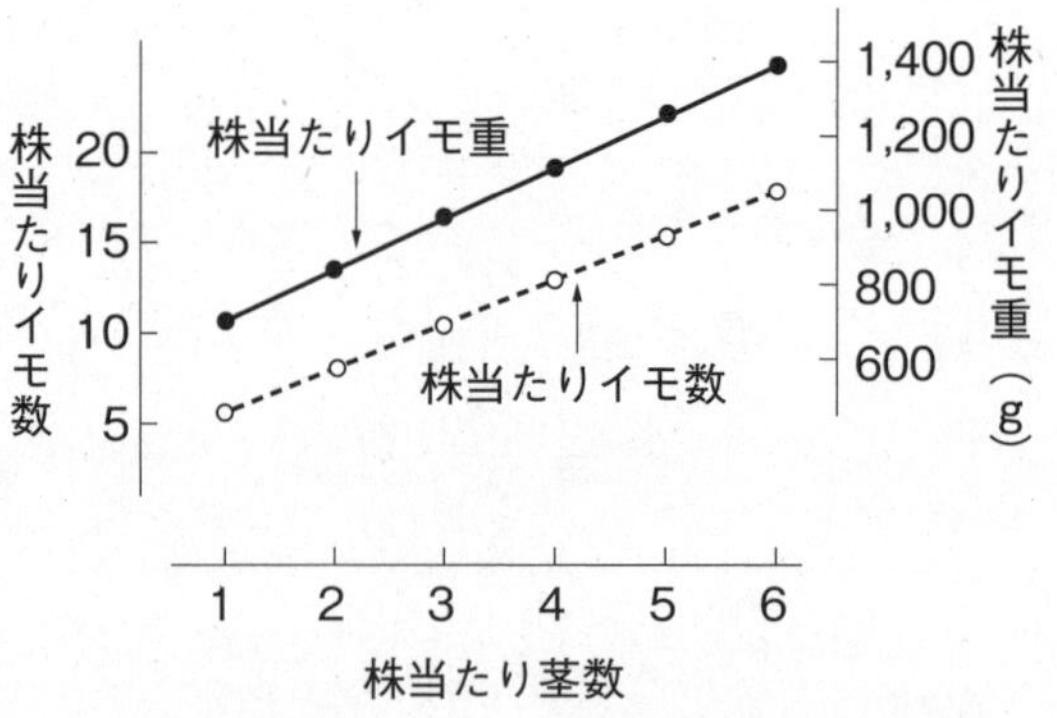

株当たり茎数が増えるほどイモ数は増加、株当たり収量も増加する（男爵イモ）

図16　株当たり茎数と収量

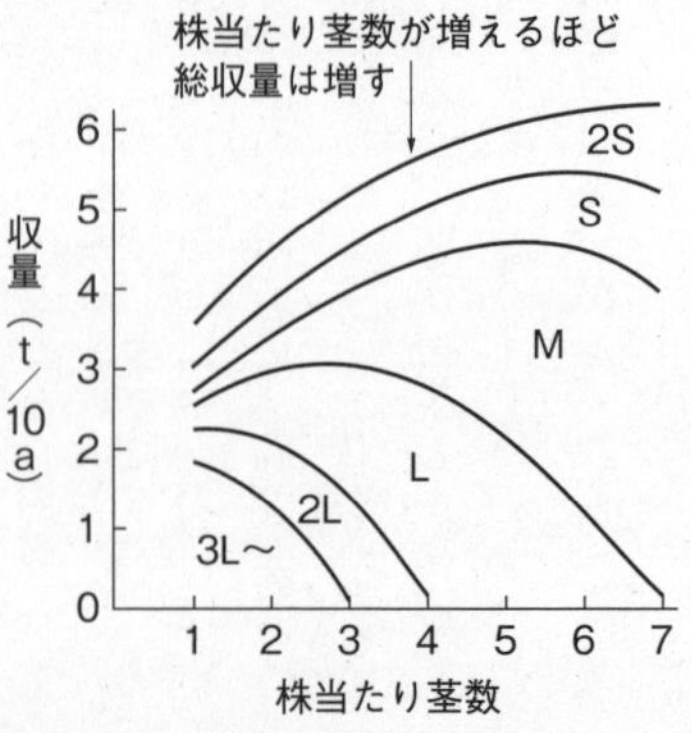

1～2茎株では巨大粒の発生が多く、4茎株でLM収量が最大となる（うね幅75cm、株間30cm、標準施肥、男爵イモ、1979）

と、L玉（一二〇～一九〇g）であろうと、共通に一番古い目はストロン着生部のすぐそばにあり、三番の目はイモの長さのほぼ中央に位置し、八番の目は頂部にある。

　そして四〇gの種イモの目数はこの八番で終わっているのに対し、重量が四倍以上になった種イモの目数はさらに一四個と増えるのだが、それは頂芽部に集中している。さらに種イモの目には頂芽優勢性があり、古い一番目は発芽条件を与えても動かない。いわばイモの下半分は種イモとしては不要で、種イモ重が大きくなるほど損なのである。

図17　種イモの大きさと目の位置の関係（男爵イモ）

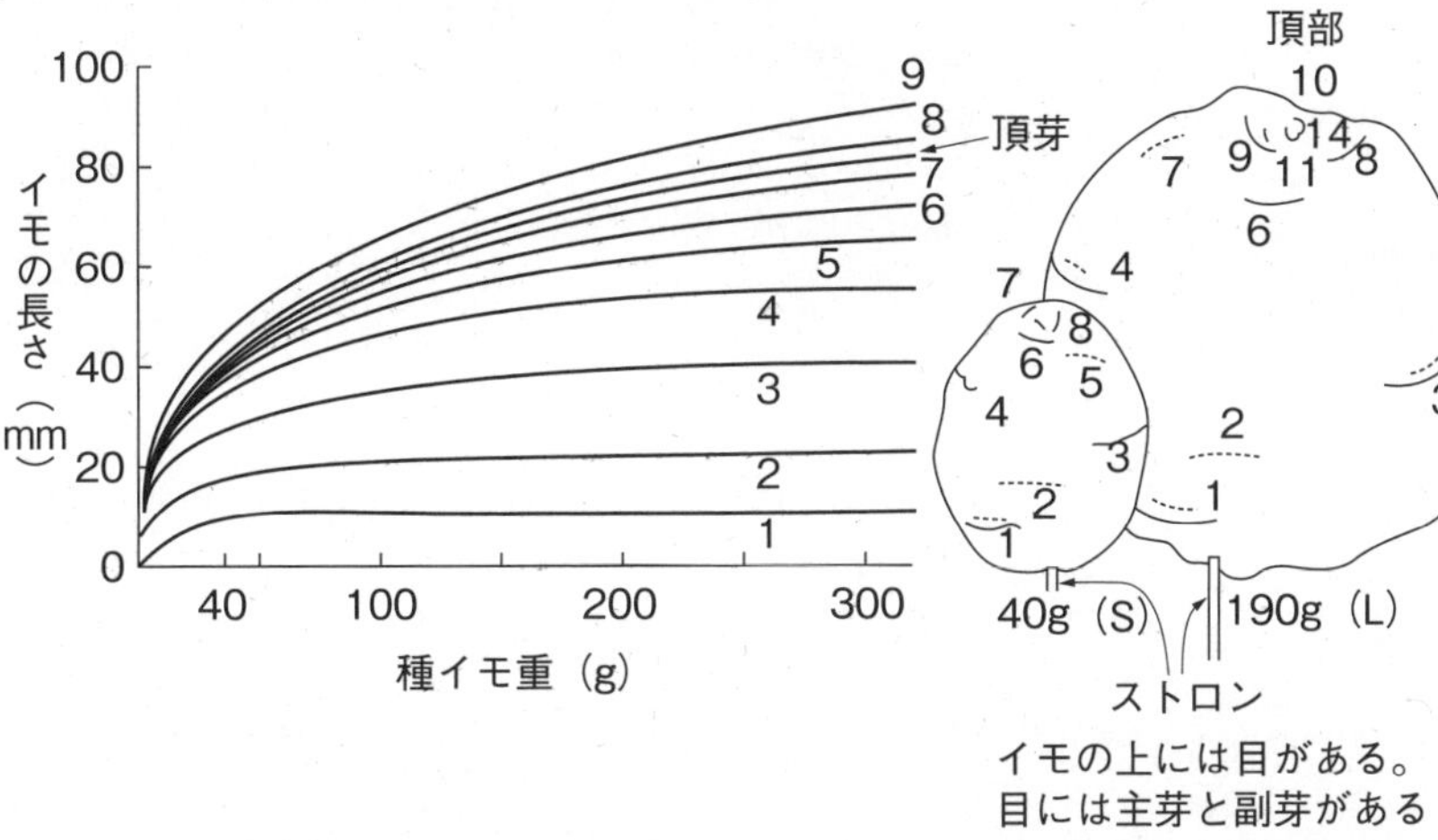

必ず頂芽を通して切る

　種イモを切断して使用するときには、目数を考えて切り方に注意したい。四〇～六〇gのS玉は切断せずに植えるため、株当たり茎数は四～六本と多くて好結果を得られるが、L玉（一二〇～一九〇g）は通常四つ切りにするため、目数は四分の一になって二茎株が主体になってしまう。

　北海道で最も進歩した全自動プランタで切断しながら植える方法は、八割が頂芽を通さない切断法で、芽の動きが悪い一茎株と、五茎以上の多茎株とが交互になっている圃場が多い。すなわち切断法が適正でないと、株ごとの収量構成がまちまちになり、低収・低歩留まりになる。

　さらに本州以南ではL玉をもっと細分し、多くの切片は一目になっている例が多く、圃場で出芽したあと、二茎以上あるものを一茎に「芽かき」することが多い。これは最も早くにL玉がとれるが、巨大粒が多く最も少収になる。

　ただし、全粒がよいからといって二〇g以下のものを用いる例があるが、それほど小さいと発芽力が弱く、出芽のバラツキがひどい。強く堅い芽にするには浴光育芽といって、植え付け前の約一カ月間、低温と強光下で堅い四～五㎜の芽を育てる方法もある（後述）が、この方法を用いても二〇gまでが限界である。二〇～四〇gの全粒種イモの浴光育芽で、圃場全体を四茎株にし、整一な出芽で最大の多収と高歩留まりを体得してほしい。

現代農業二〇〇二年一月号

生育診断―ジャガイモ作りは「植え付け八分作」

浴光育芽《よくこういくが》で発芽を早め、茎数を増やす

　圃場におけるジャガイモの生育の良否は、浴光育芽によって最も左右される。したがって、まず浴光育芽について述べる。

　浴光育芽とは、強い光と低温によって種イモの芽の生長を抑え、堅い芽を作る技術であ

る。これにより、出芽が一〇日前後早まる上に揃いがよくなり、株当たり茎数を一～二本多くすることができる。

　ジャガイモの植え付け前の平均気温は、道の内外を問わず、一〇℃以下の低温である。

　浴光育芽は、この低温条件と強い太陽光の下（いずれも芽の生長を抑える条件）、種イモを図18のように、一五cmまでの浅い層に広げてじっくりと芽を育てる。

　このとき、比較的高温で少照多湿条件だと軟弱な芽となり、植え付け作業中に芽が落ちたり、黒あざ病にかかりやすくなってしまう。また、浴光育芽開始時には芽が伸び始めているのがよく、それには貯蔵末期に一〇～一五日かけて一〇℃まで昇温し、芽を一㎜近くまでにしておくのがよい。

　浴光育芽中の作業で最も重要なのが、光を均一に当てるための攪拌で、その際に目（芽）の動きの悪いものを除去すること。このことが、圃場での一斉出芽と欠株をなくすことにつながる。

　また除去した種イモは、必ず原因別に量と比率を記録する。とくに切断面に乾腐病、あるいは強い枯凋処理による維管束褐変のあるものは、採種栽培側に報告して品質改善を求めるのがよい。さらに一部を水洗いし、そうか病や黒あざ病（菌核の有無）を調査することも欠かせない。

図18　浴光育芽法

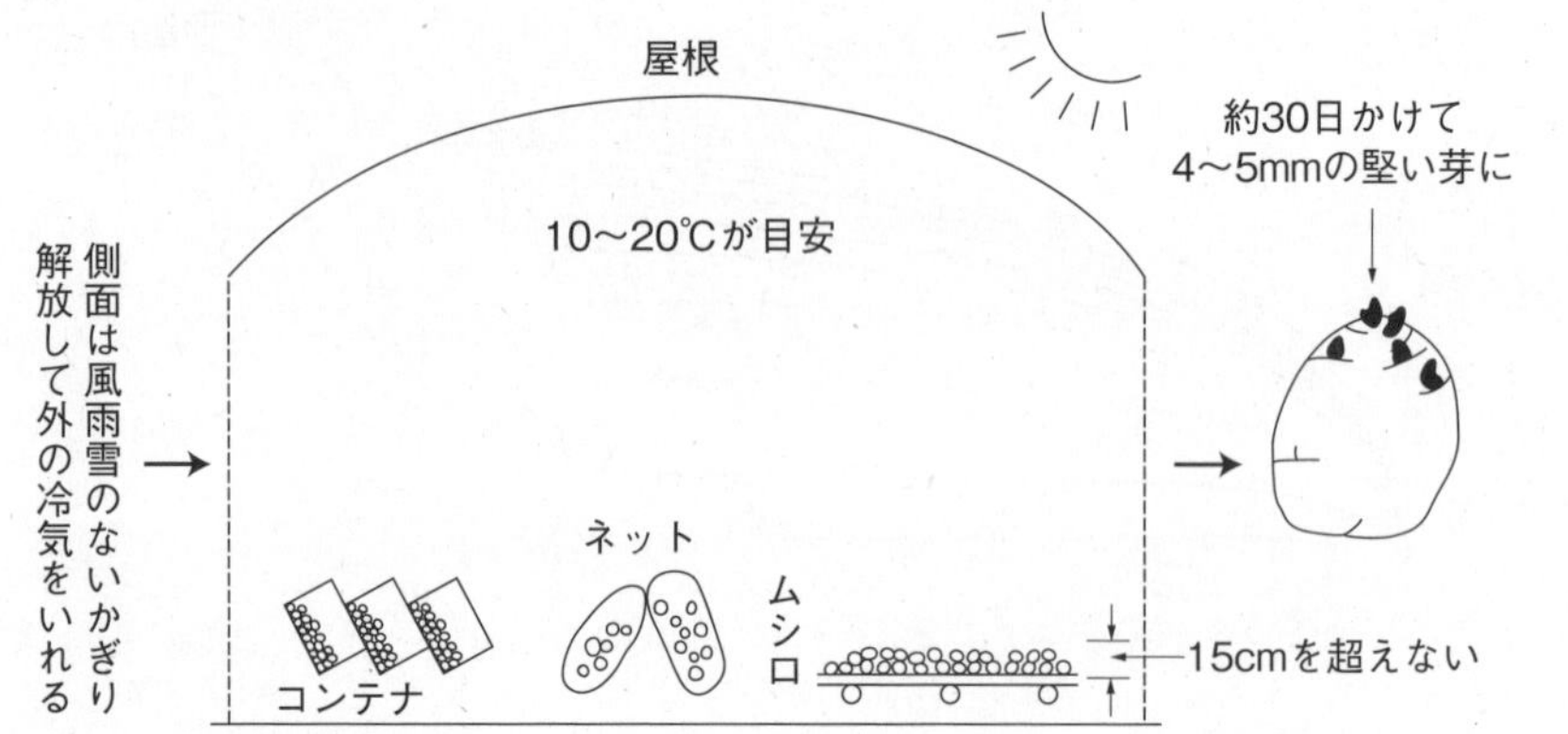

①植え付けの約1カ月前に、ビニールハウスなどの屋根つきの場所に、種イモを広げる（屋外でも可）
②光がまんべんなく当たるよう、イモが15cm以上重ならないようにする
③側面は十分に開け、冷たい外気が入るようにし、室内が20℃以上にならないようにする。室内が5℃以下になるときは側面をおろす（屋外の場合、夜間と、雨や5℃以下になりそうなときはシートをかける）
④1週間に1回ていど、イモの上下を入れ替える。このとき、芽の動きの悪いものを取り除く
⑤男爵は25～30日、メークインは20～25日で4～5mmの堅い芽ができる

日陰でもやしのように伸びたへろへろ芽

浴光育芽でかたい丈夫な芽。写真は、岩手県荒木輝雄さんの種イモ

出芽時の生育診断のやり方

　植え付け後約一カ月で出芽期を迎えるが、浴光育芽を十分に行なえば、出芽は一斉に揃

うはずである。

　ところが実際は、バラつきが多い。この出芽のバラつきを含めた出芽時圃場診断をくり返すことが、増収技術に最も結びつく。したがって、ある圃場の出芽が揃ったとき、以下に述べる四つの場面で診断する。

図19　平均出芽日の決定と地域の出芽基準日からの遅れ日数の算出
（調査日6月5日）

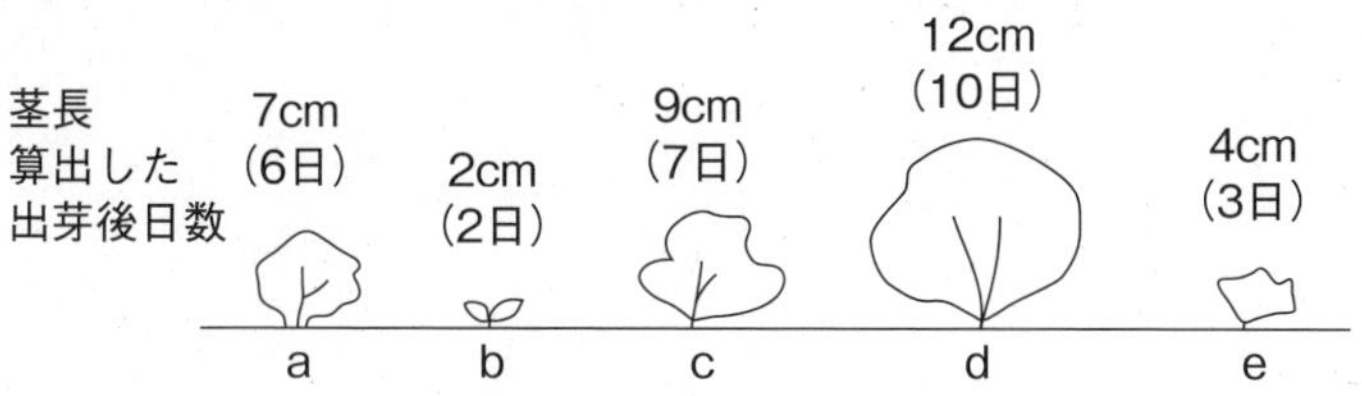

①出芽後日数を、1.2cmの茎長の伸びから算出
②20株の平均値を出す（図の場合は6日）
③調査日から平均値を引くと、平均出芽日がわかる（図の場合は5月31日）
④地域のサクラの開花日（地域のジャガイモの出芽基準日）と平均出芽日を比べる（十勝のサクラ開花日は5月15日なので、遅れは16日）

▼出芽日の早晩…サクラの開花日と一致

　まず図19のように、一日の茎長の伸び率は約一・二cmであることから、出芽後の日数を判断し、二〇株の平均値を出す。これを調査日から引いて平均出芽日を算出する。

　そしてその地域の出芽基準日（理想とする出芽期＝サクラの開花期）と比べることで、地域の基準に対して出芽の遅れ日数がわかる。根拠は、サクラ（標準木のソメイヨシノ）の開花適期の平均気温一〇℃が、ジャガイモの出芽適期に一致することである。

図20　現状（十勝）と望ましい基準の生育と収量の経過（男爵イモ）

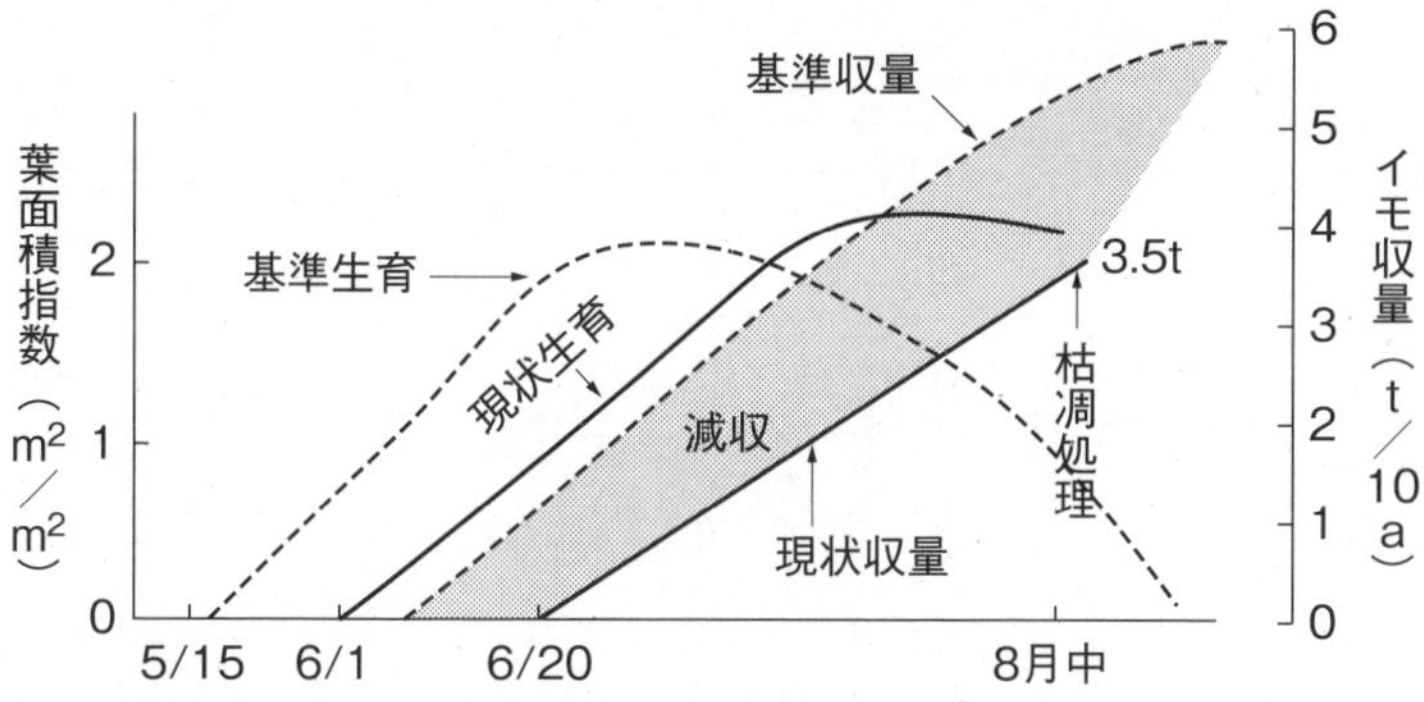

仮に、現状収量のタイプで、そのまま栽培期間を延ばしても、真夏はイモの肥大が急速に進み、3Lすなわち中心空洞果が増えるので、歩留まりが低下、増収には結びつかない

　次に、遅れ日数に〝二〟を掛けて、百点満点から減点する。この減点法は、「一般生産者の反収が、約五〇日の肥大期間で約三・五tなので、一〇a当たりの肥大率は一日七〇kg」であり、一日の肥大率は二%に当たることを根拠にしている。

　図19の例では、遅れ日数は一六日で減点三二点であり、三二%の減収が見込まれることがわかる。

　このことを図20に示した。現状と望ましい基準生育との約半月の出芽遅れの差は、反収で一t以上の減収になり、現状では強制枯凋処理で生育が中断されるので、単収差は二t以上になる。

▼株ごとの出芽日のバラつき…五日以内が基準

　第二の場面は、図19の出芽日の両極端の差（図の例では八日）の評価である。浴光育芽が十分に行なわれ、三〜五cmの浅植えをしていれば、五日のバラツキで収まるはずである。これを基準とし、八日との差の三日に二を掛けて六点減点とする。

▼株間のバラつき…三〇cmが基準

さらに注目すべきは、いつまで待っても出芽しない株、すなわち欠株があることである。研究の結果、四五cm以上の株間を欠株とするという定義を設け、掘って種イモの有無を確かめることにした。

すると、北海道のような機械（プランタ）植えの場合、大部分の欠株は、発芽不良ではなく、植えていないせいであることがわかった。そこで第三の場面として、株間のバラツキを評価するようにした。

三〇cmの株間を基準とし、一五％（四・五cm）までのバラツキは許容するが、それ以上は、一〇％（三cm）増すごとに二点減点とする。広すぎれば減収、中心空洞や褐色心腐れの誘発、巨大粒、変形、低でんぷん価が発生し、狭すぎればクズイモが多くなる。機械（プランタ）の調整と走行速度を守る反省が要求される。

▼株当たり茎数のバラつき…四茎が基準

第四の場面は、株当たり茎数のバラツキの評価である。先述したように、茎数の大きな影響力にもとづき、四本に揃っているのを理想とする。平均値で一本不足するごとに五点減点とし、バラツキがひどければ、さらに減点とする。とくに一～二茎株について割りばしを立てておき、収穫期に巨大変形粒、中心空洞などが集中していることを確かめるようにしたい。

ジャガイモ作りは「植え付け八分作」

こうして、百点満点からの減点を加算した結果、九〇点以上は優、八〇～八九点は良、七〇～七九点は可とし、六九点以下は圃場をなしていないとする。ジャガイモ作りは「植え付け八分作」なのである。

こうして出芽期における診断をもとに、反省、改善をくり返すことにより、増収と規格歩留まり向上に結びつけることができる。出芽期の生育診断は、生育期間を通じてのさまざまな診断のうち最も効果が大きい。

これにより、年々出芽が早まり、しかも整一な群落を作り出せるようになる。

その他の生育診断

その他にも、生育期間を通じた生育診断はいくつかある。出芽の約一カ月後に開花始期を迎えたとき、第一花房下茎長が四〇cmであれば、施肥（窒素）が適正であり、「健全生育型」であるといえる。またこの時期以後は、培土の方法や防除の効果、除草なども含めた診断をすることで、作物を見る目が養われ、栽培技術が向上する。

現代農業二〇〇二年三月号

吉田　稔（一九二六～二〇〇五年）札幌市生まれ。一九五〇年北海道大学農学部卒業、一九五二年同助手、一九六四年同助教授、一九八九年退官。カルビー（株）技術顧問、いも類振興会参与など歴任。著書に、『まるごと楽しむジャガイモ百科』、『加工ジャガイモのつくり方』、『そだててあそぼうジャガイモの絵本』（以上、農文協）など。

あっちの話　こっちの話

超小力ジャガイモ栽培
うね立て、草取り、土寄せいらず

野田道也

この一〇年余り、うね立て、草取り、土寄せなしでジャガイモを作っているという方にお会いしました。岡山県総社市の岡さんです。やり方は次のとおり。

まず、うねに鍬で幅一五cmほどの溝を切り、そこへ約三〇cm間隔で種イモを置いていきます。次に、種イモと種イモの間に、堆肥などの肥料を置いていく。そして溝を埋め戻したら、畝全体に黒いマルチをかけます。

やがて芽が伸びてきたら、その部分だけ黒マルチを破ります。芽が一五cmほどになったら、一、二本を残して芽かき。後は、六月に収穫するまでまったく手をかけません。

こんな簡単なやり方ですが、土寄せも農薬散布もせず、立派なジャガイモができるそうです。

岡さんの近所でも、このやり方で自家用のジャガイモを作る人がだんだん増えてきました。皆さんも一度試してみては。

現代農業一九九五年五月号　あっちの話こっちの話

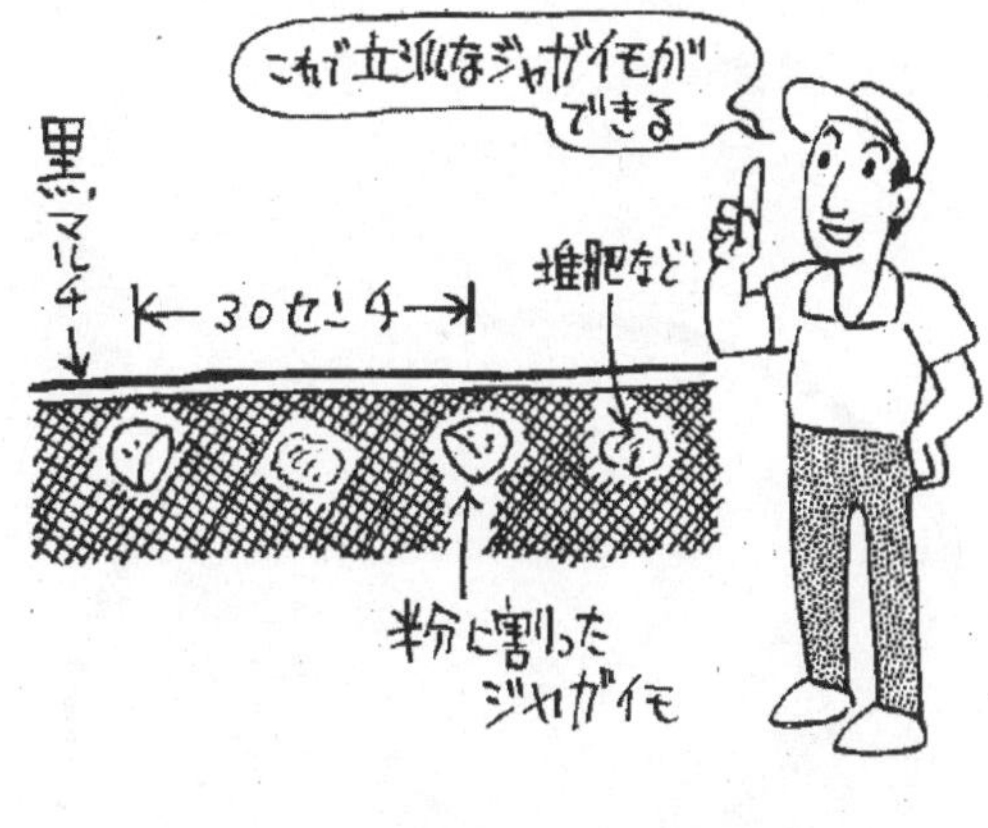

冬の畑に残した小イモが翌春には大イモに

廣瀬瑞恵

徳島県阿波市でレタスを作る兼松ヒロ子さんは、農業が大好き。自分でいろいろ試してみるのが、とっても楽しいそうです。ヒロ子さんに、ジャガイモ栽培の裏わざを教えてもらいました。

ヒロ子さんは、自家用のジャガイモを年二作、栽培しています。春ジャガイモは、二月に植え付けて、梅雨前の五月に収穫します。秋ジャガイモは、五月に収穫した小イモを種イモにして、九月に植え付け、霜が降りる十二月に収穫します。

秋ジャガイモの収穫のときに、株ごと全部抜かず、うねに手を突っ込んで大きいイモだけ「探り掘り」し、小さいイモは株につけたまま土の中に残しておきます。年を越した二月頃に掘ると、残しておいた小イモが大きくて立派なイモになっているといいます。近所の同級生に教わったこの方法、半信半疑で試したら本当にイモが太ってビックリしたそうです。

現代農業二〇一一年十二月号　あっちの話こっちの話

絵とき　イモの健康力

―― イモは畑からとれるクスリ

まとめ・編集部

壊れにくいビタミンCが豊富

ジャガイモ、サツマイモともに、**風邪の予防**や**疲労の回復**、**肌荒れ**などによいビタミンCを多く含む。一般にビタミンCは熱に弱く壊れやすいものだが、イモ類のビタミンCはデンプンに包まれているおかげで熱を加えても壊れにくい

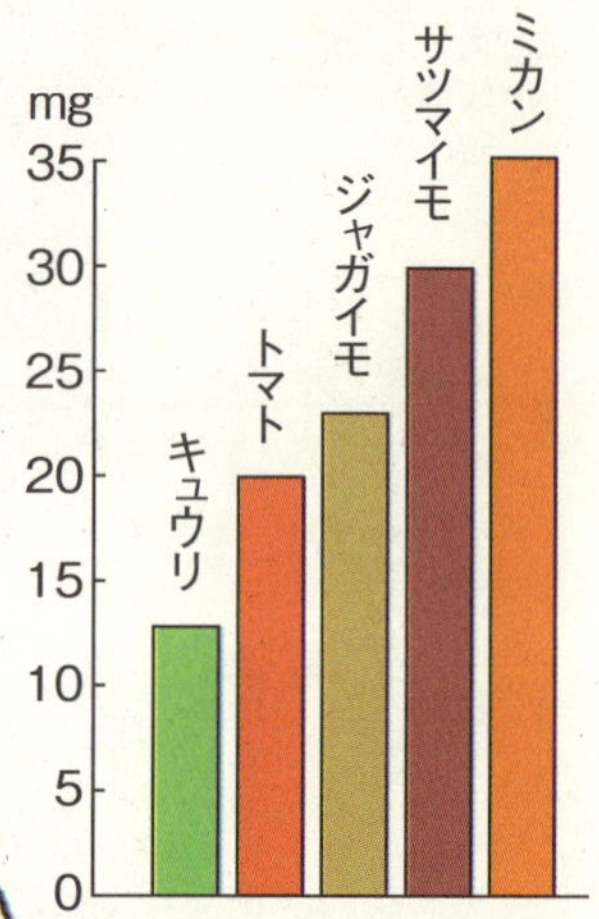

野菜、くだもの100gのなかにふくまれているビタミンCの量

カリウムが多い

高血圧を防いでくれるカリウムがどちらも多い。カリウムには体内の塩分（ナトリウム）を排泄し、血圧を下げる働きがある

味噌汁にジャガ
イモを入れれば、

サツマイモの葉には ルテインが多い

サツマイモの葉には目の病気を防ぐルテインが多く含まれる。年をとってルテインが減ると、**白内障**や**黄斑変性症**の原因となるのだが、サツマイモの葉にはホウレンソウの2倍のルテインが含まれることから注目されている。おすすめは葉を食用とする品種の「すいおう」。汁ものよりサラダや炒めものがいい

熱を加えても

食物繊維が多い

ジャガイモとサツマイモとで、その種類は違うが、どちらも食物繊維が多い。便秘を解消し、大腸ガンの予防にもなる

このページは、日本いも類研究会ホームページ（http://www.jrt.gr.jp/）や「そだててあそぼうジャガイモの絵本、サツマイモの絵本」（農文協刊）などを

疲れ目にすりおろしジャガイモ

岩手県岩泉町・井戸端諒一さん

すりおろしたジャガイモをガーゼにのばして、目にあてるだけ

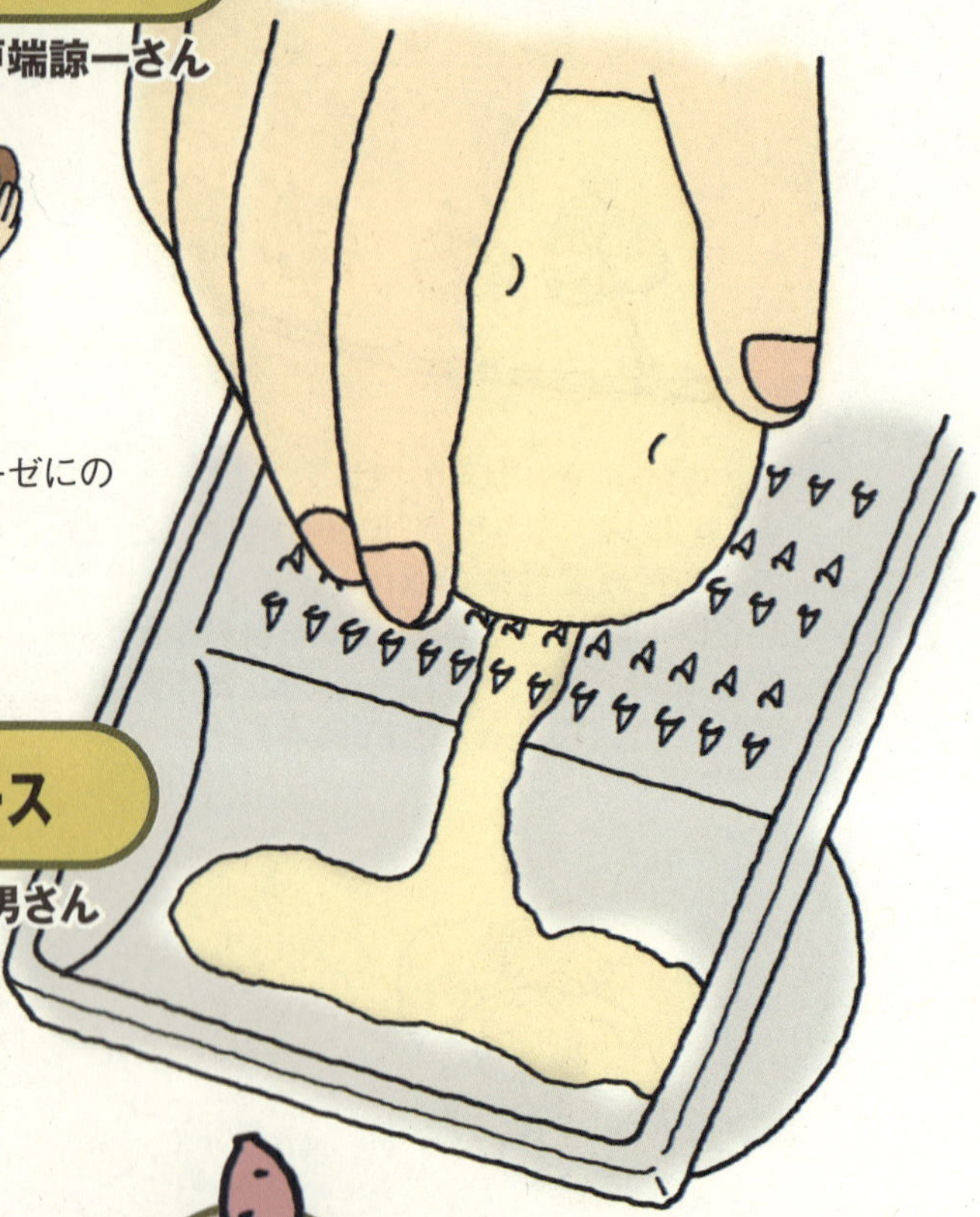

胃潰瘍にジャガイモジュース

山形県山形市・井上時男さん

すりおろしたジャガイモをガーゼでこし、朝食の前など、胃に何も入っていない食前に飲むのがポイント

紫サツマイモのおかげで老眼鏡なし

熊本県荒尾市・島本久子さん

ゆでた紫サツマイモをつぶして丸め、冷凍
ておき、パン生地に練り込むなど一年中
う。紫色の色素成分アントシアニンのお
か、それまで使っていた老眼鏡なしで
聞が読めるようになってビックリ!

ジャガイモ湿布で…

広島県大竹市・藤本雪江さんほか

ひざの痛みに

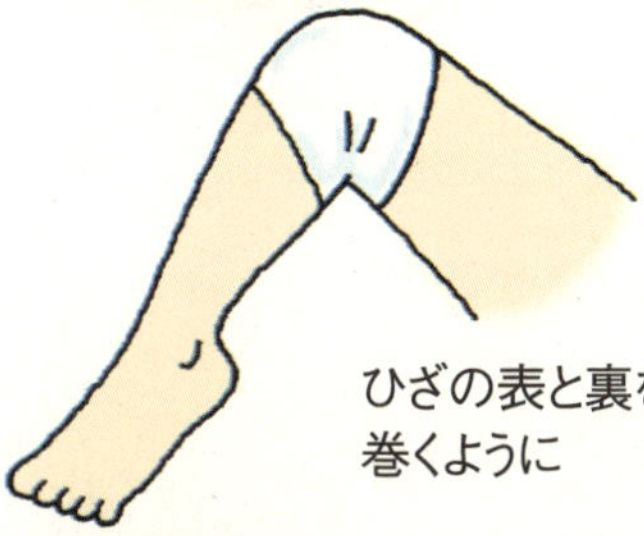
ひざの表と裏を
巻くように

打撲の痛みに

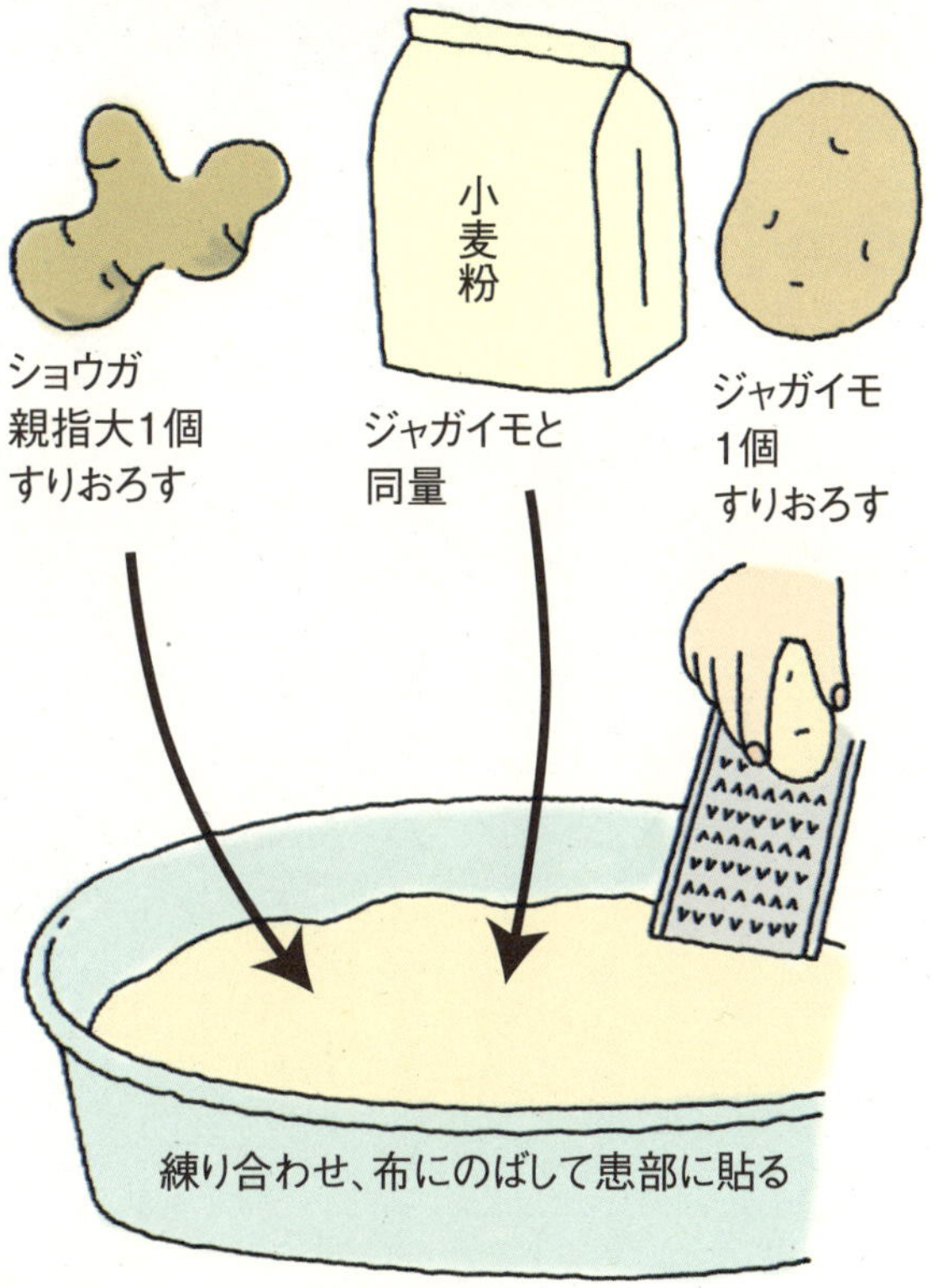

練り合わせ、布にのばして患部に貼る

発熱に

北海道深川市・Nさん

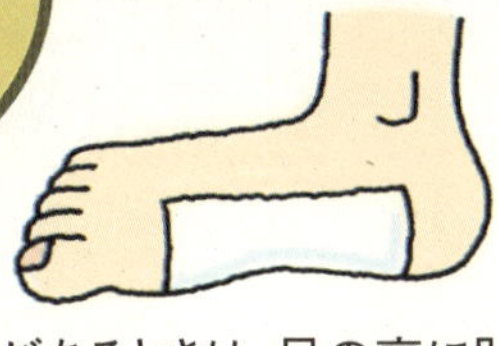

身体全体に熱があるときは、足の裏に貼り、乾いたら取り替えると、みるみる熱が下がってくる。すりおろしたジャガイモと小麦粉に酢を適量混ぜたものを使う

せきに

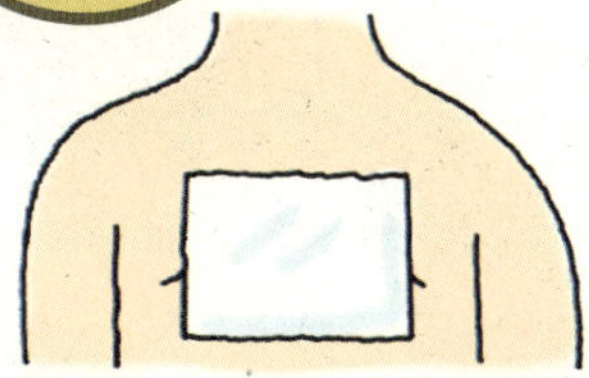
胸だけでもいいが、背中と両方に貼るといい。それまでのせきがピタリと止まる

ジャガイモには患部の熱をとって炎症を抑える作用（消炎作用）があるといわれている。サトイモを使ってもいいが、ジャガイモのほうが肌がかゆくならない。肌の弱い人にも向く

現代農業2006年11月号

ジャガイモ湿布で 膝《ひざ》の水がなくなった

寺原智子　鹿児島県和泊町

炎症で膝に水がたまる

私の住む沖永良部《おきのえらぶ》島は「花の島」として、全国に知られています。わが家でも電照ギクを栽培し、二十三年になります。

長年のかがんでの作業のためか、昨年から右膝が痛み、水がたまって腫れていました。病院で診察を受けたところ、「水を抜いても、炎症が治まらない限りまたすぐたまるから、水を抜くのは様子を見てから」といわれました。看護師をしている娘に聞いてみると、「水を抜くと、針も太いし、かなり痛みも伴うから、できれば抜かないほうがいい」とのこと。

何とか抜かずに治すことはできないかと、いろいろな医学書を読んだり、まわりに聞いたりしましたが、同じ症状の人が十日に一回くらい抜いているという話を聞いて、不安になり、眠れない日もありました。

普段からバレーボールを週二回やり、体力にも自信があったのに、ショックで仕事も手につかない日が続いていました。

湿布 一二日後に水がなくなった！

そんなとき、『現代農業』の「ジャガイモ湿布」の記事が目に入り、わらにもすがる気持ちで実践しました。

当地は「春のささやき」のブランドで知られるジャガイモ産地でもあるので、友人からB品がたくさん手に入ります。材料も、身近にあるものばかりです。イモの汁で衣類が汚れないようにと、自分で考えた油紙だけは購入しました。

やり方はとても簡単です（写真）。ジャガイモの汁がにじまないように、少し硬めにこねるのがコツです。少し、イモのにおいが気になりますが、すぐ慣れてしまいます。

私の場合、これを朝、昼、夜と取り替えたところ、一二日目には、すっかり水がなくなりました。初めは民間療法など全然信じていなかった娘も、その効果にビックリしています。

花農家の友人何人かにすすめたところ、長年水抜きに通っていた人が、なんと治ったそうで、とても感謝されました。膝の痛みは本当につらいですから、少しでも痛みがとれたらうれしいものです。

体重を落とし、毎晩ストレッチ

また、湿布と合わせて、膝に負担をかけないように、体重も五kg落とし、毎晩膝まわりの筋肉を強くするストレッチも欠かしません。おかげで痛みもほとんどなく、以前のように畑仕事もスポーツも楽しんでいます。

今でも、予防のため、夜寝る前だけジャガイモ湿布を続けています。そのせいか、私の膝は二三歳の娘の肌よりピカピカですし、毛もとれてツルツル。一石二鳥です。

現代農業二〇〇七年十二月号　ありがとう　ジャガイモ湿布

ジャガイモ湿布のやり方

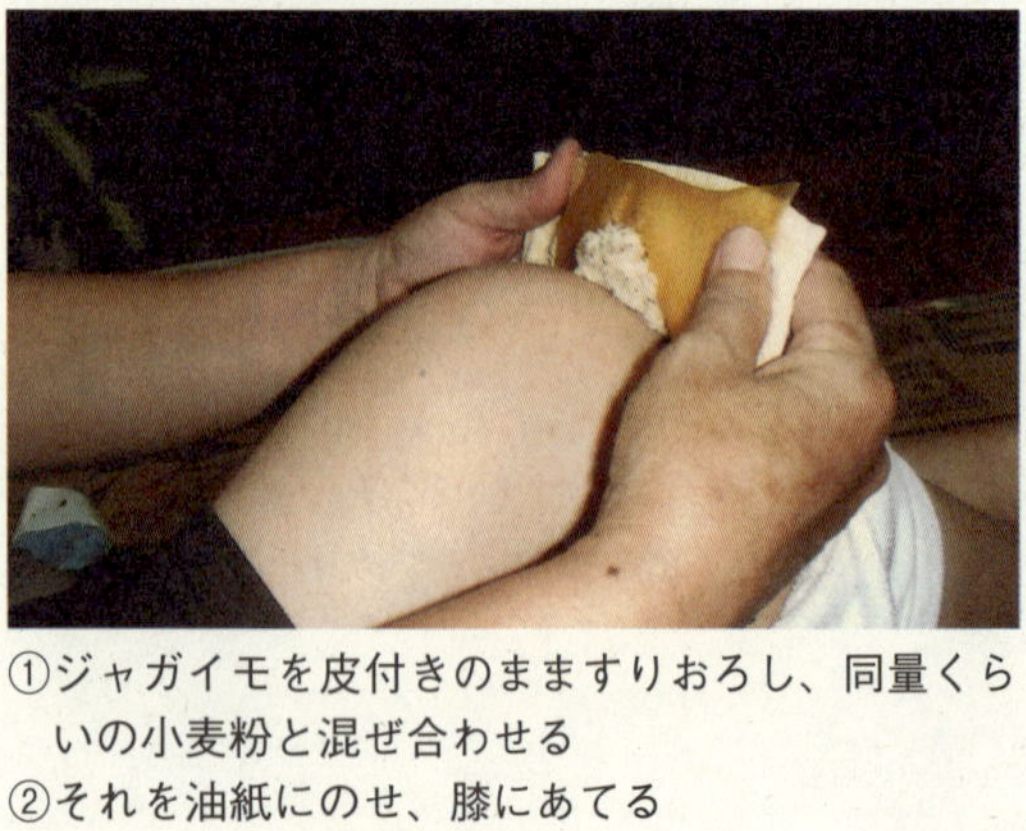

①ジャガイモを皮付きのまますりおろし、同量くらいの小麦粉と混ぜ合わせる
②それを油紙にのせ、膝にあてる
③ハンドタオルを間に挟んで、サポーターで固定する

ジャガイモ
品種に合わせた育て方と食べ方

梅村芳樹　日本いも類研究会

近年、個性的なジャガイモの品種が発表され、人気が出てきました。しかし、それぞれの品種の栽培や調理特性の違いをよく知らずに利用されている方が少なくありません。特性を熟知すれば、無農薬栽培の可能な品種もありますし、もっとも美味しい料理を手軽に味わうこともできます。

品種別の栽培のこつ

▼早生品種群　男爵いも、ワセシロ、キタアカリ、とうや、十勝こがね、インカのめざめが、植え付け後三カ月で収穫できる早生品種です。土が適度に乾いたら、窒素肥料を少なめにして、早めに植え付けます。

大イモを狙って窒素肥料を入れすぎたり、芽かきはしないこと。小さくても完熟イモをとるようにします。中耕、培土を早くして開花直後に生育が止まれば、疫病無防除でも良質なイモがとれます。

▼中生品種群　トヨシロ、ユキラシャ、レッドアンデス、普賢丸、メークイン、さやかが三～四カ月で収穫できる中生品種です。疫病無防除栽培はちょっと難しいですが、初発生後の防除に徹すれば減農薬栽培ができます。減窒素栽培で、茎長が六〇cm以下で生育が止まるようにします。収穫が雨期にかかるときは風乾を十分に。

▼晩生品種群　ホッカイコガネ、ベニアカリ、花標津、コナフブキ、レッドムーン、マチルダ、ニシユタカ、デジマ、インカの星、インカレッド、インカパープルなど、いろんな品種があります。イモが完熟するには四カ月以上かかります。北海道では、霜が降りるまで生育することもあります。

これらの品種も、茎が伸びて倒伏するような多窒素にはしないこと。未熟で水っぽいイモになってしまいます。花標津、インカの星、マチルダは疫病に強く、無農薬栽培が可能です。他の品種は減農薬栽培がよいでしょう。

表1　国内ジャガイモ品種の調理特性　（『食品加工総覧』農文協よ

品種名	いもの形	いもの大きさ	目の深さ	休眠性	澱粉価	肉色	剥皮褐変	調理後黒変	煮くずれ	肉質	主用途
男爵いも	球	中	中	やや長	中	白	激	少	やや多	やや粉	
メークイン	長卵	やや大	浅	中	中	クリーム	少	中	やや少	やや粘	煮物
農林1号	扁球	大	やや深	やや短	中	白	中	多	中	やや粘	
トヨシロ	扁卵	大	やや浅	長	中	白	少	少	中	粉	チップ
ホッカイコガネ	長卵	やや大	浅	長	中	淡黄	無	微	微	粘	フラ
キタアカリ	球	中	中	中	中	黄	微	微	多	粉	蒸
とうや	球	大	やや浅	中	やや低	黄	少	微	少	中	
ベニアカリ	扁卵	やや大	やや浅	やや長	高	白	少	少	多	粉	
さやか	卵	ごく大	浅	やや長	やや低	白	微	微	少	中	
ワセシロ	扁球	大	中	やや短	中	白	少	少	やや多	やや	
ムサマル	卵	大	浅	中	やや高	黄	微	中	やや多	や	
アトランチック	球	大	浅	中	やや高	白	少	少	やや多		
マチルダ	卵	やや少	浅	中	やや低	淡黄	少	少	少		ラダ
デジマ	扁球	大	浅	短	中	淡黄	中	少	微		
ニシユタカ	球－卵	大	やや浅	短	低	淡黄	少	少	微		サラダ
アイノアカ	卵	やや大	浅	短	低	黄	微	微			ケ（澱粉）
レッドアンデス	球	中	中	短	やや低	黄	少	中			
レッドムーン	卵	やや大	浅	短	やや低	黄	微	少			
コナフブキ	扁球	中	やや浅	中	高	白	少	中			

塩水でデンプン価がわかる

一つの品種で、いろんな料理を美味しく作ることは至難の業です。それぞれの品種の調理特性を生かして作るのがよく、そのイモのデンプン価（デンプン含有量）をチェックできれば、適した料理がわかります。簡単なのは、いろんな濃度の塩水で浮き沈みを見る方法です。

たとえば水一ℓに塩一二〇gを溶かすと、デンプン価一四%の目安になります。これで浮くイモは煮物、サラダ、シャキシャキポテトに。塩一五〇gで沈むイモはデンプン価一八%以上です。お好み焼きやパンケーキ、ロスティに適しています。その中間のイモはいろんな料理向きです。

品種別では、フライやチップスには、糖分の少ないトヨシロ、ホッカイコガネ、十勝こがねのほか、インカのめざめ、インカの星が適しています。

コロッケ、マッシュドポテトには、デンプンの多いベニアカリ、コナフブキが適。煮物には、煮くずれの少ないニシユタカ、レッドムーン、ホッカイコガネ、メークインが適しています。肉じゃがは関西風でしたら煮くずれの少ないイモが向いていますが、関東以北ではちょっとくずれる男爵いも、キタアカリ、十勝こがねなどがよいでしょう。

インカのめざめ　ナッツや栗に似た独特の風味があり、食味は非常に良い。煮くずれが少ないので煮物に適し、油加工時の褐変も少ないのでポテトチップやフライドポテトにも向く

ベニアカリ　蒸しいも、マッシュ、コロッケなどに適す。煮くずれしやすいので煮物には不適。チップやフレンチフライにも向かない

こんな料理はいかが

◆**カラフルなジャガイモのサラダ**

インカレッド、インカパープル、インカのめざめをダイスに切って、電子レンジで加熱（一〇〇g当たり二分半）。フレッシュセルフィーユ（ハーブ）を多めに混ぜて、マヨネーズなどで和えると三色サラダのできあがり。千切りにしてサッと湯がき、水切りを十分にして、レモンやドレッシング、酢みそなどで和えると三色のシャキシャキポテトができます。

◆**お好み焼き、パンケーキ、ロスティ**

高デンプンのベニアカリ、コナフブキ、インカの星を、直接フライパンにすり下ろして薄く延ばす。好みの具を載せてソースをかけ、その上にもう一度すり下ろして返せば、ジャガイモのお好み焼き。すり下ろし
にホットケーキミックスを混ぜ
ケーキ。千切りにして
イパンに薄く
スイス料

手前左から、ジャガイモの3色サラダ、お好み焼き。奥は左から、アンデス風スープ、ローズマリーポテト、キャラウェイポテト

◆レンジドポテトのトッピング添え

完熟した男爵いも、キタアカリ、レッドアンデスなど、粉質が中くらいのイモを、皮付きで電子レンジで加熱（一〇〇g当たり二分半）。二つに切って好みのトッピングをして食べます。トッピングは、いかの塩辛、ウニ、切り込み、イクラ、バター、マヨネーズなど。海産物には、スイートマジョラムを添えると美味しくてオシャレです。

梅村芳樹氏（1936～2006年）（写真提供　梅村　拓氏）

◆ハーブポテト

美味しいイモは大きめに、水っぽいイモは小さめに乱切りして電子レンジで加熱。オリーブオイルを引いたフライパンで、粉チーズ、ハーブ、塩、コショウをまぶして焦げ目が付くまで炒めます。ローズマリーをまぶせばローズマリーポテト、キャラウェイシードならキャラウェイポテト（ともにイタリア料理）、フレッシュディルならディルポテト、煎りゴマならごまポテトです。

◆アンデス風スープ

インカのめざめ、インカの星などの皮付きの小イモを、ディルやレモングラスの茎、コリアンダーの根、月桂樹の葉などで煮立てたコンソメスープに入れて煮込みます。味付けは塩、コショウで。フレッシュコリアンダーを入れたカップに注ぐと美味しいスープのできあがり。

現代農業二〇〇四年二月号　ジャガイモいろいろ　品種に合わせた育て方と食べ方

梅村芳樹（一九三六～二〇〇六年）　愛知県生まれ。農林水産省北海道農業試験場、国際熱帯農業研究センター、農林水産省九州農業試験場等で、いも類の育種に従事。トヨシロ、ホッカイコガネ、キタアカリ、とうや、さやか、アーリースターチ、インカのめざめ、ベニアカリなど多くの品種の育成に尽力。日本いも類研究会会長、北海道有機農業研究会技術顧問など歴任。著書に『皮までおいしいジャガイモ料理』『ジャガイモ料理ほくほく』（以上創森社）、『ジャガイモ　その人とのかかわり』（古今書院）など。

おもなジャガイモの品種

一期春作用品種

メークイン　一九世紀末、イングランド南西部で栽培されていたとされる。収量は男爵いもより多い。甘味が強く澱粉価が低いため、油で揚げる料理には適さない。肥沃土を好むが、多肥でしかも茎葉枯凋剤を早めに散布すると食味が低下しやすいので、十分登熟させてから収穫する。

男爵いも　北米でアーリーローズの変種として発見されたといわれていたが、DNAの分析により、何らかの雑種に起源すると考えられる。日本へは一九〇七年ごろ川田竜吉男爵が導入した。疫病に弱、大いもには中心空洞を生じやすい。肉質は粉であるが、煮くずれは中。疫病の発生が早く、腐敗が多い。生育期間が短いため元肥だけで十分。

ワセシロ　疫病の発生は男爵より数日遅れる。夏疫病、菌核病には中～やや弱。青枯病には弱。Yウイルス病の発生は少ない。葉巻病の発生は一般品種なみ。澱粉価は、男爵より高い。大粒となるが空洞はごく少ない。やや粉質で、煮すぎるとくずれやすい。褐色心腐れは非常に少ない。乾腐病に弱いため、湿った畑で手荒に扱ってはならない。

トヨシロ　大いもに中心空洞がでやすい。澱粉価は、男爵と農林一号の中間ぐらい。乾腐病、黒あざ病には農林一号よりやや弱、粉状そうか病には強、疫病菌による腐敗は少ない。軟腐病抵抗性はメークイン程度。風味は男爵に比べ劣るが目が浅く、油加工のほか各種の用途に使える。

ホッカイコガネ　青枯病に弱。Yウイルス病では、れん葉、えそ、および縮葉型もみられる。水煮後の煮くずれは少ない。還元糖が少なくフライドポテトに適し、味もよい。

農林一号　適応性が大きく、全国で栽培されている。Yウイルス病はえそ型が主。青枯病、軟腐病に強。澱粉価は中で、多目的に使用可能。大いもは中心空洞がでやすいが、褐色心腐れは少ない。ネグサレセンチュウに弱。休眠は短いほうで、二期作用に使える。

紅丸　澱粉原料用の作付け首位を占める。疫病に弱。Yウイルスには、れん葉型症状を示す。青枯病に弱。澱粉価は低い。食味は収穫直後で中であるが、しだいに甘味を増し、煮くずれが少なく愛用する人も多い。

コナフブキ　澱粉価が二二％ほどになり、肥沃地では澱粉収量で一tちかくになる。澱粉品質は優。疫病抵抗性あり。軟腐病、粉状そうか病にはやや強、そうか病に弱。線虫抵抗性はない。生育量が劣ることが多い。

キタアカリ　病害虫には、線虫抵抗性以外は男爵と同等。肉色は黄、肉質は粉で、風味がよい。剥皮褐変、水煮黒変は少ないが煮くずれしやすい。

とうや　Yウイルスの感染が少なく、線虫抵抗性あり。青枯病にやや強。澱粉価は男爵より一％ほど低い。蒸しいもの食味はやや水っぽいが、煮くずれが少なく、煮物に向く。サラダに適する。大いもになりやすく、まれに裂開いもを生ずるので、多肥、疎植をさける。肥沃地、湿地では栽培しない。

ムサマル　線虫抵抗性をもち、疫病にもかなり強い。皮は黄褐色、肉色は黄、肉質はやや粉質でフレンチフライに適する。

ベニアカリ　澱粉価が平均二〇％あり、食用品種中ではもっとも高い。コロッケ、マッシュなどに適す。煮くずれするので煮物は不可。休眠は長く、貯蔵性よい。収量は農林一号より少ない。多窒素栽培で徒長、倒伏すると軟腐病にかかりやすいので、多窒素を避け、排水対策に注意する。石灰不足の畑では欠乏症の褐色心腐れが発生するので、そうか病対策とのバランスを考慮する。

さやか　ジャガイモシストセンチュウ抵抗

性の食用品種として育成。粉価は一四～一五%、収穫直後から糖が多く、サラダや煮物には向くがフライ、チップスには使えない。多肥栽培を避け、やや密植して多収をねらう。目が浅く数が少ない。種いもはできれば小いもを使い、催芽期間を短くするのがよい。

花標津　ジャガイモシストセンチュウ抵抗性で多収の食用品種として育成。疫病抵抗性で、疫病無防除栽培も可能。土壌病害のない畑で無（減）農薬栽培に適す。

マチルダ　スウェーデンから導入。線虫抵抗性はないが、疫病抵抗性が強く、疫病無防除栽培が可能。無（減）農薬栽培に適する。肉質は年次変動があり、低温年はやや粉質、高温年は粘質。澱粉価も変異が大きい。

サクラフブキ　澱粉原料用品種。ジャガイモシストセンチュウ抵抗性、疫病には紅丸、コナフブキより強く、粉状そうか病に抵抗性。収量はコナフブキ並。澱粉価は高い。浴光催芽を十分にし、初期生育の促進に努める。疫病防除は後半を重視する。

アーリースターチ　ジャガイモシストセンチュウ抵抗性、早期収穫向け澱粉原料用品種として育成。収量は紅丸より少なく、澱粉収量も紅丸、コナフブキより少ない。澱粉特性はコナフブキに似る。

十勝こがね　調理用で、煮物、フライ適性に優れ、いろいろの料理に使える。澱粉価は男爵より高い。線虫抵抗性。休眠期間がきわめて長く、休眠打破対策が必要。疫病や茎疫病には弱い。

ユキラシャ　収量は男爵よりやや劣り、澱粉価は男爵より高く、煮くずれしやすい。用途は調理用であり、油加工適性は低い。休眠期間はごく長く、貯蔵しやすい。そうか病に強度の抵抗性。線虫抵抗性なし。

スノーデン　米国ウィスコンシン大学で育成。澱粉価はトヨシロより低く、肉質は中。休眠期間は長い。ポテトチップ加工適性は優れる。線虫抵抗性はない。ふく枝が長く緑化いもが発生しやすいため、うね幅を広くし培土は早めに行なう。多肥栽培は避ける。

きたひめ　澱粉価はトヨシロ並、ないし、やや低い。線虫抵抗性。休眠期間はやや短いが、通常より低温の貯蔵条件で、五月までの貯蔵が可能。大いもに中心空洞が発生することがあるため、多肥や疎植を避ける。疫病には弱い。

インカのめざめ　極早生でウイルスにかかりやすい。青枯病には抵抗性。澱粉価は男爵より二%程高いが、収量は五～八割と劣る。クリに似た独特の風味がある。煮くずれが少なく煮物に適し、油加工時の褐変も少ない。休眠はごく短い。線虫抵抗性なし。密植すると増収効果が高い。

インカパープル　皮色と肉色が紫で、澱粉価は農林一号よりも高く、肉質はやや粘である。用途は調理用。線虫抵抗性はない。

インカレッド　皮色と肉色は赤で、澱粉価が低い。調理用。線虫抵抗性なし。貯蔵中の目減りが激しい。

ナツフブキ　早掘りの澱粉収量はコナフブキより優る。澱粉価は少し劣る。線虫抵抗性。

スタールビー　皮色は赤、肉色は黄。いもサイズや収量は男爵並、澱粉価は高い。煮くずれは中、肉質はやや粉。食味は男爵並で、用途は調理用。線虫抵抗性。

キタムラサキ　皮色は紫、肉色は紫で、白色が斑紋に分布。男爵より収量は多く、澱粉価は高い。疫病によるいも腐敗抵抗性はやや強。粉状そうか病抵抗性は強く、線虫抵抗性。煮くずれなく、肉質はやや粘。調理用。

オホーツクチップ　皮色は褐、肉色は白、肉質はやや粉。いもサイズは小で収量は中。肥大性がやや遅く、小粒であるため、浴光催芽や早植えなど生育促進に努める。

ゆきつぶら　男爵よりやや小、収量も少し劣るが、澱粉価はやや高。肉質はやや粘、煮くずれは少、舌ざわりはやや滑らか。食味は中の上で、調理用。線虫抵抗性。

こがね丸　ホッカイコガネに比べて澱粉価が高く、肉質はホッカイコガネよりやや粉質の中。大粒・多収で、フライ加工に適する。線虫抵抗性。

ノーザンルビー　キタムラサキから選抜。肉色は赤、肉質は中。インカレッドに比べサイズが大きく、収量も多い。線虫抵抗性。

シャドークイーン　キタムラサキから選抜。肉色は紫で、澱粉価はインカパープルより劣るが食味が良い。

インカのひとみ　インカのめざめから選抜。収量はインカのめざめより優る。良食味でクリのような風味がある。

さやあかね　皮は淡赤色、肉色は黄白。収量は男爵よりやや優る。食味良くコロッケなどに向く。煮くずれ多い。休眠はやや短い。病気に強く、減ないし無農薬栽培が可能。

浅間和夫（北海道立農業試験場）／梅村芳樹（農水省北海道農業試験場）

二期作用品種

タチバナ　春作での収量はやや少ないが、秋作では多収。大いもになりやすい。澱粉価は低いが、白肉で煮くずれしにくい。貯蔵性はよい。春作では後期に過繁茂になりやすいので、施肥量は少なくして、浴光催芽を十分に行なう。秋作では施肥量をやや多くする。晩生種で生育期間が長いほど多収。疫病、葉巻病に弱、そうか病にやや弱、青枯病には強い。暑さにも強く、中心空洞や裂開は少ない。

シマバラ　澱粉価は高いほうで、とくに春作での食味はよく、煮くずれも少ない。貯蔵性はよい。ＸおよびＹモザイク病に弱、葉巻病には強。春作の後期に夏疫病にかかることがある。そうか病にはやや強、青枯病にはやや弱。軟腐病には強、輪腐病にはやや弱。ヨトウムシ類に加害されやすい。

デジマ　澱粉価は高い。やや粉質で、やや煮くずれしやすいが、食味は優れる。中晩生で春・秋作ともに多収。過繁茂になりやすいので施肥量に注意。疫病発生はやや遅れる。Ｙモザイク病にはややかかりにくいが、葉巻病には中。春作で乾腐病が発生しやすい。そうか病には中。青枯病には弱。

セトユタカ　肉質は柔らかで舌ざわりがよく、食味は優。春作での軟腐病の発生が多い。Ｙモザイク病に弱。青枯病には比較的強い。

ニシユタカ　いも数は多く、揃いも非常によい。澱粉価はデジマよりやや低いが、黄肉で煮くずれが少ない。乾腐病にやや強、貯蔵性は良好。葉巻病の発生が多少みられる。そうか病、青枯病には弱い。

アイノアカ　澱粉価はデジマニシユタカに比べてやや高い。貯蔵性良好。食味良好で、煮くずれしにくい。線虫抵抗性はない。そうか病や青枯病には強く、栽培しやすい。

普賢丸　澱粉価はやや高く、やや粉質で食味が良い。煮くずれしにくい。暖地二期作用として、ジャガイモシストセンチュウ抵抗性の初めての品種。春作の収穫時期が遅れた場合、いもの腐敗が多い。秋作では青枯病に罹病しやすいので、早植えは避け、四〇g程の種いもを用いて初期生育を確保する。

アイユタカ　線虫抵抗性。ウイルスは、れん葉モザイク症状で、Ｙモザイク病抵抗性はデジマ並。粉状そうか病抵抗性は中。青枯病、そうか病、疫病には弱い。肉質は中かやや粘質である。煮くずれはデジマよりやや多い。

森　一幸（長崎県総合農林試験場）／小村国則（長崎県立農業大学校）

農業技術大系作物編第五巻　主要品種の特性
一九九四年より抜粋

雪室貯蔵でジャガイモが甘くなる

樋口　智　新潟県　有限会社　大地

雪室貯蔵庫（257㎡）に雪を投入しているところ。建物の内側には天井から床まで断熱材を敷き詰めてある。建屋の中心に木材の仕切りがあり、半分に500ｔの雪を詰め、半分に野菜を最大100ｔ貯蔵できる

私たち有限会社大地は、新潟で野菜の流通をおもに行なっている農業生産法人です。雪を有効に活用するため、五年前に雪室と呼ばれる貯蔵施設を作りました。

ジャガイモがサツマイモのように甘い

「雪の中に埋めてみますか?」。ジャガイモの雪中貯蔵は、ある取引先のひと言から始まりました。一軒の農家からジャガイモの買い取りを依頼され、販売を検討していたときのことです。試行錯誤しながらジャガイモの雪中貯蔵を行ない、雪解けのタイミングで雪の中から掘り出して食べてみると、「甘い！　まるでサツマイモのようだ」の声。

当時、津南町では、出荷用にジャガイモを栽培している農家はほとんどいなかったので、北海道産ジャガイモを津南町の雪の中で貯蔵することにしました。

この企画は好評で二年続き、北海道から運ぶジャガイモの量も増えていきました。しかし、量が増えればコストもスペースも増加してきます。また、雪が降る時期（貯蔵）、解ける時期（掘り出し）の見極めも難しくなります。

もっと効率よく、雪を利用した貯蔵をしたいと考え、雪室貯蔵に挑戦することにしたのです。雪室の中は、雪中と同じで温度が零度に近く、湿度が一〇〇％に限りなく近く、農産物の貯蔵にたいへん適しています。雪室貯蔵のジャガイモは、糖度も高く食味も良好でした。知人が雪室で貯蔵したジャガイモをポテトサラダにして食卓に並べたところ、お子さんがあまりの甘さに驚き、「このポテトサラダに使っているジャガイモ何?」と尋ねたそうです。

形の悪いイモもコロッケ用なら売れる

どうせなら、津南町産のジャガイモを雪室貯蔵してほしいという取引先もあり、津南町での生産量を増やすことに取り組みました。自社生産に加えて数軒の農家にも依頼しましたが、なかなか生産量が増えません。そうか

病で見た目が悪かったり、大きさや形が悪い規格外品が多かったからです。

　そんなとき、コロッケを製造している業者の方から、コロッケ用原料としての注文が飛び込んできました。雪室で食味を上げてくれさえすれば、大きさや形にはこだわらないということでした。これで、A品以外のジャガイモも出荷できるようになりました。

　このコロッケは評判がいいようで、さらに生産量を増やしてほしいとの依頼もきています。今後は品質を上げ、生食での販売も可能にしていきたいと考えています。

雪室貯蔵したジャガイモ。品種はキタアカリ

雪下貯蔵より断然ラク！「雪室ニンジン」

　津南町の特産品には「雪下ニンジン」もあります。除雪して手掘りで収穫するためコストがかかり、なかなか生産量が増えてきません。そんな中で、秋に収穫したニンジンを雪室で貯蔵し、雪下ニンジンと同等の食味にして出荷しようという発想がでてきました。これならコストをかけることなく収穫が可能。しかも、六〇〜九〇日以上貯蔵してアミノ酸が増えるなどの成分変化さえ起こっていればいつでも出荷できます。「雪エネ熟成ニンジン」として商標登録し、雪下ニンジンの出荷が始まる前の二〜三月に販売しています。

現代農業二〇一二年八月号　雪室でジャガイモがサツマイモのように甘くなる

貯蔵方法によるジャガイモ（キタアカリ）の糖分の変化
（100 g 当たり）

糖分の種類	貯蔵前	冷蔵貯蔵	雪室貯蔵
果糖	1.3 g	3.8 g	7.1 g
ブドウ糖	1.8 g	4.9 g	8.0 g
ショ糖	0.9 g	1.4 g	3.1 g
合計	**4.0 g**	**10.1 g**	**18.2 g**

大地のジャガイモを利用し、新潟県環境衛生中央研究所で試験した。冷蔵、雪室貯蔵は150日貯蔵後のデータ

ジャガイモ（男爵）の還元糖含量に及ぼす貯蔵温度の影響
（模式図）

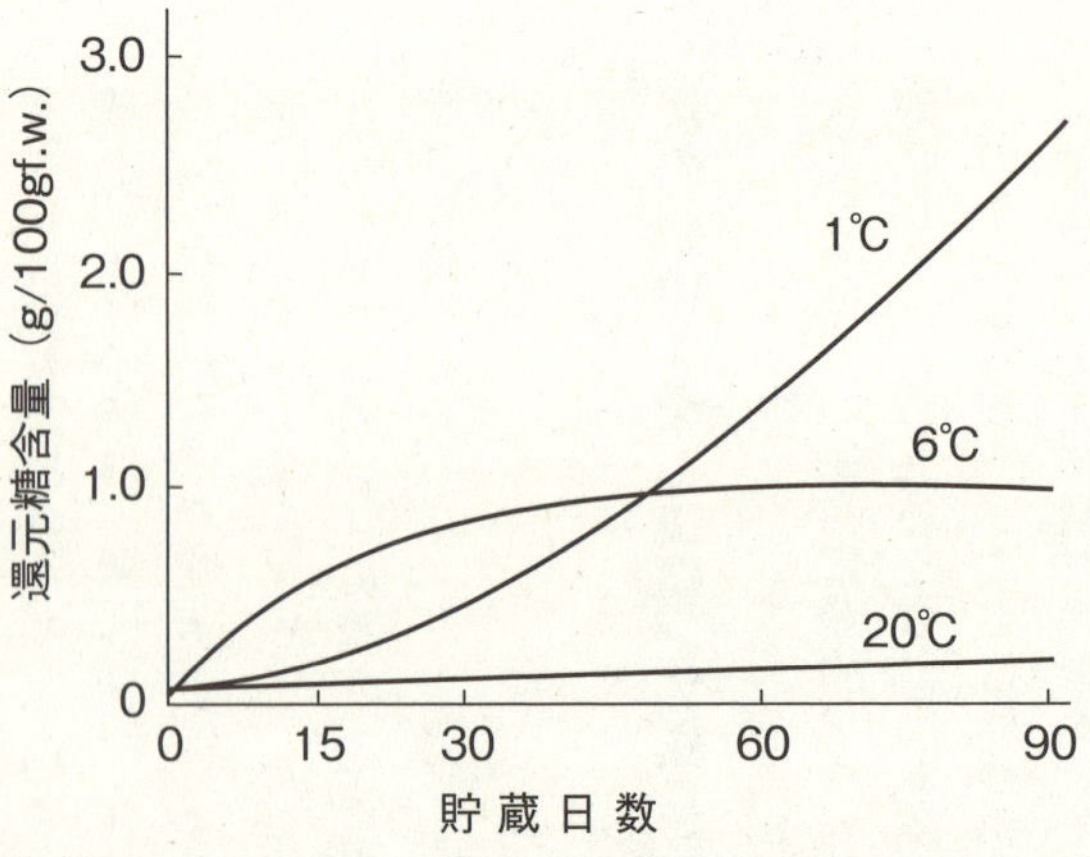

（『農業技術大系野菜編』農文協より）

原産地・栽培の起源

坂口　進　農水省農技研

原産地と栽培の起源

ジャガイモはナス科、ソラナム（*Solanum*）属に属するが、ソラナム属植物のうちには、ジャガイモのように塊茎を形成するものが約一五〇種あり、それらはアメリカ大陸に産する。とくに一般のジャガイモ栽培種にちかい在来ジャガイモ類として数種の植物があり、すべて南アメリカに分布する。

また、考古学的にも、アンデス山地からチリ南部にかけて、古くからそのような作物が、現地人によって栽培されていた形跡が認められている（ホークス一九五八、ハワード一九七〇など）。

現在なお、これらの地帯では*Solanum Ajanhuiri*、*S.phureja*、*S.stenotonum*（亜種として*S.goniocalyx*を含む）（以上二倍体種）、*S.Xchaucha*、*S.Xjuzepczukii*（以上三倍体種）、*S.andigena*（*S.tuberosum*の亜種とすることもある。四倍体種）、*S.Xcurtilobum*（五倍体種）など各種のジャガイモ近縁植物が栽培されており、住民の食糧となっている。

以上のようなことから、ジャガイモの原産地は、南アメリカのとくにアンデスを中心とする地帯であろうと推定されている。アンデス地方での、在来の栽培法は、おおむね次のとおりである。

一〇月に雨期に入ったころ、草原を掘り起こし、畦立てを行なった後に種いもを植付ける。以後そのまま放置する農家もあり、途中で土寄せをする農家もある。高原では病虫害はほとんどみかけることはない（各種のウイルス病は保有しているらしい）。

施肥はとくに行なうことはなく、一作した後は六～七年放置され、その間は有機物の天然供給に依存する。また、これらの地帯には、雑草として、近縁のソラナム属植物が多く分布している（松林一九七四）。

現在のジャガイモ栽培種の由来

ヨーロッパへは、一六世紀にスペインの南米遠征軍が持ち帰ったものが最初とされているが、現在のジャガイモ栽培種の由来については、いくつかの説がある。ここでは次の二説を紹介する。

ジュゼブックおよびブカソフは、チリ南部の沿岸地帯から、現在の栽培種に似た植物が渡来したとしている。

サラマンおよびホークスは、コロンビアまたはペルーの山地から最初の植物が渡来し、その後、チリ南部からのものも加わり、改良を経て現在の栽培種が形成されたとしている。

ヨーロッパへ渡来した当初は、珍奇な植物として好奇心から栽培されたり、一部の富裕階級の食卓を賑わしたりするていどのものであった。ヨーロッパ全土に広く普及したのは一八世紀に入ってからのことで、これには数回の飢饉と戦争とがきっかけとなっている。

その他の世界各地へは、主としてヨーロッパが起点となって広まっている。

日本への渡来と栽培の歴史

日本への渡来は、一六世紀末（慶長年間）に、オランダ人により長崎へもたらされたのが最初とされる。インドネシアを経由してきたことから当時の地名にもとづいて、ジャワイモあるいはジャガタライモと呼ばれるようになった。当時は嗜好があわなかったことなどから、普及するにはいたらず、むしろその後に渡来したサツマイモのほうが広まった。

一八世紀末には、ロシア人がもたらしたものも北海道・東北に栽培されたが、わが国でジャガイモへの関心が高まり、広く普及するきっかけとなったのは、当時しばしば起こった飢餓であった。この事情は、ヨーロッパでも飢饉・戦争が普及の契機となったことによく似ている。

幕末の蘭学者、高野長英がジャガイモの長所をあげて「その一は、砂土、石田、穀類熟せざる地にこのんで繁茂するなり。その二は、烈風、暴雨、久霖（長雨）にあうて害を受けざるなり。その三は、繁殖容易にして人力を労することなし。寸地に耕し尺地の穫あり。ゆえに八升いもの名あり。まことにもって荒年の善糧というべし」としてジャガイモの栽培を奨励したことは、当時の事情をよく物語っている。五升いも、五斗いも、御助《こじょ》いもなどの別名は、いずれもジャガイモの多収性と安定性をいいあらわしている。一九世紀なかごろ（安政年間）には、北海道函館在亀田村で、水車を利用してジャガイモ澱粉も製造していたと伝えられている。

計画的に外国品種の導入試作が始められたのは、明治以後のことである。明治二年（一八六九）に札幌に設置された北海道開拓使は、ジャガイモ外国品種の導入をはかり、各地の官園において試作を行なった。それらの成績が明らかとなるにおよび明治三八年（一九〇五）には優良品種を定め、農家への種子配布も始められた。

品種としては、明治時代にはアーリーローズ、雪片、えぞ錦、アメリカ大白、三円いも、神谷いも、男爵薯などが、また大正時代にはメークイン、ペボーなどが外国から導入され、普及に移された。

ジャガイモ主産地における近年の面積当たり収量のいちじるしい向上は、優良種いもの普及および疫病防除の徹底と、その結果可能になった多肥栽培に負うところが多い。とくに、第二次大戦後に全国的に整備された採種組織は、各種ウイルス病や輪腐《わぐされ》病など種いもにより伝播する病害の防除と、健全な種いもの普及とに貢献するところが大きい。

日長反応など

ジャガイモの生育に重要な影響をもつ要因でありながら、熱帯アンデス高原と北部ヨーロッパとの間で大きな差異があるものが日長である。日長時間は、赤道では年間を通じて変わらず、つねに昼夜同時間（各一二時間）である。緯度が高くなるにつれて、季節による変化の幅が大きくなる。

原産地の北緯一〇度から南緯二〇度の範囲の地帯では、年間の日長変化が一一時間から一三時間半の範囲をこえることがない。これに対し、ヨーロッパの主産地は、ほぼ北緯四五度から六〇度の間にあり、年間の日長変化は、短い季節には六〜九時間、長い季節には一六〜一九時間というように、その幅が非常に大きい。

人工的に、八時間、一二時間および一六時間の日長処理区を設けて行なった実験によれば、一般のジャガイモ品種は、短日下でいずれも塊茎形成が早くから始まり、茎葉の生長は早く停止し、枯死も早まり、生育期間全体が短縮する。

これに反して長日下では、生育期間が延長し、塊茎重量と茎葉重量は最終的に大きくなる。近縁野生種もほぼ同様の傾向を示すが、一六時間区でいちじるしく晩生となったものは、秋冷と降霜のため十分に塊茎を形成することなく枯死する。短日による生育促進の程度は、品種あるいは種によって異なり、地上部と地下部の間にも差異がある（北農試一九七一〜七三）。

　短日と長日との境界となる日長時間は、品種により異なり、一般に早生品種では一五〜一七時間、晩生品種では一三〜一四時間である。また、日長反応のあらわれ方は、温度および照度とも深い関連をもち、これらを組みわせたばあいは、次のようなことがいえる。

　すなわち、短日・低温・高照度では、塊茎形成が促進され、地上部の生育停止期が早くなり、枯死も早い。長日・高温・低照度では、塊茎形成がおくれ、二次生長が増加し、匐枝が伸長し、茎の伸長も大で分枝も多い。開花には、長日・中庸の温度・高照度が好適である。塊茎収量を高くするためには、塊茎形成の促進だけでなく、これに十分な光合成産物を送りこめるような、葉面積と生育期間の確保がともなう必要があるから、生育環境としては、そのいずれもが満足できるような条件の組合わせが望ましいことになる（ボドレンダー一九六三）。

　ジャガイモの栽培期間は、通常のばあい春から秋にかけてだから、その土地としては日長の長い季節に当たるが、以上に述べたような事情から、たとえばヨーロッパにおける晩生のジャガイモ品種を、原産地付近の低緯度地方で栽培すると、生育期間がいちじるしく短縮して極早生型の生育を示し、十分な収量が得られないこと、またその逆に、原産地に分布する野生種を、北部ヨーロッパに移すと、屋外の自然条件では塊茎を形成しないまま霜で枯死してしまうばあいもあること、が理解されよう。

　現在のジャガイモ栽培種は、長日・低温の条件下で適当な生育期間をもち、十分な塊茎収量をあげるように改良されたもの、ということができる。ジャガイモの起源に関する説のなかで、チリ南部が注目されているのは、この地帯が南緯四〇〜五〇度に位置していて、熱帯アンデス高原のような低緯度地方では出あうことのなかった長日に適応する性質を、この地帯で獲得したのではないか、ということが一つの論拠となっている（ハワード一九七〇）。

農業技術大系作物編第五巻　ジャガイモの起源と特性
一九七五年より抜粋

欧州ジャガイモの99%はチリ起源

　2007年にウィスコンシン大学のスプーナー教授らは、現在、欧州で栽培されているジャガイモの99%は、チリ中南部の低地産ジャガイモが起源であると発表した。また、1700〜1910年に栽培された64個のジャガイモのＤＮＡを解析した結果、アンデス産のジャガイモがまず欧州に伝わったが、1811年ごろには、すでにチリ産ジャガイモも欧州に伝来していたことがわかったという。

　欧州では、1845年からジャガイモの疫病が大流行し、大飢饉が起きた。その後、長日条件で早くイモを太らせ、疫病の被害を回避できる、チリ産のジャガイモが主流になったと考えられる。

（編集部・本田）

植物としての特性

坂口　進　農水省農技研

形態的特性

茎　生育初期には、地上茎はほぼ円形の断面をもち直立する。生育盛期以後は、断面は三〜五角形となり、角の部分には茎翼が発達する。草姿は、直立型および開張型などがある。茎は多汁でおおむね緑色だが、紫色を帯びることもある。

　葉節数と節間長は、品種、環境により異なるが、通常は十数節、茎長は〇・五〜一・〇m前後になる。

主茎の頂端には花房を着ける。その最終葉の一枚前の葉腋に生じた分枝が、一見したところ、主茎の延長のようになっている。主茎の第一花房までの葉数は一三〜一五枚、第一花房と第二花房の間の葉数は四〜一〇枚だが、早生品種では高位の花房は開花しない。

葉　生育の初めには、多くのばあい単葉を着けるが、その後は複葉となり、五分の二のらせん葉序にしたがって着生する。複葉の形態は図1のようだが、小葉の大きさ、数、疎密は品種により異なる。

花　茎の頂端に数個の花が着生し、花房は集散花房である。花は合弁花で、花冠は五弁からなる。花弁の色は、白、青、紫、赤紫などで、脈あるいは先端部と他の部分との色が異なるものもある。花色は品種の識別上重要である。

雌ずいは一本で、柱頭は雄ずいより長く突き出ている。子房には二室があり多数の胚珠を含む。雄ずいは五本で、雌ずいをとりかこんで円錐形に葯が配列する。成熟した葯からは花粉を飛散するが、品種によっては完全花粉をほとんど生じないものもある。開花時刻は朝で、開花後二〜四日で萎凋する。

果実　受精花は約一か月後に、直径二cmていどの漿果《しょうか》に発達する。成熟した漿果の色は、淡緑色、黄白色あるいは紫色を帯びるものもある。成熟後は容易に落果する。果実内には一〇〇〜四〇〇粒の種子を含む。

根　繊維状の根で、おおむね初めは水平に

図1　複葉の形態　（ダナート、1961）

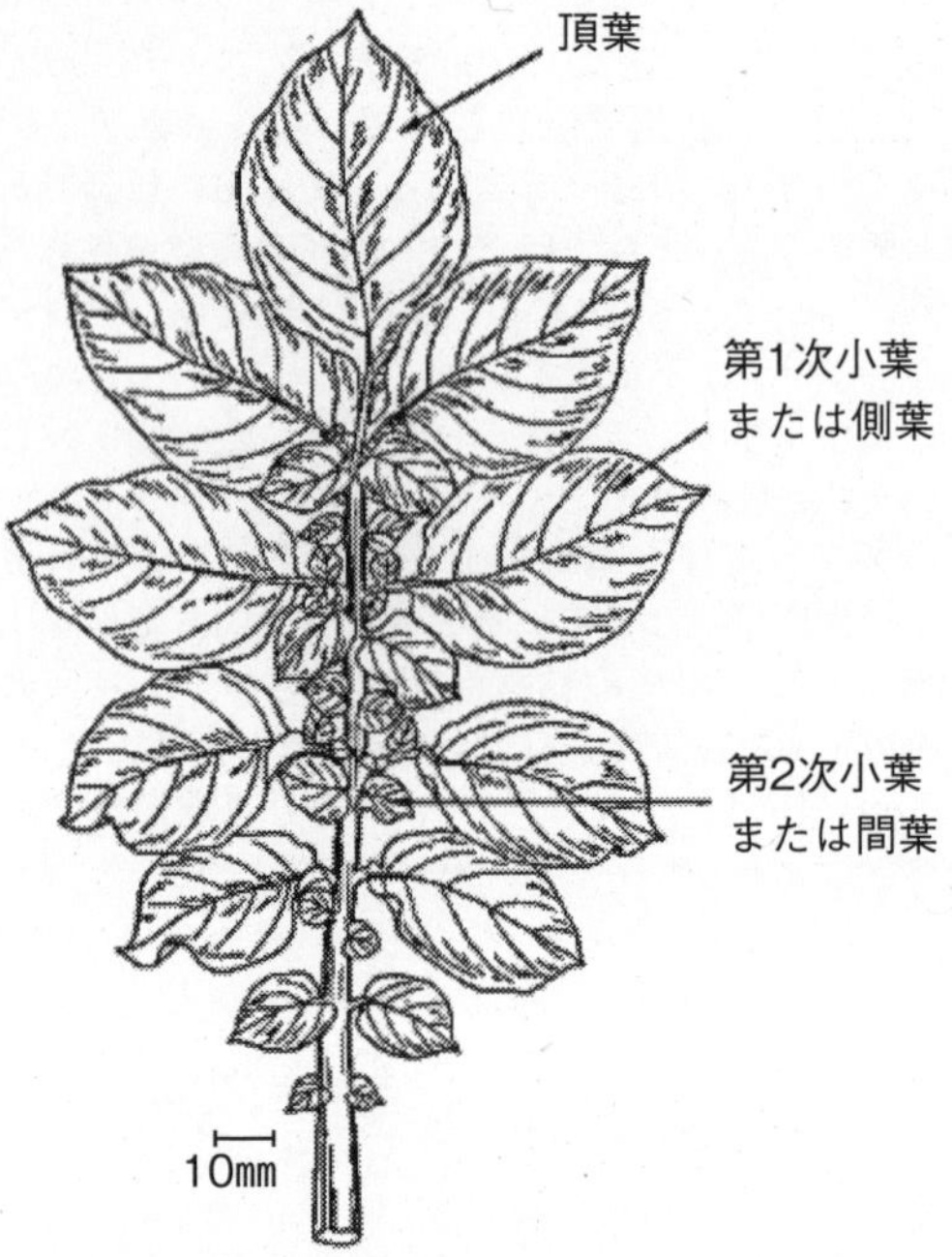

図2　花の形態　（ダナート、1961）

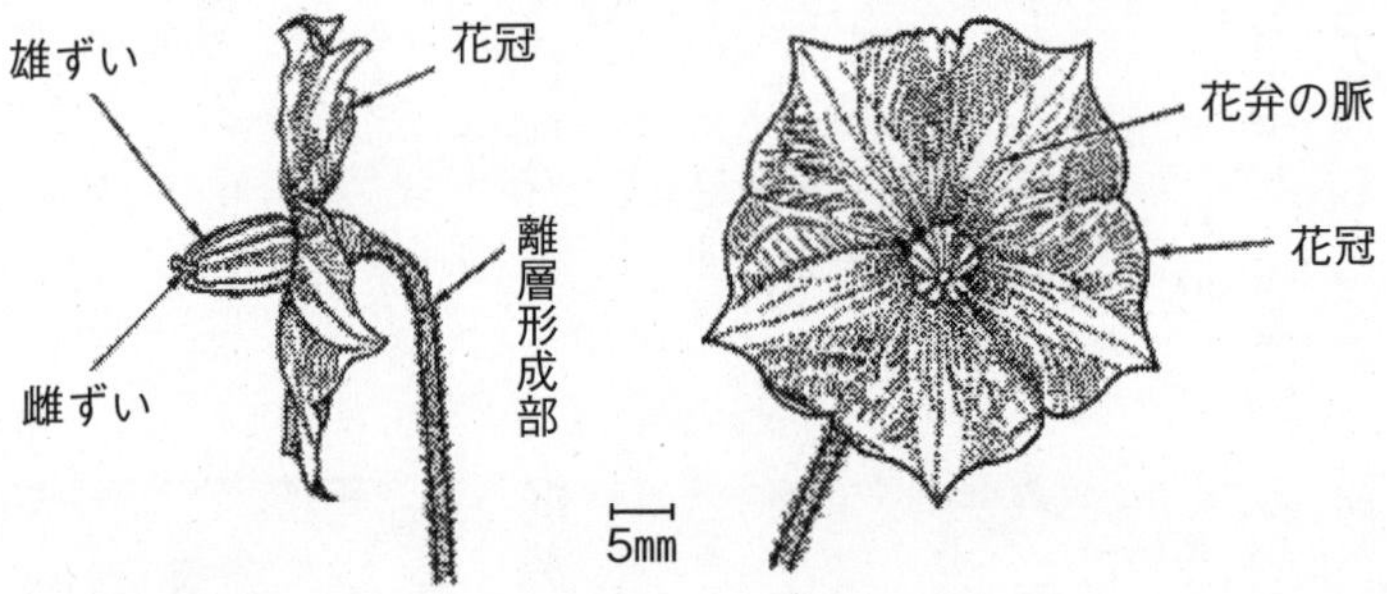

図3　果実の形態　（ダナート、1961）

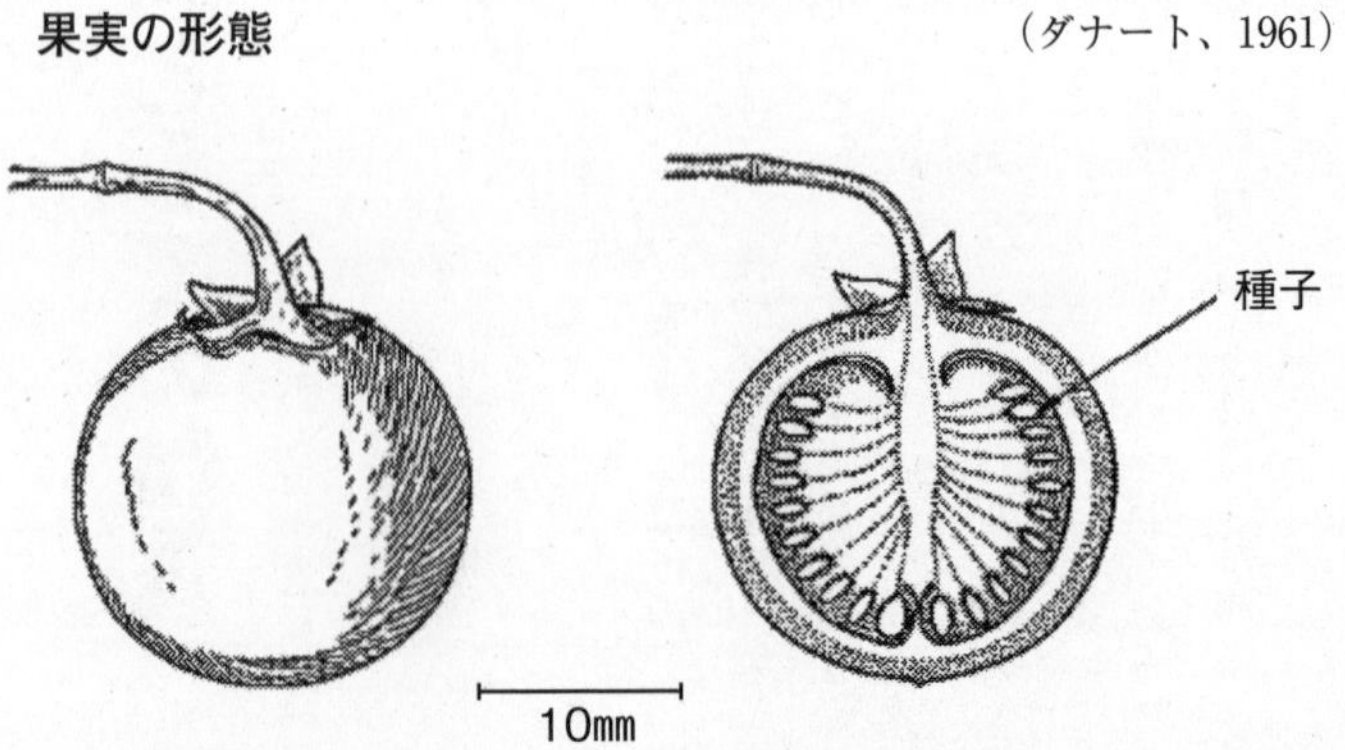

伸び、その後、垂直に方向を転じて伸びる（図4、5）。

ストロン　ストロン（匐枝《ふくし》）は茎の地下部から、ほぼ水平に伸長する。地下茎であるから、構造は茎とほとんど同じだが多肉質である。このストロンは、伸長を停止してから先端の肥大が始まり、塊茎を着生する。だが、塊茎を生じないものは、多くはそのまま生育を停止している。条件によっては、先端が地上にあらわれて生育することもある。

塊茎　いわゆる「いも」は、地下茎が肥大して貯蔵器官となったもので、塊茎と呼ばれる。ストロンの先端に生ずるのがふつうだが、ストロンが分岐した後にそれぞれの先端に着生したり、主茎に直接着生したりすることもある。ストロンに着生する側が基部、その反対側が頂部と呼ばれる（図6）。

塊茎には、地上茎のばあいと同様、ほぼ五分の二のらせん葉序にしたがって葉痕があり、そのすぐ頂部寄りに数個の芽が集合している。塊茎表面に散在するくぼみで「目」と呼ばれるものがこれである。目はそれぞれ枝に相当し、これが極端に短縮（その場所に小さな芽が、ほぼ同一平面上にらせん状に配列）したものである。

一般に萌芽は、塊茎の頂芽から始まる。また一つの目のうちでは、中央に位置する芽が

図4　地下部の形態　（ロビンス、1926）

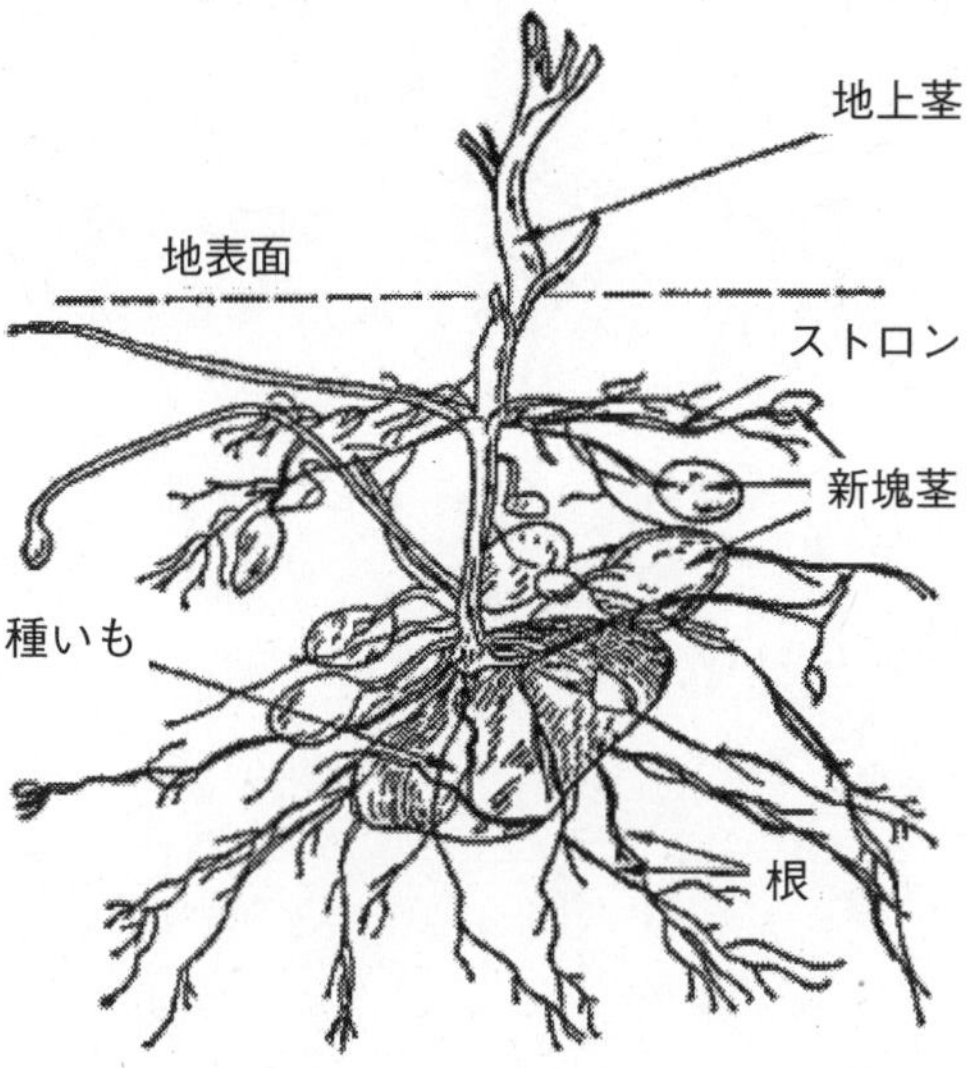

図5　根およびストロン（左は若いストロン）　（ダナート、1961）

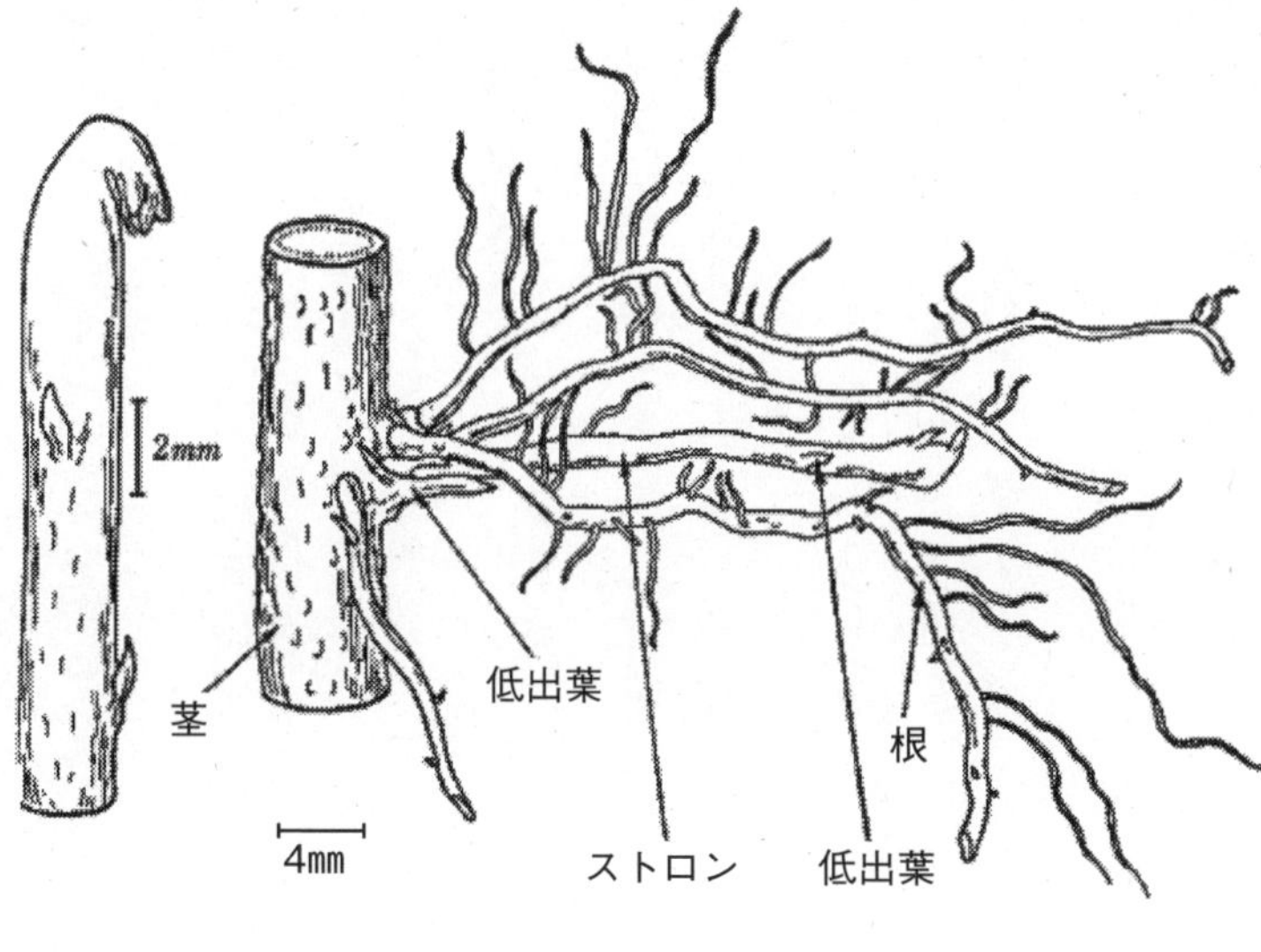

図6　塊茎の形態（左は基部、右は頂部）　（ダナート、1961）

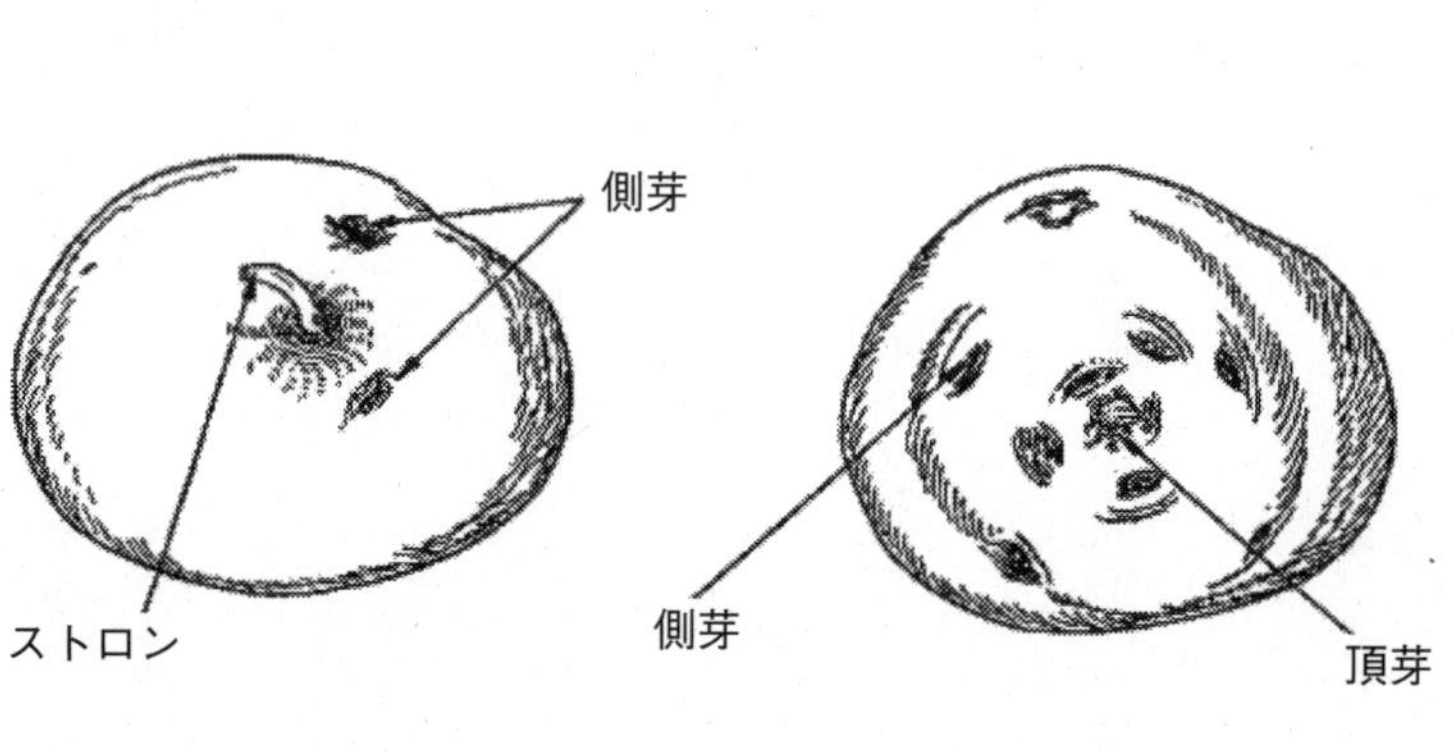

図7　塊茎の縦断面　（田口、1962）

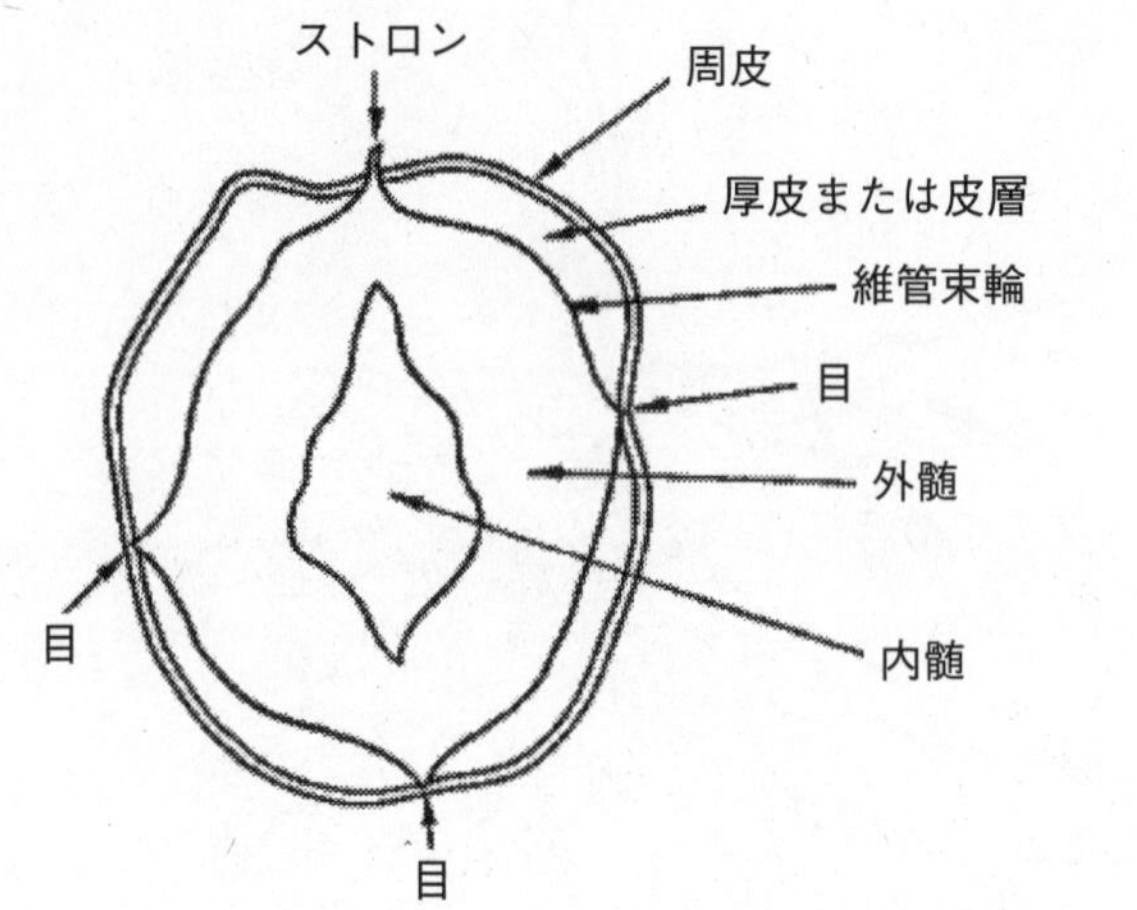

優先する。塊茎をいくつかの切片に分けたばあいにも、各切片ごとに同様な現象がみられる。何らかの原因によって、頂芽が抑制されると、側芽からも萌芽する。

塊茎の断面は、図7に示すとおりである。外側から、周皮、厚皮（または皮層）、維管束輪、外髄および内髄からなる。成熟した塊茎の周皮はコルク化した細胞の層である。

表面の色は淡黄、黄褐あるいは紅色などを呈する。また、表面の平滑なものと疎剛なもの（ネットまたはラセット＝褐斑と呼ぶ）とがある。塊茎表面の色や粗滑の程度は品種により差がある。表面には皮目があり、生育条件によってはこれが発達して目立つことがある。

貯蔵器官として、塊茎には多量の澱粉が貯えられる。成熟塊茎では、維管束輪以外の細胞に、澱粉粒子が充満する。

生理、生態的特性

温度　低温を好み、塊茎の生育には、昼間二〇～二四℃、夜間八～一二℃が好適である。これよりも高い温度、たとえば昼間二七℃、夜間二三℃では、塊茎よりもむしろ茎葉の生長が盛んとなる。一方、極端な低温（六℃）では、茎葉の生長が停止する（スミス一九六八）。

一般に、夜温のほうが昼温よりも生育に対する影響が大きい。低夜温では、葉は大型となり、数は少なく、茎の分枝は少なく、花数も少ない。また、ストロンは短く、塊茎数は大で、地下部の発達が促進される傾向となる。これに反し、高夜温では葉数が増し、茎の分枝は多く、花数も多い。そしてストロンは伸長し、しかも地上部にあらわれやすく、植物体全体として地上部の発達が促進される傾向になる（スミス一九六八）。

地温についても、ほぼ気温のばあいと同様の傾向を示し、昼間地温一二～二三℃、夜間地温一〇～一四℃が塊茎の発達に最適で、昼間よりも、夜間の地温のほうが、影響が大きいという実験結果がある。

地温はまた、塊茎の形態にも影響をおよぼす。たとえば、品種ラセットバーバンクとホワイトローズを用いた実験では、一六～二一℃で形状整一だが、一〇～一三℃では球形にちかく、二七～二九℃ではくびれを生じたり、とがったりして不整形となる。

また、塊茎表面についても、ラセットバーバンクを用いた実験では、八～一〇℃では表面が平滑で淡色を示すが、二四～二七℃では表皮が粗く濃色となる。したがって、ラセット（褐色の斑点）の発達程度には、地温が関係していることが明らかである（スミス一九六八）。

光量　光量と光合成との関係についてみれば、照度が三〇〇〇～一万ルクスの間では、光量増加にしたがって光合成が急激に盛んになるが、二～六万ルクスでは増加がゆるやかになり、六万ルクスをこえればほとんど増加しない。光合成の適温は二〇℃前後である（バートン一九六六）。

日照の強さと適温との間には関連がある。低照度では一二～一四℃で、高照度では一七～二〇℃で塊茎重量が大きく、一般的に、高照度と比較的低温との組み合わせで多収を示すという（スミス一九六八）。

水分　水が欠乏した徴候は、まず葉にあらわれ、小葉が巻き萎凋する。萎凋した葉での光合成は、正常のばあいのほぼ半分となる。水を十分に含んだ葉に比べ、生体重の三〇〜三九％の水を失うときには、ふたたび水の供給により回復するが、四五％を失うとその葉は枯死する。

群落に対して、生育期間を通じて、一日当たり三〜五㎜の水の供給を要し、水の供給が多ければ塊茎収量も高い。しかし、水がすべて降雨により供給されるものとすると、一般に降雨が多いことは、日照の減少をもたらし、これは減収の要因となる。このことから、実際の栽培条件のもとでは両者の関係は複雑で、とくに灌漑方法によって異なってくる。

アメリカのユタ州の、生育期間中に約一二〇㎜の降雨のある地域での実験では、五〇〇〜六〇〇㎜の灌漑で適当な大きさの塊茎をもっとも多く得た。二五〇㎜以下あるいは六三〇㎜以上の灌漑では低収となり、とくに灌漑水量が多いときは小形の塊茎を多数生じた（バートン一九六六）。

土壌　土壌のpHについては、適応範囲は比較的広く、四・八〜七・一の間ではとくに収量差はみられない。土壌中に塩素イオンが多いときは、塊茎乾物重および塊茎の比重が減少する。

養分吸収量　主要な無機養分吸収量については、塊茎一〇〇〇kg当たりとして、窒素三・二kg、リン酸一・〇kg、カリ五・一kg、石灰一・三kg、苦土〇・六kgの値が得られている（栗原一九七一、バートン一九六六）。

塊茎について

光合成の盛んな時期に、塊茎乾物重の増加は、個体当たり約六g／日である。これからストロン一本当たりの光合成産物の転流量を求めると、おおむね〇・〇五〜〇・一g／時となる（バートン一九六六）。

収穫後の塊茎は、一五〜二〇℃、高湿度の条件下で、数日間で癒傷組織を形成する。癒傷組織とは、表皮の損傷部あるいは切断部に生ずるコルク化細胞の層である。

塊茎はマイナス一℃以下で凍結するが、徐々に温度を下げたばあいには、より低温となっても凍害を生じない。一方、約三五℃以上の高温では障害を生ずるおそれがある。

塊茎は呼吸を行なうが、未熟塊茎は成熟したものよりも、また収穫直後の塊茎は数日すぎたものよりも、呼吸が盛んである。たとえば、七月四日、七月三〇日、九月二一日に収穫した塊茎を、一〇℃においてO_2の要求量を測定したところ、それぞれ三三、一七、四㎖／kg／時の値を得た。また別の実験で、収穫直後の塊茎と、一週間貯蔵した塊茎とについて、二二℃で初めの二四時間におけるCO_2の呼出量を測定して、それぞれ二〇、六・五〜七・五㎎／kg／時の値を得た。

呼吸量は、塊茎のおかれた温度によって増減する。また、長期間貯蔵したものでは、塊茎内の糖含量も影響してくる。図8は、いくつかの実験による測定値から、塊茎の呼吸と

図8　塊茎の呼吸と貯蔵温度との関係

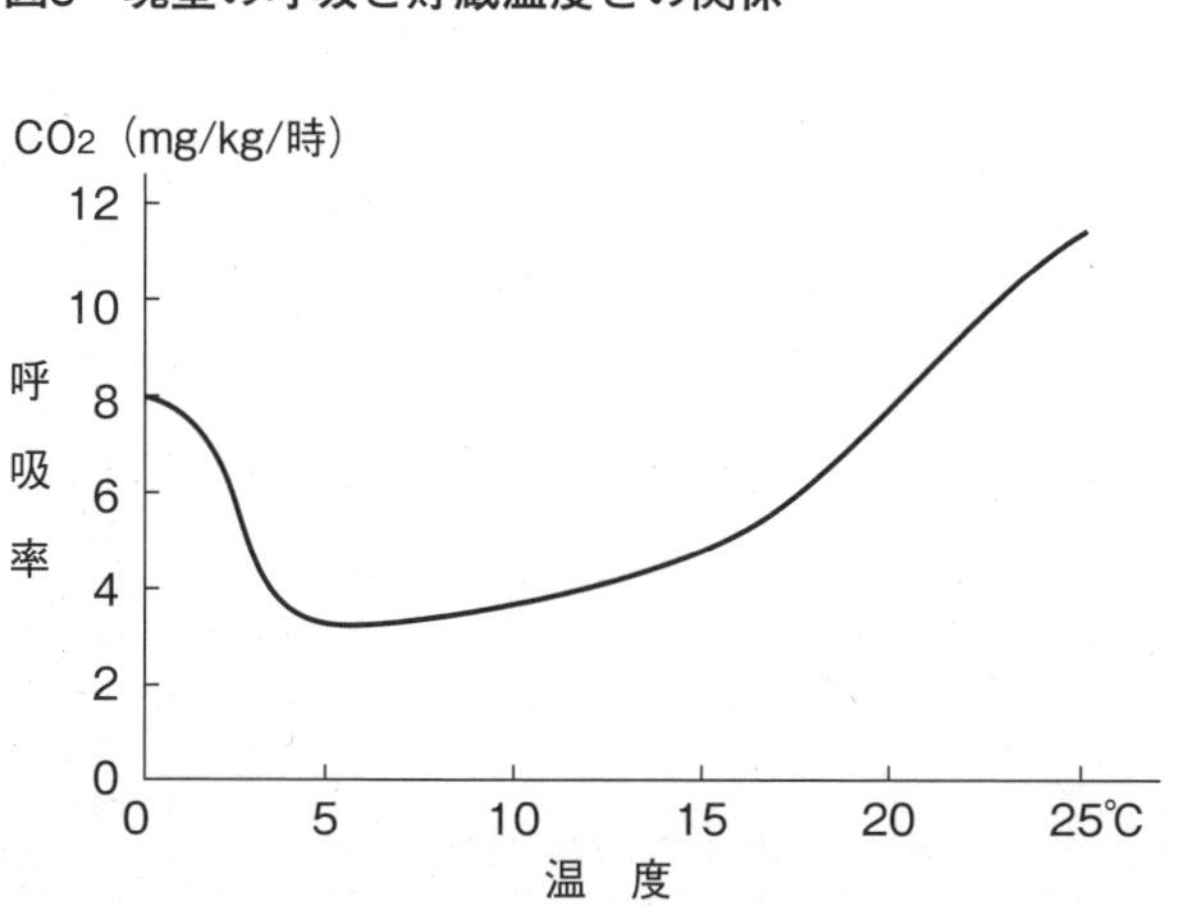

（バートン、1966より改写）

温度の関係を作図したものである。ここで、ほぼ五℃以上では、温度上昇にともなって呼吸率も増加している。〇℃ちかくでも呼吸が盛んな理由は、このような低温では塊茎中の糖濃度が高まることが原因となっている（バートン一九六六）。

一般に好適な条件下に置いても、すぐに萌芽することはない。これを休眠と呼ぶ。休眠期間は、生育経過や収穫後の温度条件などにより差を生ずるが、品種による差が大きい。休眠を終えた塊茎から萌芽する状況は、収穫後の経過期間によって差があり、経過期間の短いばあいは頂芽優勢が強くあらわれる結果、太い一芽だけが伸長し、期間の長いばあいは頂芽優勢の傾向が弱まり、ついには多数の細い芽を生ずるようになる（川上一九四八）。

農業技術大系作物編第五巻　植物としての特性
一九七五年より抜粋

休眠性と品種選択

西部幸男　北海道農業試験場

内生休眠と外生休眠

生育途中の塊茎や収穫直後の塊茎は、生長点活動を休止している。生長点の活動あるいは萌芽に適当な条件が与えられても、萌芽しない。この現象を塊茎の休眠といい、この期間を休眠期という。

塊茎の休眠は、生長中のストロンの先端が肥大して、いわゆる塊茎形成とともにはじまり、肥大中はもちろん、塊茎が完熟して収穫されたのちも一定期間萌芽をみることはない。これが塊茎の真の休眠期で、外界の環境条件のいかんにかかわらず萌芽しない。この休眠の状態を、内生休眠（または自然休眠）という。それぞれの品種は、固有の休眠期間をもっている。

これに対して、内生休眠期を経過したのちも、低温などの萌芽に不適当な条件におかれると萌芽、芽の伸長がみられない状態がある。これを外生休眠（または強制休眠）という。

九州などの暖地で夏に収穫されるジャガイモは、内生休眠を利用して貯蔵が行なわれる。これに対して北海道など、秋に収穫して貯蔵するばあいは、内生休眠は一一～一二月で完了するが、その後は冬期の低温による外生休眠をつづける。この性質を利用してジャガイモの長期貯蔵が行なわれている。

内生休眠期の塊茎と、外生休眠期の塊茎には質的相違がある。すなわち、内生休眠期の塊茎の芽は細胞分裂を起こさず完全な休眠状態にあるが、外生休眠期の塊茎の芽は、低温におかれてもきわめてゆっくりではあるが、細胞分裂、芽の伸長が進行している。このため強制休眠をいつまでも継続させることはできない。

貯蔵中の呼吸活動の最も低いといわれる五℃で、九月に収穫した塊茎を貯蔵したばあい、翌年の七月には肉眼で観察されるていどに芽は伸長する。さらに貯蔵をつづけ、収穫後二〇か月経過した翌々春の五月には、根、分枝、ストロンの発生が認められ、まれには芽いもを形成する。これらの塊茎を種いもに用いると、出芽期、開花期が遅れ、茎数が著しく増加して小いもを多数着生する。これは塊茎の老化がすすんだためである。外生休眠と内生休眠は、本質的に異なることを示している。

内生休眠期の定義

肥大中の塊茎の芽も伸長生長をしないことから、現在では、塊茎形成期から収穫後の内生休眠期を含む全期間を内生休眠期とするほうが妥当とされている。そして、塊茎形成から茎葉黄変期（収穫期）までの芽の生長点の分裂組織が活動をつづけ、細胞分化の行なわれている時期を内生休眠前期、細胞分化が行なわれず完全な休眠状態となる時期を内生休眠後期と規定している。

一方、従来の作物学の分野では、塊茎の休眠期間として、茎葉黄変期（収穫期）から萌芽をはじめるまでの期間を休眠期間として使用することが慣例になっていた。昭和五六年に制定された種苗登録のための「ばれいしょ種苗特性分類審査基準」においても、休眠の長さを示す基準として、茎葉黄変期（収穫期）から萌芽までの日数を用いている。この方法は、実用的で非常にわかりやすい方法である。この方法で示される休眠は、前述の休眠の定義からすると内生休眠後期に相当する。したがって以下に使用する「休眠期間」とは便宜上、従来作物学の分野で使用されてきた意味の、内生休眠後期を示すものとして使用する。

表1　ジャガイモ品種の休眠期間と茎葉黄変期

休眠		茎葉黄変期					
級	週数	8月中旬	8月下旬	9月上旬	9月中旬	9月下旬	10月上旬
長	15以上		トヨシロ ハツフブキ	エニワ			
やや長	13～15	ワセシロ	男爵薯				
中	11.5～13			メークイン		コナフブキ ツニカ	ビホロ リシリ
やや短	10～11.5				セトユタカ	農林1号、紅丸 ホッカイコガネ	ウンゼン ニシユタカ
短	8.5～10			シマバラ		デジマ	タチバナ

図1　ジャガイモ品種の茎葉黄変期と休眠終了期

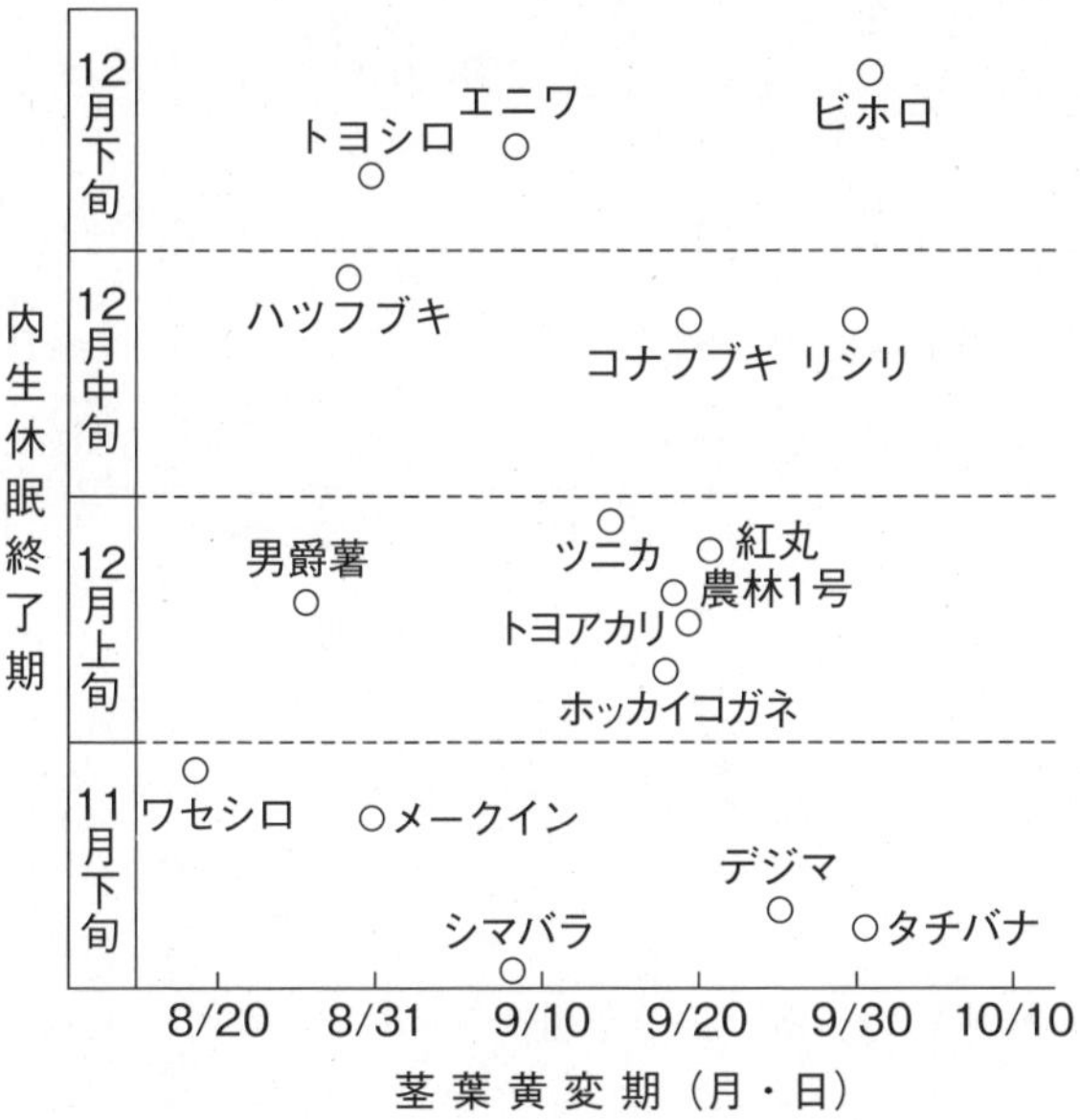

品種と休眠期間

表1に休眠期間（収穫直後から二〇℃に保ち、茎葉黄変期から、最長芽が三～五㎜に伸長するまでの週数）と茎葉黄変期との関係を示す。また、図1には休眠終了期と、茎葉黄変期との関係を示した。表にはわが国で栽培されている主要品種だけを掲げたが、茎葉黄変期の遅い晩生品種の休眠期間が短く、早生品種に休眠期間の長いものが多い傾向が認められる。一方、ヨーロッパの品種には、早生で休眠期間の短いものもある（エミルソン一九四九）。

休眠期間と、萌芽後の芽の伸長の遅速との間には、関係がないようである。たとえば熟性、休眠期間、休眠終了期ともに類似している紅丸とホッカイコガネでは、紅丸のほうが常に出芽期は三～四日早く、初期生育がすぐれている。

休眠期間の長いことは、貯蔵、流通、消費の面からは好都合である。一方、栽培上からは、収穫から植付けまでの期間が短い作型では、休眠期間の長い種いもは不都合となる。すなわち、九州などの暖地で春、秋二回の栽培を行なう地帯では、休眠期間の短い品種が必要である。

休眠と作型

ジャガイモは生育適温が低く（一〇～二三℃）、しかも短期間に高い生産の得られることから、一年じゅう日本のどこかで栽培されている。そのため多くの作型が形成されている。作型は、春作、夏作、秋作および冬作に大きく分けられる。

春作　九州から南東北にいたる広い地域で作付けされる作型である。多くは早春の三月に作付けし、五～七月に収穫される。春作のジャガイモは盛夏の高温期に収穫されるため、その他の作型のものにくらべて貯蔵が困難である。また需給の関係から、長期間貯蔵されることなく消費されるので、休眠の長短は問題にはならない。

春作用の種いもは、西南暖地の秋作産、北海道や高冷地の夏作産とともに用いられるが、秋作産の種いもを用いるばあいは、デジマなど休眠の短い品種を選択する必要がある。一方、夏作産種いもを用いるばあいは、内生休眠終了後も、冬期の低温による強制休眠により種いもの生理的活性が維持されるため、休眠の長さはとくに問題にならない。この理由により、暖地二期作用品種の春作用種いもは、北海道などの夏作で栽培されることが多くなっている。

夏作　北海道、北東北および高冷地で作付けされる作型である。四～五月に植付け、盛夏期でも生育温度の上限二三℃を超えることが少なく、夏から秋に生育する。八月下旬から一〇月上旬に収穫する。

他の作型にくらべて生育適温期間が長く、早生から晩生までどの品種の栽培も可能で、前年夏作で栽培した塊茎を種いもに用いる。したがって栽培上は、種いもの休眠の長短は問題とならないが、収穫後翌春まで貯蔵するものが多く、休眠の長い品種が要望されている。

秋作　西南暖地の一一～一二月に霜の被害の少ない地帯で、八月下旬～九月上旬に植付けし、一二月～一月に収穫する作型である。初秋の八月下旬～九月上旬に植付けされるため、この時期までに、内生休眠を完了し、生産力の高い種いもの齢に達する品種でなければならない。

前年夏作産の種いもは老化がすすんでいるので、生産力が劣る。したがって春作産種いもで、すでに休眠が完了している休眠の短い品種が求められる。秋作に用いる品種は、春作としても栽培される二期作用の品種でもある。秋作にも適する短休眠の品種にはデジマ、ニシユタカなどがある。

図2　ジャガイモの作型

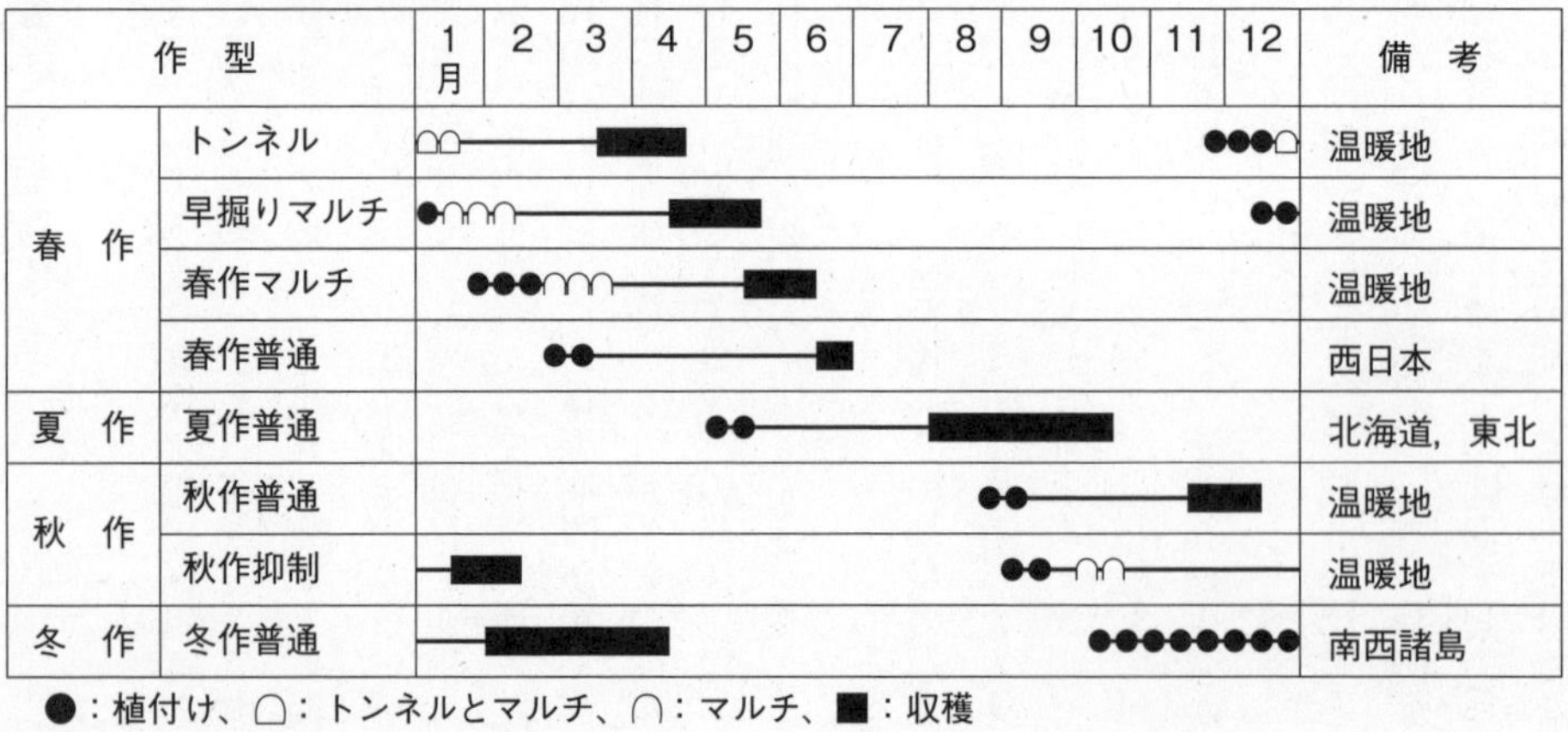

●：植付け、⌒：トンネルとマルチ、∩：マルチ、■：収穫

（『新 野菜つくりの実際　根茎菜』農文協より）

休眠性と品種選択

すでに述べたように、ジャガイモの塊茎の休眠期間は品種によって異なる。南米の一部地域で栽培されている*S.phureja*のように、茎葉が枯死するとただちに萌芽をはじめるものから、半年以上も休眠をつづける品種もある。また外生休眠期間は塊茎の貯蔵温度によっても異なり、温度が高いほど短くなる。

わが国で栽培されている品種で、休眠の最も短いのはシマバラで、二〇℃では五五～六〇日で萌芽をはじめる。そのほか休眠の短い品種にはデジマ、ニシユタカ、メイホウ、農林一号がある。反対に休眠の長い品種にはエニワ、トヨシロなどがあり、男爵薯も比較的休眠の長い品種である。

塊茎の休眠の長短は、栽培だけでなく用途との関係が深い。とくに食品加工用では塊茎を長期にわたって貯蔵するばあいが多く、内生休眠終了後も長く貯蔵することが多い。低温貯蔵による塊茎の強制休眠は、萌芽などによる塊茎の減耗防止にはきわめて有効であるが、萌芽を抑制しうるていどの低温貯蔵では塊茎の糖含量を増加させて加工原料としての塊茎の品質を低下させるなどの問題があって、加工原料用では休限の長い品種が要望される。

食品加工用、食用では休眠の比較的長い良質の品種を選ぶ。澱粉原料用は収穫後比較的短期間に処理されることから、利用上休眠の長さはさして問題ではない。

作型と品種の休眠性との関係は、暖地二期作の行なわれる地帯ではとくに重要で、種いも供給との関係から、秋作においては、とくに短休眠の品種を選択する必要がある。

農業技術大系作物編第五巻　休眠性と品種選択　一九八六年

養分吸収と施肥

東田修司　北海道十勝農業試験場

養分吸収の特徴

ジャガイモの養分吸収は出芽（萌芽）後、数枚の葉を展開するころから始まる。窒素はこの生育初期から吸収され、地上部におけるその含有率は生育のさかんな開花期ころに高く、この時期の吸収が重要である。初期の窒素吸収は肥料窒素からの吸収量が多いが、しだいに土壌窒素に依存するようになり、総吸収量は黄変期ころまで増加する。

窒素の施用量は、生育型や収量への影響が大きい。その多用によって茎葉は繁茂して倒伏がふえ、デンプンの蓄積が遅れ加工品質が低下することが多いため、窒素の過用は避けなければならない。

リン酸の吸収量は、カリや窒素に比べると少ないが、吸収は窒素とほぼ同様の傾向を示す。すなわち開花終期から黄変期にかけての塊茎の肥大充実期において多く、生育末期までつづけられる。施用量に比べ吸収利用される割合が低い。施用量の増加が初期生育をよくすることがあるが、生育型などに与える影響は小さい。

カリの吸収もほぼ同様であり、開花始め（肥大初期）から吸収量を増していく。塊茎中に含まれて畑から持ち出されるカリの量は窒素よりも多く、施用が多いとぜいたくに吸収され、デンプン価を低下させたりする。葉柄、茎など通導器官に含まれる割合も大きい。

石灰は、塊茎よりも葉身などの地上部に取り込まれる割合が大きい。地上部では生育末期まで増加をつづけている。石灰は細胞膜をつくるために必要であり、組織の構成、保持に役立つものであるが、土壌の性質を改良し、間接的に増収をもたらすことに意義がある。

苦土は、生育につれて地上部の含有率が高

まり、全体として吸収量を増してゆき、石灰とはちがって塊茎への移行割合が大きい。不足すると、カリ同様に下葉の葉脈から黄化や褐変え死を生じるが、小葉が杯状を呈することが多いのでカリ欠乏と区別できる。

　塊茎として畑から持ち出される量は一〇a当たり窒素九～一一、リン酸四、カリ一五～一八kg程度であり、カリの吸収が大きく、リン酸では少ない。

施肥技術

　ジャガイモ栽培は寒地の春作、暖地の秋作、冬作に大別される。ここでは秋作に限っての施肥法を紹介する。

窒素　ジャガイモの生育に、最も大きな影響を及ぼす要素は窒素である。ジャガイモの最適な葉面積指数（単位面積当たりの葉の面積）は三程度であり、出芽後すみやかにこのレベルまで茎葉を展開させるために、窒素をすばやく効かせることが必要だ。しかし、花が咲き終わったあとの窒素はむしろ不要である。

　窒素が多すぎると過繁茂になり、風の通りが悪くなって疫病が発生しやすい条件になる。疫病が激しくなると、そこで生育がストップする。下の葉が腐るとジャガイモは次々と新しい葉を出そうとするため、光合成で得た炭水化物が消費されてしまい、デンプンの蓄積が抑制される。地下部ではストロンが伸びすぎて地上に出て新たな茎になる。ストロンの生長のために炭水化物をロスし、いも数まで減ってしまう。また、生育後期の窒素吸収はジャガイモの生育相を狂わし、デンプン価を低下させる。

　茎長が一mを大きく超える場合は、窒素が過剰であることが多いので、生育診断と土壌診断を参考に窒素施肥量を調節するとよい。

　収量確保のために必要な窒素の吸収量は、

表1　部位別養分吸収量（kg/10a）（大久保、1976）

部　位	窒素	リン酸	カリ	石灰	苦土
茎　葉	0.74	0.09	0.50	1.09	0.50
落ち葉	2.53	0.27	2.35	3.29	1.17
塊　茎	9.91	2.55	18.05	0.93	0.77
計	13.18	2.91	20.90	5.30	2.46

図1　肥料成分の10a当たり吸収量の推移（串崎、1957）

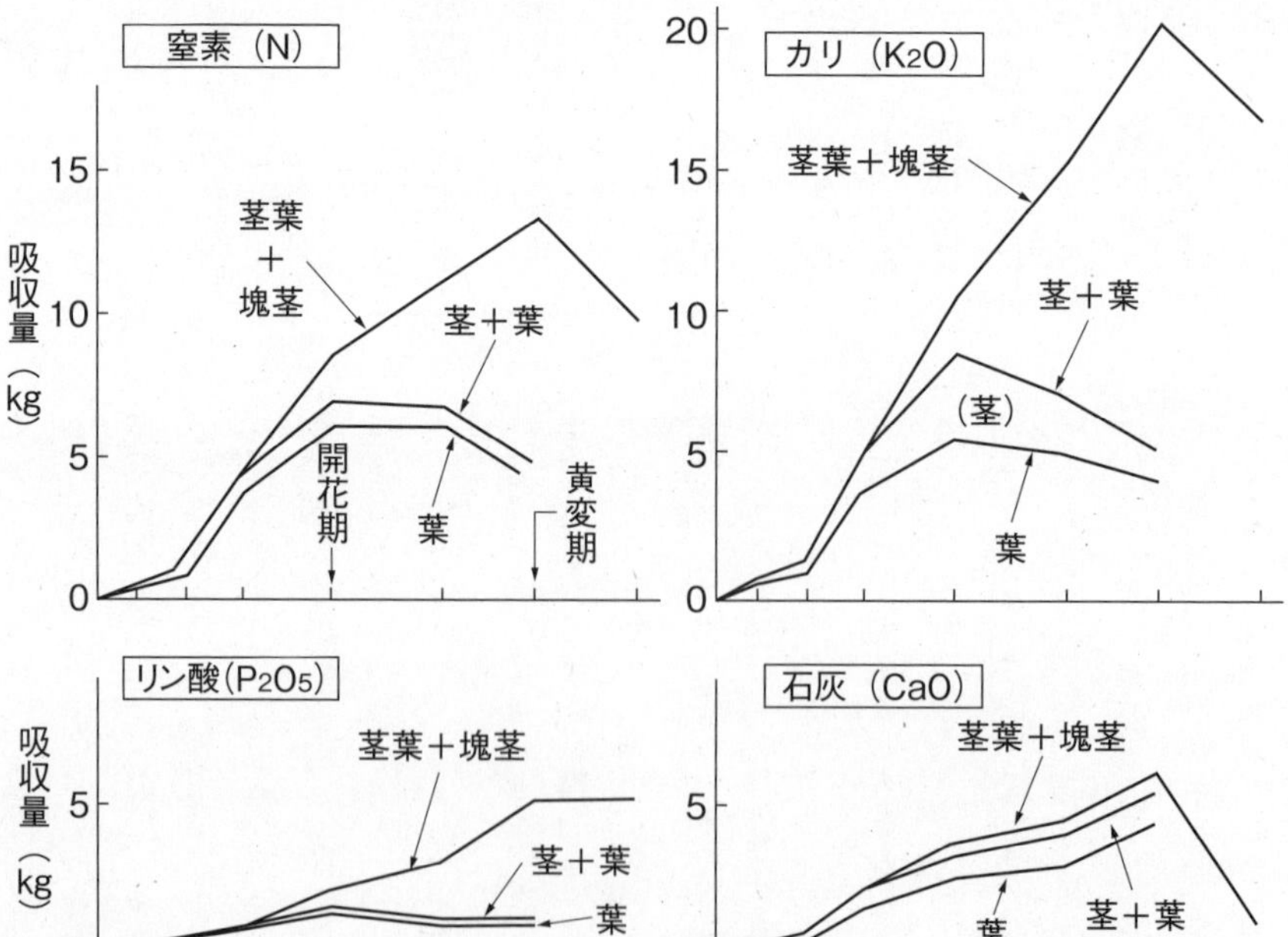

10a当たり施肥量（kg）：堆肥1,500、魚かす24.4、硫酸アンモニア22.5、過燐酸石灰30、硫酸カリ18.8
品種：男爵いも、うね幅72cm、株間30cm　施肥窒素の時期ごとの利用率の比較

生育期間の長いデンプン原料用では一三～一五kg／一〇aであり、食用、加工用ではこれより三kg程度少ない。実際の施肥では、土壌から供給される窒素で不足する分を補うことになる。

　ジャガイモの場合は、植付けから出芽して盛んな窒素吸収が起こるまで一か月近くかかり、その間施肥したアンモニア態窒素の一部が硝酸に変わる。そのため、植付け時に硝酸を施用する必要はない。硝酸は土の粒子に吸着されず流れやすいので、無駄になる可能性がある。また、ほかの要素も含めて塩素系の肥料は用いないほうがよい。塩安、塩加は葉緑素の含量を低下させ、デンプン蓄積を阻害して収量、デンプン価を低下させるからである。

表2　ジャガイモ施肥例　（10a当たり、単位kg）

地　域	肥料名		施肥量	成分量		
				窒素	リン酸	カリ
北海道	元肥	化成肥料 完熟堆肥 苦土石灰	 1,000 100	8	20	14
長崎	元肥	化成肥料 完熟堆肥 苦土石灰	 1,000 50	14	14	12

（『新 野菜つくりの実際　根茎菜』農文協）

カリ　ジャガイモは多量のカリを吸収し、その量は四〇kg／一〇aを超えることもある。カリはデンプン蓄積に影響し、足りなくても多くてもデンプン価を低下させる。ジャガイモはカリの吸収力が強いので、土壌から吸収する分をきっちり差し引いて施肥を行なわないと、カリが過剰になってデンプン価が低下する。

　北海道の施肥標準ではカリ施肥量が一〇～一二kg／一〇aとされており、交換性カリが一五～三〇mg／一〇〇g（北海道土壌診断基準）の土では必要量の半量以上が土から供給されることを見込んでいる。堆肥、作物残渣、緑肥など有機物に含まれるカリはすべてが無機態であり、ほぼ全量が肥料と同じように効くと考えてよい。

リン酸　リン酸は土壌中でほとんど動かないので、根の直近からしか吸収できない。そのため根量の多い作物のほうが、リン酸吸収には有利である。ジャガイモは萌芽直後から根の展開が盛んなので、リン酸吸収力が比較的強い作物である。ジャガイモに対するリン酸施肥の適量は多くても二〇kg程度である。リン酸の多施はいも数の増加をもたらすが、一個重は減少する（田端ら一九六八）。

苦土　苦土が不足すると、下葉の葉脈間が黄色化し、葉辺部に褐色の小斑点が生じる。不足の程度がひどいと減収をもたらす。土のカリ濃度が高いと苦土の吸収が妨げられるので、カリが高く苦土が低い土では、苦土：カリ比を適性化するように注意する。施肥としては四kg／一〇a程度の苦土を施用すればよい。苦土肥沃度が高い土では施用する必要はない。

堆肥　通常、堆肥一tで窒素一kg、カリ四kgの減肥が可能である。ただし、堆肥に含まれる窒素は後効きするので、減肥したとしてもデンプン価は無堆肥より低くなることがある。デンプン価で買取り価格が大きく左右されるような加工用では、堆肥の施用は最小限にとどめるほうが有利である。

テンサイ茎葉　畑輪作地帯では、養分の含有量の多いテンサイ茎葉がすき込まれた跡地に、ジャガイモを作付けることがある。テンサイ茎葉五tをすき込むと窒素、カリそれぞれ五kg、二〇kgの減肥が可能となるが、カリの施肥量は通常一〇kg程度であるから減肥しきれない。そのため、カリが過剰になってジャガイモのデンプン価が下がる。加工用を作付けする場合には、カリを多く含むテンサイ後は好ましくないとされる（谷口二〇〇〇）。

農業技術大系土壌施肥編　第六－二巻　ジャガイモ
二〇〇一年より抜粋

ジャガイモ普通栽培

浅間和夫　北海道立農業試験場

耕起と整地

土中にいもを生産するジャガイモには、有機質に富み、軽くやわらかで、空気や水の透通も良好で、しかも肥沃な土地がよい。

耕起の深さは、少なくとも二〇cm以上にする。耕起の時期は、秋耕と春耕があるが、春耕に比較すると秋耕は、土壌を流失させたり、凍結を深めたり、圃場が固くなったりしやすい。

耕起作業は、側耕型心土犂での心土耕か、ディスクプラウでの深耕が望ましい。整地砕土作業は、重粘地のロータリーハロー（砕土機）の例を除き、一般にはディスクハローが適当である。スパイクツースハロー（方形の砕土機）を使用するときは、ソフターをつけると圃場が固まりにくい。耕起後の整地が遅れると、土壌が乾いて砕けにくくなる。整地はていねいに行なって、萌芽揃いをよくし、除草剤を使いやすくする。

ジャガイモは比較的連作に耐える特性があり、堆厩肥の投与とともに均衡のとれた肥料

図1　ジャガイモ普通栽培　栽培暦例

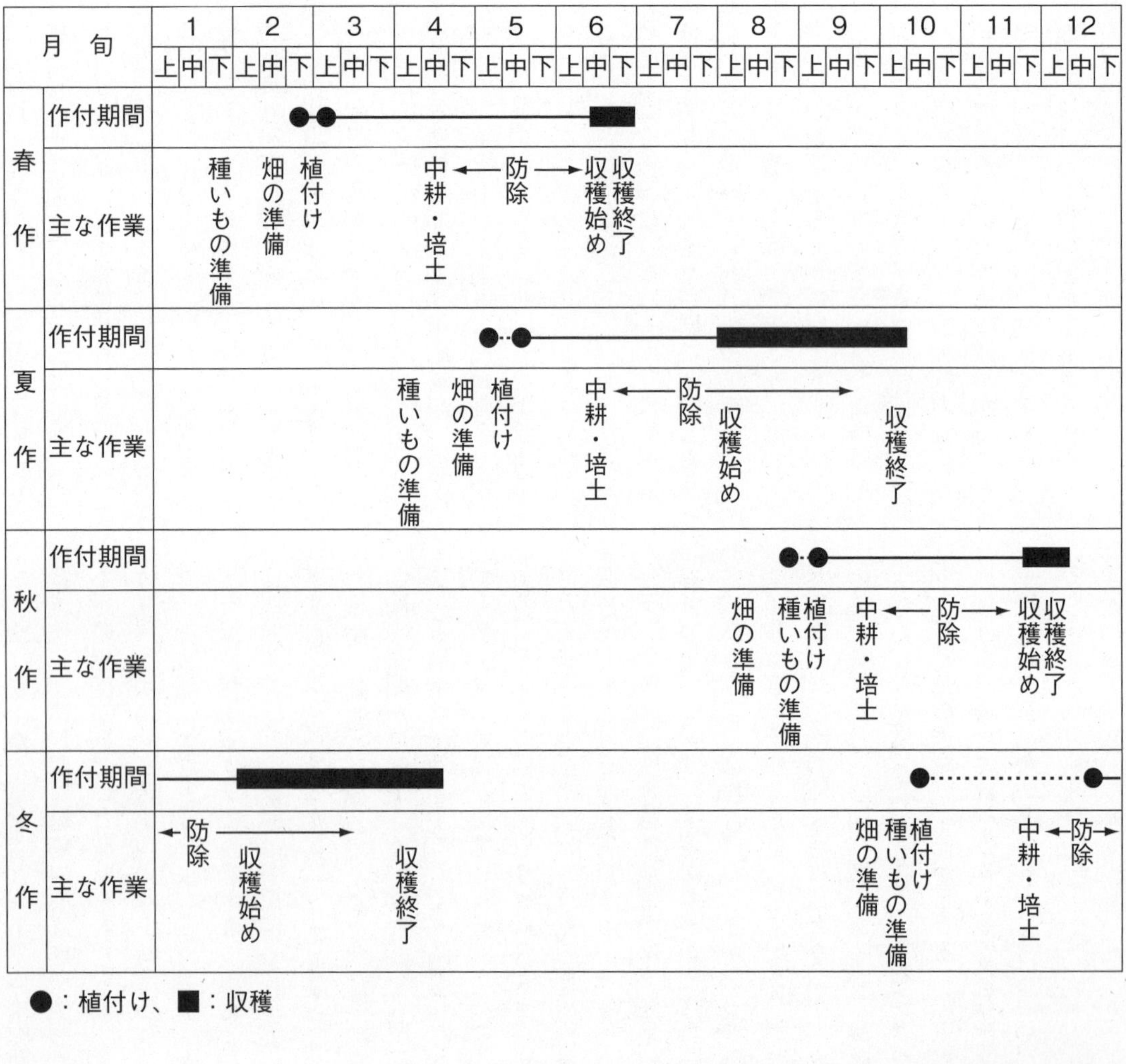

●：植付け、■：収穫

（『新 野菜つくりの実際　根茎菜』農文協）

を十分施し、管理を周到にすれば、相当長期間の連作をしても減収は少ない。しかし、一般には、輪作のほうが品質、収量ともにすぐれている。

やむをえず連作するときは、次の点に留意する。①堆厩肥、緑肥など、有機質を補給する。②黒あざ病菌、そうか病菌などが付着していない、シストセンチニウのある土が付着していない種いもを使う。

種いもの準備

無病の種いもが準備され、予措が適切になされれば、その後の生育は良好で、高収量をもたらす。

わが国で原原種農場を頂点とする採種組織と国営の検疫体制とがあるのは、ウイルス病罹病の少ない種いもを供給するためである。また、輪腐《わぐされ》病、軟腐病、疫病などにかかったいもは、収穫前に腐敗をみるだけでなく、貯蔵中や出荷後にも腐敗しやすい。黒あざ病の菌核が付着したものを植えれば、菌を土中に数年間も残すことになる。したがって、種いもはまず純正無病であることが望まれる。

萌芽の促進―浴光催芽

植付け後早く萌芽し、初期の茎葉の繁茂が旺盛で、適正な葉面積が持続すれば、収量の増加が期待できる。浴光催芽とは、種いもに陽光を当て、その温熱によって健康な芽をつけることである。

次の点に注意すれば、収納舎などを利用しての催芽も可能である。すなわち、温度は一五～二〇℃に保ち、三〇℃以上の高温や夜間の凍結を避ける。湿度は低く保ち、芽の徒長と発根を抑える。床には、地下から水分が上がるのを防ぐため、麦わら、むしろなどを敷くのがよい。降雪の多いところでは、除雪を早めに行なって準備にかかる。

浴光催芽の期間は二五～三〇日である。芽の伸び方は、頂芽の長さが一cm内外あり、全芽が整一に催芽され、暗緑で強剛な感じになるのがよい。催芽むらを少なくするため、処理期間中二、三回いもの位置を変える。

浴光催芽により、芽の出方の悪い種いもは、植える前に除くことができ、萌芽が七～一〇日早まり、早掘り時の収量がふえ、大いもの割合が多くなる。茎は太く丈夫に生育し、徒長が少なくなる。

生育期間が短縮されることはまた、ウイルス病被害を軽減する、晩生品種では生育を促進させて施肥効果を高める、塊茎腐敗や天候不順からくる障害を回避または軽減することにもつながる。

種いもの切断

種いもを切断しないで全粒のまま植えることとは、切断の手間、xウイルスのナイフからの伝染の危険性、プランター利用の便などを考えれば、よいことである。しかし、小粒全粒いもの生産は必ずしも容易でなく、ふつう、切断して使うことが多い。

種いもの扱い

種いもの切り口の消毒は、しなくてもかまわない。切り口は15～20℃の適温では2～3日でキュアリング（治癒）してしまう。キュアリングは、湿度の高いほうが速く完成するので、切断後2～3日はムシロなどをかけておくのがいい。なお、寒冷地では切りながら植えるカッテング・プランタでも、土中で軟腐病などに犯される危険性は少ない。切り口に草木灰をつけると、キュアリングが遅れてその後に腐敗する危険度が増える。キュアリングの終わらない状態の種いもを植えた後、野菜の苗のように水をジャブジャブかん水すると、腐敗の原因になる。土を手で握ってみて、形があり、それを軽く押してみて砕けるようであれば理想の土。（『ジャガイモ博物館』浅間和夫より）

種いもの大小、切断の有無は、その後の生育経過を支配するので重要である。種いも分を収量から差引いた実収量で比較すると、全粒種いもを使うばあいは、三〇〜一二〇gの間では大差のないことが多い。切断するばあいは、各片の重さは四〇〜六〇gが適当であり、目の数は二〜四個必要である。切断したいもが大きいときは、強壮な芽が出て、地上部が大きく、いもの肥大や枯凋がやや早まる。

切断の仕方は縦切りと横切りがある。いもの頂部は目が多く、萌芽が早いので、球形ないし卵形のものでは縦切りが望ましい。

施肥

沖積土では窒素の必要量が多く、ついでリン酸であり、カリは連作地や古い畑で比較的必要とする。火山灰土や洪積土または第三紀層土壌では、窒素とリン酸が非常に欠乏していて、カリも相当必要である。泥炭土では三要素がともに少ないが、とくにカリが欠乏している。

着蕾末期ころまでは各要素とも十分に必要だが、その後の塊茎の肥大充実期には、塊茎を増大させるために多少の窒素と、葉で生成された炭水化物の塊茎への転流を助長するために若干のカリとを必要とし、開花期以降では、リン酸はほとんど必要としない。これらのことから、窒素およびカリは速効性と遅効性との併用、リン酸は速効性を主体に施すのが合理的である。複合（化成）肥料は一般に初期生育をやや悪くし、後期まで効くものが多い。

施した肥料はすべて作物に利用されるわけでなく、作物が利用するのは、窒素で四〇〜六〇％、リン酸は少なく一〇〜二〇％、カリは四〇〜七〇％と考えられている。窒素の分解・利用率は、pHが高く、気温の高いところのほうが、そうでないところよりよい。

窒素　窒素の施用量は生育相を左右する。窒素の過用、とくに硫安などを種いもの近くに施したときには、乾燥した圃場では萌芽の遅れ、初期生育の不振、枯凋の遅延などの原因となる。このため、澱粉価が下がり、未熟ないものがふえ、その取扱いがむずかしくなる。

カリ　カリの要求量は多い。不足すると減収するが、多くても「ぜいたく吸収」されるので、澱粉価などの品質に影響する。カリは生育後期における吸収がやや多いので、晩生の高澱粉品種ではやや多めに施用する。ばあいによっては作条施用するだけでなく、一部を窒素とともにブロードキャスター（肥料散布機）などで全面施用することもある。

リン酸　早くから吸収され、初期生育を盛んにし、塊茎の着生を早めるが、澱粉価などの品質に与える影響は少ない。火山灰土、とくに新墾地では多く施す必要がある。

その他　石灰は、畑のpHが五〜七になるように、炭酸石灰で一〇a当たり一〇〇kg内外をときどき施用する。苦土は、その一部が葉緑素の構成成分として使われ、各種の酵素反応にも必要である。

苦土欠乏症は下葉から現われ、葉が黄化褐変する。また、亜鉛欠乏でシダ状の葉がみられ、マンガン欠乏では葉脈にそった褐変ネクローシスが、鉄欠乏では葉の黄化がみられる。

堆厩肥と緑肥

堆厩肥は、直接的に効く養分としてのほかに、多量の有機物を含み、耕土を改良する効果が大きいばかりでなく、金肥と併用することによって、両者の効果を増大させる。また、この施用は、金肥の要素間の不均衡をもやわらげてくれる。

場所にもよるが、一〇a当たり一tの堆厩肥の施用では肥料的効果だけだが、二t近くになれば有機物補給の効果がみられ、施用数年間その効果がつづくといわれる。また、前作物などの茎稈類の焼却をできるだけやめて、これを積み肥とするなど、資材を有効に活用することを考えたい。

緑肥も、土壌に有機物を与え、それが地力に影響するが、可給態養分、とくに窒素を増加させる意味で重要である。マメ科の作物は窒素を固定し、深層にある養分を利用するうえから、イネ科の作物は土壌構造の改善の意味から、それぞれ重要である。しかし、これらの緑肥施用にさいしては、収量、すき込み時期、補助的に散布する石灰の量、その地帯の窒素施用限界、などにも注意しなければならない。

施肥位置

根は、最初地表にそってほぼ水平に伸びる。種いもに近い節位よりも、上方三～五節目ころから生じた根の伸長が旺盛で、開花期以後には根の先端部が垂直に下降するので、根系は倒三角形になる。つまり、初期には種いもの下近くに根の伸長がみられない。また、根群の分布は地表下五～一〇cmに最も多い。

生育期間が短いジャガイモでは、施肥位置は収量に影響する。一般に、元肥を種いもの側方数cmのところに施したばあいは、下方または上方に施したばあいより増収する。

しかし、施肥位置は、土性、土壌の乾燥程度、施肥量によって変える必要がある。近年施肥量が多くなってきているので、肥料の害をうけて、欠株や初期生育の遅延などがみられるようになった。

この対策には、施肥量が多いばあい、全量を条施せずに、窒素とカリの一部を全層または表層に施すか、種いもと肥料との間に間土することがあげられる。硫安などを種いもの近くに施したあとで乾燥したときなどに肥料の害がみられるが、リン酸質肥料ではその危険が少なく、初期生育を促進させるので、根系の分布する地表の側方へ施肥するのが望ましい。

植付け

植付け時期　萌芽や根の伸長には、最低一〇℃ていどの地温が必要であり、九℃では六〇日経過しても萌芽しなかったという報告がある。したがって、萌芽に要する日数は、冷涼な時期や場所ほど多いが、種いもの生理的条件によっても影響される。地方別萌芽日数は、北海道で約二八日、中部・東北などの多雪地帯では二三日ていどである。なお、九州の長崎県の例では、同地方産の秋種いもによる春作の適期植付けのばあいは約三八日を要し、春種いもの適期植付けのばあいは一七・八日と短い。

植付時期が遅れると減収するから、霜害を受けない範囲で、できるだけ早植えをする。しかし、地温の低いうちに早植えすると、土中で芽が黒あざ病菌に侵される危険がある。また秋作では、高温と紫外線による種いもの腐敗がみられるので、植付けを遅らせるときには、催芽処理で補う必要がある。

栽植密度　単位面積当たり収量は、栽植密度によって支配されるところが大きい。疎植すると、茎葉繁茂が旺盛となり、いもの肥大、澱粉の蓄積、茎葉の枯凋が遅れ、一株当たり収量はふえても、反当たり収量ではやや低下することが多い。

疎植とするのは、小粒品種の栽培、多肥または肥沃地での栽培、種いも切片の大きいときなどにみられる。逆に、密植は、少肥またはやせ地での栽培、疫病防除が十分行なえないとき、早生種や茎長の低い品種を植えるとき、大粒で型くずれの多い食用品種の栽培、全粒小粒の種いも生産を目的とする栽培などで行なわれる。

これらのほか、土壌、使用する作業機械などによっても栽植密度は変わるが、うね間六〇～七五cm、株間二五～四二cmの範囲が多い。

植付け方法　覆土は五cm前後がよい。一般に、重粘あるいは湿りけの多い土壌では浅植えとし、砂質土壌あるいは排水のよい軽い乾燥ぎみの土壌、さらには霜害やいもの日焼けを避けたいときなどには多少深植えとする。種いもが露出するほど植付けが浅いときは、萌芽が遅れる。

種いもの切り口は下に向けておくほうが、萌芽がやや早いし、収量の変動の影響も少ない。切り口が肥料に直接触れたり、肥料濃度の高いところに種いもが入ったりするようなばあいには、種いもの腐敗や萌芽の遅延がみられることがある。

中耕除草

雑草の影響をうけにくいジャガイモではあるが、イネ科宿根性雑草や一年生のメヒシバ、ツユクサなどが生えてくると生育に支障をきたす危険がある。中耕除草のねらいは、雑草を除き、土壌を膨軟（土壌水分を適度に保ち、空気や水の流通を良好）にして肥料成分の分解を促進するとともに、根の発達を助長することなどにより、良好な生育と収量を期待することにある。

しかし、その実施時期や実施方法を誤まると、根部を損傷したり、生育を抑制したりすることがある。

ジャガイモで行なうめくら除草と早期培土作業の順序は、次のようである。①プランター（植付け機）で盛り上がった覆土を、ウイーダー（除草機）などで萌芽までに一～三回めくらがけをする。②萌芽前後に、軽く土寄せをする。③除草ハロー、こすり、ウイーダーなどで、畦の肩を丸く整える。

普通地の中耕は、萌芽前に一回、萌芽揃い後なるべく早く深めに一回、その後は浅く行ない、根の伸長を妨げないようにする。乾燥のひどいときは浅く行ない、トラクターのタイヤ跡にはやや深めにカルチベーター（中耕除草機）をかける。最終回は、培土の一週間前に終わらせ、このとき軽く土寄せする。培土は通常、リッジャー（畦立機）により、株間の除草を兼ねて一回ですませる。

培土

培土（土寄せ）をすることは、いもの着生を容易にし、緑化いもを少なくし、茎葉の倒伏防止や雑草の抑制に役立つ。また、収穫を容易にし、疫病菌の侵入による腐敗を少なくする、などの効果も培土にはある。

土寄せは、遅くても開花始めまでで、早めに行なうほうが地下部の損傷は軽減できる。

収穫

黄変期を経て枯凋した株に着生した塊茎は、内容的に充実しており、その表皮もコルク化がすすみ、内層に堅く接着して離れにくい。収穫時期が黄変期より早すぎると、収量が劣り、澱粉の蓄積も不十分で乾物率が低く、収穫時の剥皮や打ち傷が多い。

本州などの春作では、収穫が遅れると梅雨の影響をうけて腐敗が多くなりやすい。また、極寒冷地では、収穫後の畑での仮貯蔵中の凍結を少なくし、コルク化の遅れを防ぐため、茎葉を少し早めに処分して成熟と収穫を早めることがある。

採種栽培では、ウイルスの感染を避けるため、茎葉の処理や収穫を早めに行なう。また、疫病による塊茎腐敗を避けるため、疫病の被害のふえないうちに茎葉を処分し、降雨による胞子の土中侵入を少なくすることもある。

農業技術大系作物編第五巻　普通栽培　一九七五年より抜粋

ジャガイモの葉柄汁液で栄養診断

建部雅子　農業技術研究機構北海道農業研究センター

一九九〇年代からキュウリ、トマトなどの果菜類やバラなどの花卉で、作物体の汁液を用いた迅速な診断法が試みられるようになった。主要な畑作物であるジャガイモに対して汁液診断法を検討し、窒素およびリンの基準値を作成した。なお、本結果は北海道中央の火山性土壌で、生食用品種の男爵薯とキタアカリを用いた試験による（建部ら、二〇〇一）。

硝酸と無機リンで栄養状態を知る

多くの畑作物では吸収した窒素のうち、すぐに生長に使われない分は硝酸（NO_3^-）の形で、おもに葉柄（葉の軸の部分）や茎に貯蔵される。窒素肥料や有機物の施用量が少なかったり、土壌の窒素肥沃度が小さい場合には、葉柄などの硝酸濃度は低くなり、逆の場合は、硝酸濃度は高くなる。

このように葉柄の硝酸濃度は、土壌中の利用可能な窒素やそれを吸収する作物の窒素栄養状態をよく表わすため、窒素診断の指標となる。ジャガイモでも、汁液硝酸濃度は窒素施肥量を反映した（表1）。

また、ジャガイモ葉柄汁液の無機リン濃度も作物体のリン栄養状態をよく表わし、リンの診断指標として適することがわかったが、それは生育初期の着蕾期までに限られた。

葉柄汁液の採取法

ジャガイモの汁液の採取には、葉柄を用いる。ジャガイモ葉柄の硝酸濃度は葉の位置によって増減し、無機リン濃度は上位葉から下位葉へと低下する（図1）。したがって、採取する葉位を限定すると硝酸濃度は誤差が大きくなる。

そこで、作物体全体の栄養状態を表わすためには、一株の中で二番目に大きな茎の全葉柄を試料とするのがよい。さらに、畑の中で数か所を選び、それぞれの場所で数株ずつ試料を採取する必要がある。

ジャガイモの葉柄は多汁質なので、細かく刻んで市販のニンニク絞り器で絞ることにより、汁液が得られる。得られる汁液は、重さにして元の葉柄の二五％程度である。

表1　ジャガイモ葉柄汁液の硝酸濃度と無機リン濃度

（1998年）

品　種	窒素処理（kg/10a）	硝酸濃度（mg/ℓ） 着蕾期	硝酸濃度（mg/ℓ） 開花期	リン酸処理（kg/10a）	無機リン濃度（mg/ℓ） 着蕾期	無機リン濃度（mg/ℓ） 開花期
男爵薯	N 0	1,328	44	P_2O_5 0	80	36
	N 4	3,453	620	P_2O_5 18	96	41
	N 8	5,622	3,674	P_2O_5 36	113	41
	N16	6,773	6,995			
キタアカリ	N 0	930	0	P_2O_5 0	94	54
	N 4	3,896	177	P_2O_5 18	120	60
	N 8	4,870	1,195	P_2O_5 36	133	61
	N16	5,799	3,365			

RQフレックスによる簡易分析法

硝酸濃度の測定では、時間と技術を必要と

図1　ジャガイモ葉柄の葉位別生重と硝酸、無機リン濃度

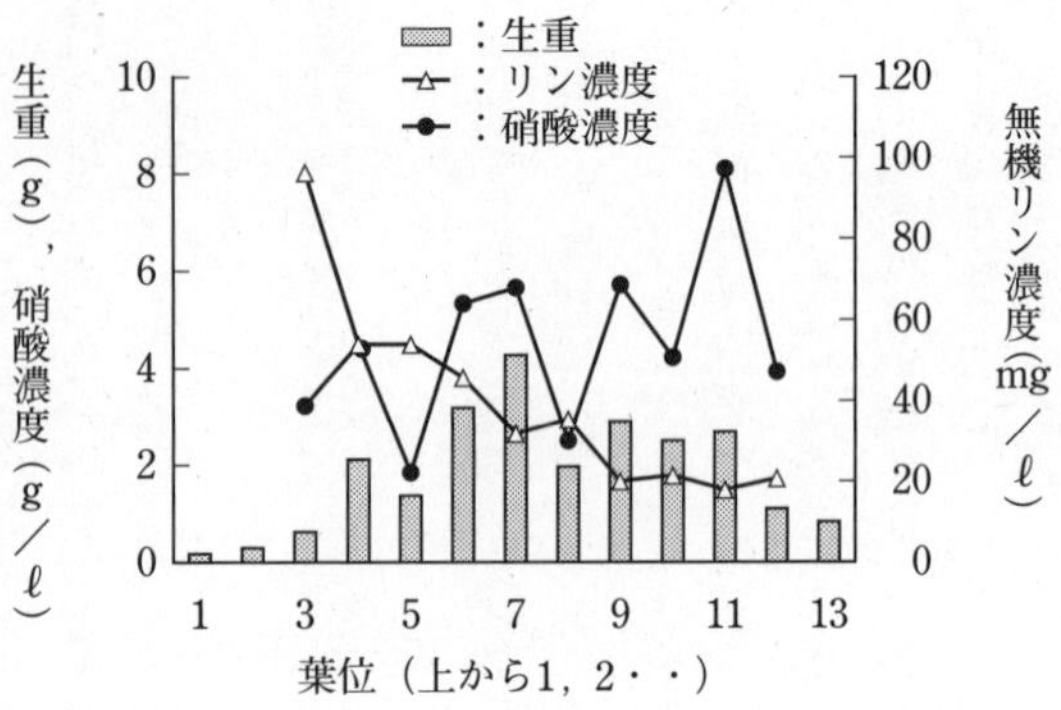

する精密分析に代わり、簡易分析が可能になった。試験紙と小型反射式光度計を組み合わせたシステム（RQフレックス法）は、ホウレンソウ、キュウリなどの葉柄汁液の硝酸を簡易に分析できることが知られているが、ジャガイモでも高い精度で分析できた。汁液を静置したのち、上澄液を五〇～一〇〇倍に希釈してから試験紙を浸して発色、一分後に光度計で硝酸濃度を読みとる。

　リン濃度の測定でも、本法の試験紙を用いる方法およびセルを用いる方法で簡易に分析が可能であり（建部、二〇〇〇）、セル法がより高い精度で測定できる。汁液を静置したのち、試験紙法では上澄液を五倍に、セル法では一〇〇倍程度に希釈してからそれぞれの方法で発色、光度計で濃度を読みとる。

図2　生育に伴う汁液硝酸濃度の推移

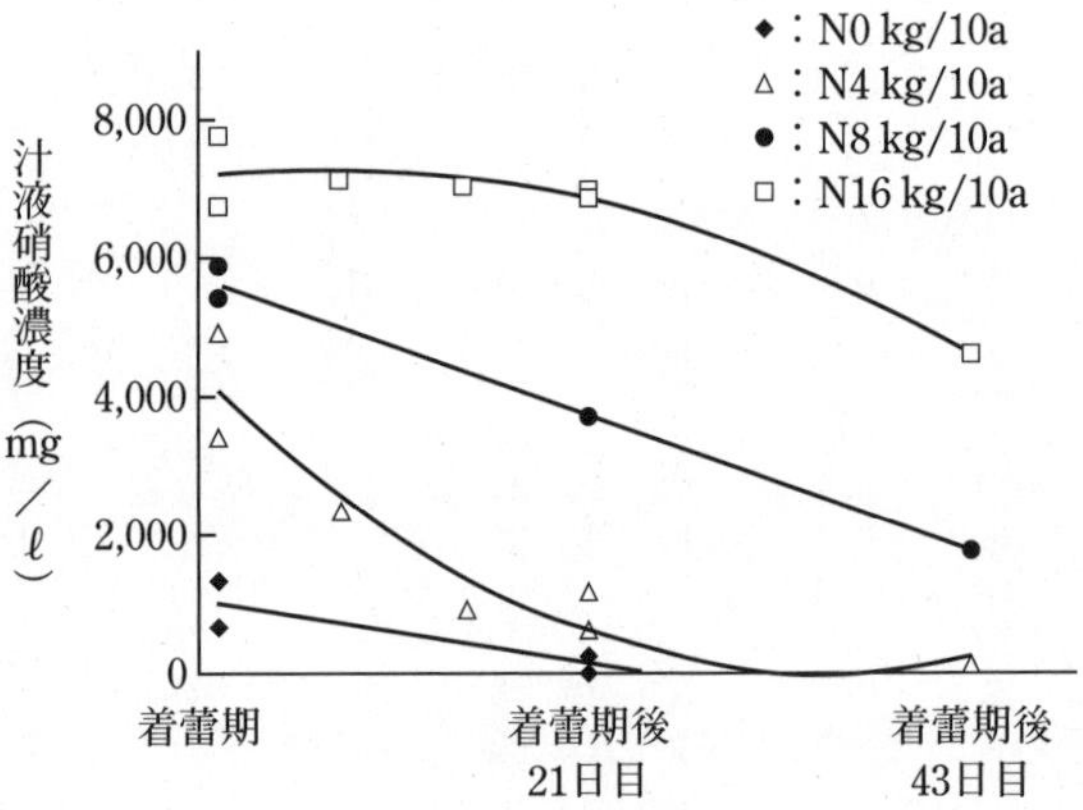

品種：男爵薯

硝酸濃度の推移

　表1のように、汁液の硝酸濃度は、無窒素（N0kg／一〇a）区、窒素半量（N4）区、標準（N8）区、倍量（N16）区と窒素施用量が増すにつれて上昇した。

　また、図2のように、N0区では着蕾期から低い値であり、開花終期（着蕾期後二一日目）にはほぼゼロになった。N4区では着蕾期から開花終期に向けて大きく低下し、その後はほとんどゼロになった。N8区では、着蕾期から着蕾期後四三日目に向けて低下し続けた。N16区では開花終期まで高い値を保ち、その後少しずつ低下した。

硝酸濃度の基準値 着蕾期五八〇〇～六六〇〇mg／ℓ

　収量およびデンプン価との関係からみると、着蕾期の汁液硝酸濃度は五八〇〇～六六〇〇mg／ℓが好ましい。これは、一九九七～一九九九年の着蕾期の汁液硝酸濃度と、収量およびデンプン価との関係から作成した基準値である。

　図3から、気象条件が平年並みの一九九七年、好気象年の一九九八年、高温年の一九九九年で硝酸濃度と収量の関係はやや異なった。一九九七年（平年並）には、硝酸濃度が六六〇〇mg／ℓを超えると収量は低下した。一方、一九九九年（高温）は硝酸濃度が六六〇〇mg／ℓを超えても収量低下はなかったが、図4に示すようにデンプン価が一四以下となった。生食用ジャガイモのデンプン価は一四以上が望ましいとされている。

したがって、着蕾期の汁液硝酸濃度が六六〇〇mg／ℓを超えないように窒素を施用することにより、広範な気象条件下で安定した収量と品質をもたらすことができると考えられる。

無機リン濃度の基準値着蕾期一〇〇mg／ℓ

収量は、着蕾期の汁液無機リン濃度が一〇〇mg／ℓ程度まで増加し（図５）、デンプン価との間には一定の傾向はなかった。このことから、十分な収量を得るための着蕾期の葉柄汁液無機リン濃度を一〇〇mg／ℓとした。

図５から、一九九七年はリン酸多施用条件でも無機リン濃度が一〇〇mg／ℓに達せず、収量レベルは他の年に比べて低かった。一九九七年に用いた畑は、トルオーグリン酸（有効態リン酸）が低かった（一九九七、一九九八、一九九九年それぞれ六、三三、二〇mg／一〇〇g乾土）。さらに、前述の気象条件も合わせて考えると、リン酸施用量以上に、土壌のリン肥沃度レベルや生育初期の気象条件が、着蕾期の汁液無機リン濃度に大きく反映し、しかも最終的な収量に大きな影響を与えることがわかる。

リンの場合は、生育初期に汁液診断で最適濃度からはずれていることがわかっても、追肥などの即効的な手段で修正することはむずかしいものと思われる。

農業技術大系土壌施肥編第四巻　ジャガイモの葉柄汁液を用いた栄養診断法　二〇〇二年より抜粋

図3　汁液硝酸濃度（着蕾期）と収量との関係

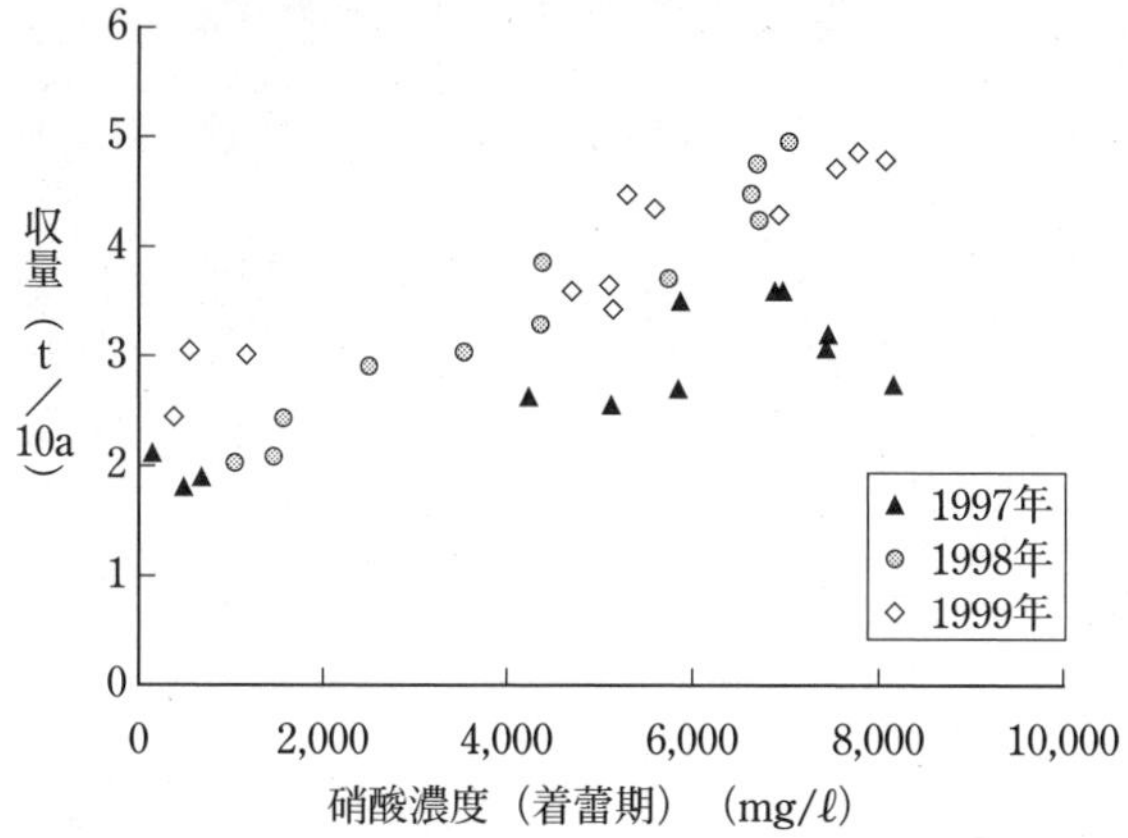

品種：男爵薯

図4　汁液硝酸濃度（着蕾期）とデンプン価との関係

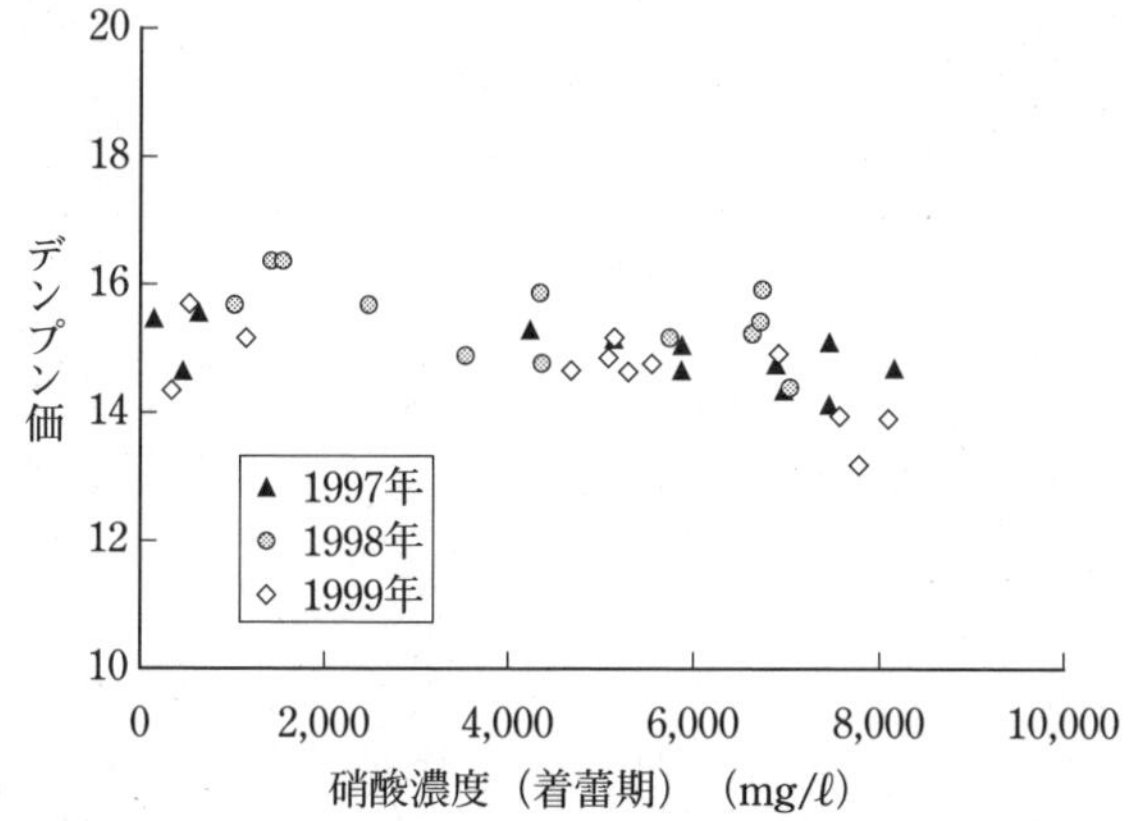

品種：男爵薯

図5　汁液無機リン濃度（着蕾期）と収量との関係

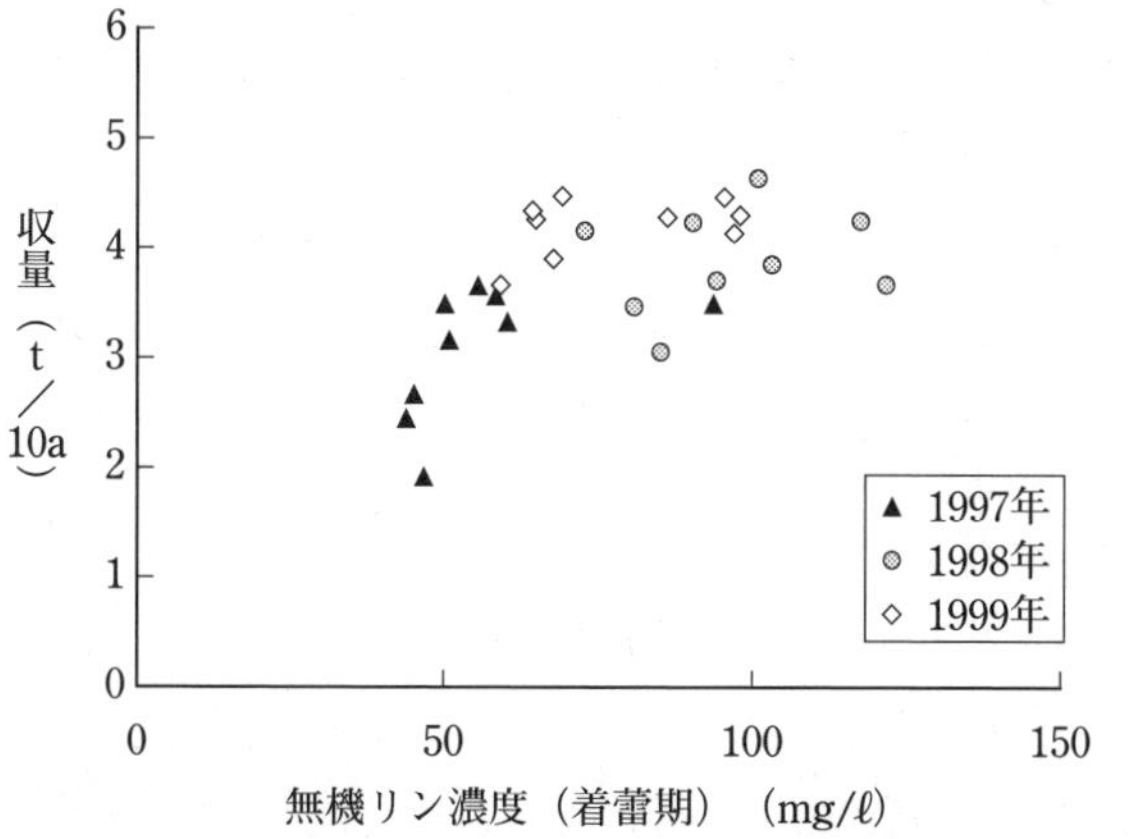

品種：男爵薯

ジャガイモの品質と栽培条件、調理適正

梅村芳樹　元農林水産省北海道農業試験場

気象、土地条件と品質

北海道や高冷地産のジャガイモは美味しいといわれるのは、ジャガイモの生育適温が一五～二五℃と低いこと、気温の昼夜格差が大きいこと、加えて北海道では生育期間中の降水量が少ないことによる。

静岡の三方原の男爵いも、三島のメークインが美味しいのは、痩《や》せぎみの土壌で栽培されるからである。北海道内でも羊蹄山麓、大雪山麓のいもが美味しいのは、排水がよく、やや痩せた土壌だからである。

一般に美味しいといわれるいもは、水分の少ないいもであり、涼冷で乾燥した痩せぎみの土地でとれる。肥沃な、多湿の温暖な土地では、量はとれても品質は劣ることが多い。

産地による品質の差は、気温、降水量（土壌の乾燥度）、肥沃度で決まる。気温は動かせないが、土壌の排水性の改良、適正な施肥量（とくに少窒素）が良品質いも生産のカギをにぎっている。

作期による差異は、生育期間中の気温、降水量による。とくに生育後半の多雨、高温は著しく品質を低下させる。梅雨に収穫する本州の大半の産地のいもが水っぽくて不味いのはそのためである。九州では秋作がよく、梅雨前に収穫する早春作も、完熟であれば美味しい。

品質を澱粉価で表わすと、代表的な男爵いもでは、早春作で一二～一四%、春作は一〇～一四%、夏作で一四～一七%、秋作は一三～一五%程度である。

栽培法と品質

施肥量　施肥量、とくに窒素施用量は、過度でない限り、少ないほど良質になる（表1）。窒素過多は、徒長・倒伏をもたらし、徒長は確実に澱粉価を下げる。図1は、一〇cmの徒長で約〇・五%低下することを示す。北海道の生産地のデータでは、徒長・倒伏した畑と五〇cm茎長の正常な畑では、キタアカリで五%以上（一二・七%と一八・四%）の差がみられたことがあった。

澱粉価だけでなく、ビタミンC含有量も同様に差を生ずる。徒長・倒伏は疫病、軟腐病の被害を増大することも品質低下の原因となる。

栽植密度　栽植密度による品質の差は、施肥量が同じであれば、疎植で低下、密植でやや向上する（表1）。食用向けでは、大いもをねらって疎植にする生産者が少なくないが、澱粉価の低下に加えて中心空洞、奇形、褐色心腐れなどの生理障害が多発する傾向が強いので注意したい。

無農薬、減農薬栽培　無農薬、減農薬栽培は、初期生育促進（回避法）を伴わなければ、疫病被害による品質低下は避けられない。疫病にかかって一か月近く早く枯凋したジャガイモでは、澱粉価は二～五%低下する。もちろんビタミンCの含有量も少なくなり、良質とはいえない。

ポリマルチ栽培　ポリマルチ栽培は、培土期前にはがせば品質への影響は小さいが、収穫時までかけておくと、高地温のため著しく

低下する。とくに葉茎が枯凋《こちょう》して、マルチに直射日光があたると、高温障害のため食用不適になる。

品種によって調理適性が異なる

品種によって、成分量などの差はきわめて大きい。ここでは「品種の美味しさ」でなく、品種の成分含量からみた、調理適性として捉える。美味しさは、その品種の適料理で比べるべきだからである。たとえば高澱粉の男爵いも、キタアカリは煮くずれがひどく、煮物では食味の比較はできない。春の糖の増加したメークインは、フライ、チップスにはならない。

表1　栽培法による澱粉価の差異（北海道農業試験場、1991）

試験区＼品種	男爵いも	農林1号	とうや*	北海73号**
標準施肥区	14.4	16.4	14.2	19.6
5割増肥区	13.8	15.2	13.5	18.7
標準植栽区	14.8	15.5	13.9	19.2
疎植区	13.4	15.8	14.0	18.7
密植区	14.1	16.2	13.7	19.8

注　*サラダ向き、**コロッケ向き

図1　茎長と澱粉価の関係

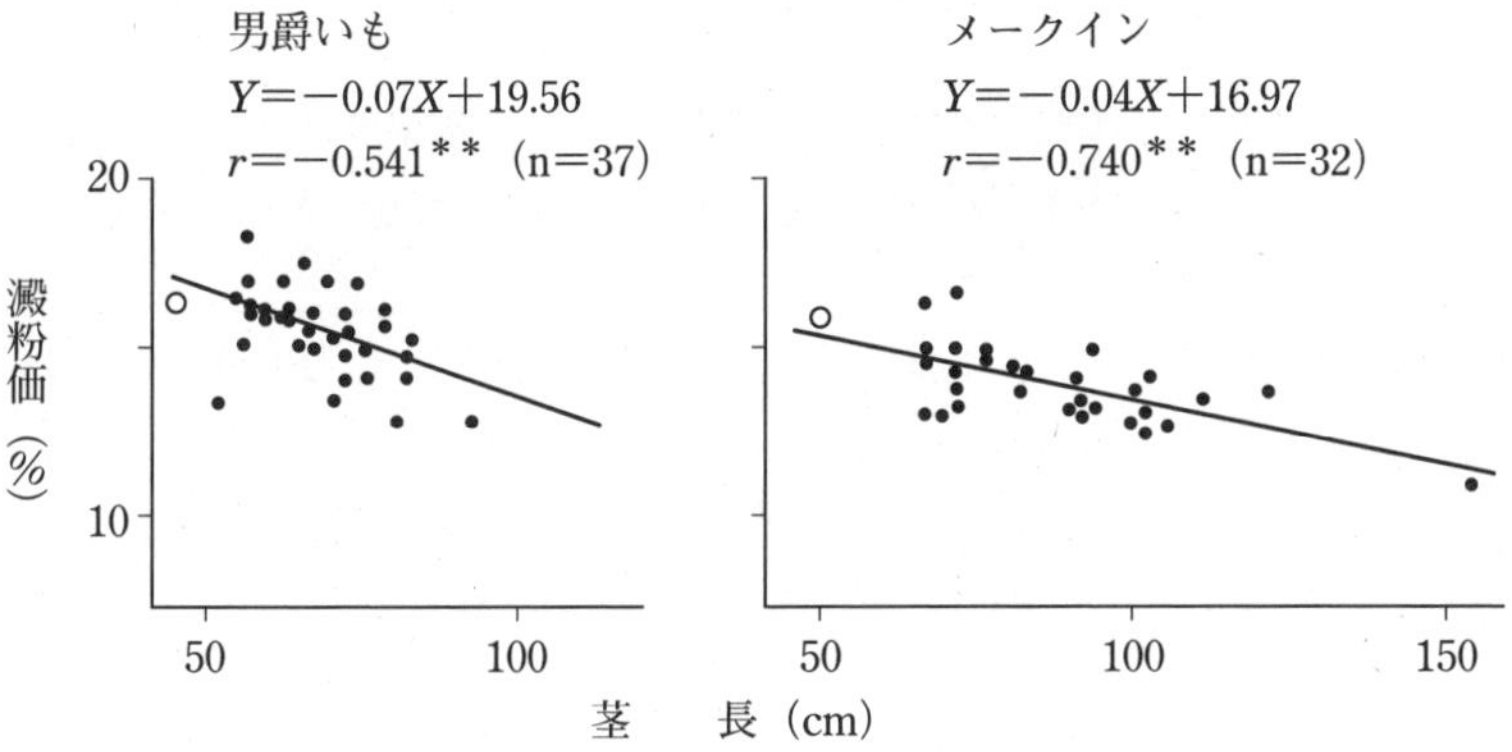

澱粉価　澱粉価の品種間差はきわめて大きく、同じ栽培条件で一〇～二五％もの開きがある。一般には、高澱粉の品種ほど粉質で蒸かしいも、ベイクドポテト、フライ、マッシュに適するが、煮くずれがひどく煮物、和え物には向かない。

北海道の消費者は高澱粉ほど美味しいと評価しがちであるが、関西、九州では低澱粉の品種が美味しいとされる。低澱粉のいもは、煮くずれが少なく、味が付くまで煮込むことができるためである。

糖含量　これも品種間差があり、収穫直後は小さいが、貯蔵（とくに低温貯蔵）後に拡大する。低温下の糖化酵素の活性に差があるためである。

糖の増加の少ない品種（トヨシロ、ホッカイコガネ、農林一号など）は、チップス、フライに適する。糖化しやすい品種は、油料理以外では好まれる。

ビタミンC　収穫直後の新鮮ないもでは、二〇～六〇mg／一〇〇gと、約三倍の品種間差がある。貯蔵中に減少するが、六か月後でも七～二〇mgと品種間差は保たれている。

有害成分　曝光《ばっこう》によって皮層部に生成されるソラニン、チャコニンの量は、きわめて大きな品種間差がある。一般の品種間でも一〇倍、野生種、*S.vernei*、*S.chacoence*の種間雑種系統では一〇〇倍も多く生成されるものもあり、食用には適さない。わずかな曝光で有毒化するためである。

生成量の少ない品種であっても曝光を防ぎ、ジャガイモの美味しさ、安全を保つべきである。遮光シート、暗所保存、手穴のないダンボール箱、クラフト紙袋詰めをすすめたい。

貯蔵中の品質の変化

北海道産のジャガイモは、長期間貯蔵される。品質の貯蔵中の変化で重要なのはビタミンC、糖含量、煮くずれ程度である。

ビタミンC　ビタミンCは、貯蔵中に減少するが、低温貯蔵で減少率が大きい。なお、低温貯蔵では、ある期間を過ぎるとビタミンC合成酵素の活性が高まることが知られている（図2）。この合成酵素は剥皮《はくひ》したり、刻んだりすると働き、ビタミンCの含有量を一日で一〇〜二〇％増加させる。ヨーロッパでは昔から知られていて、ジャガイモ料理は前日に下ごしらえする習慣があるという。

糖含量　糖含量の増加は、貯蔵温度で大きく異なる。低温下で多く、一〇℃以上では少ない。また増加した糖（還元糖）は、高温（一五〜二〇℃）下に移すと減少する。チップスやフライドポテトの製造時には、これを利用してやや低温で萌芽を抑え、増加した糖を高温下に移すこと（リコンデーショニング）で製品の色の劣化を防いでいる。逆にわずかな甘みを必要とするサラダ業界では、夏の収穫直後に低温庫に貯蔵し、糖化を促進することも検討しているという。

煮くずれ程度　煮くずれ程度は、貯蔵中に軽くなる。高澱粉で煮物に適さない品種でも、春先には煮くずれが少なくなって美味しく食べられることは、北海道で土中貯蔵の経験のある人たちは知っており、活用している。

図2　4℃貯蔵中のビタミンC含有量およびビタミンC合成酵素活性の変化

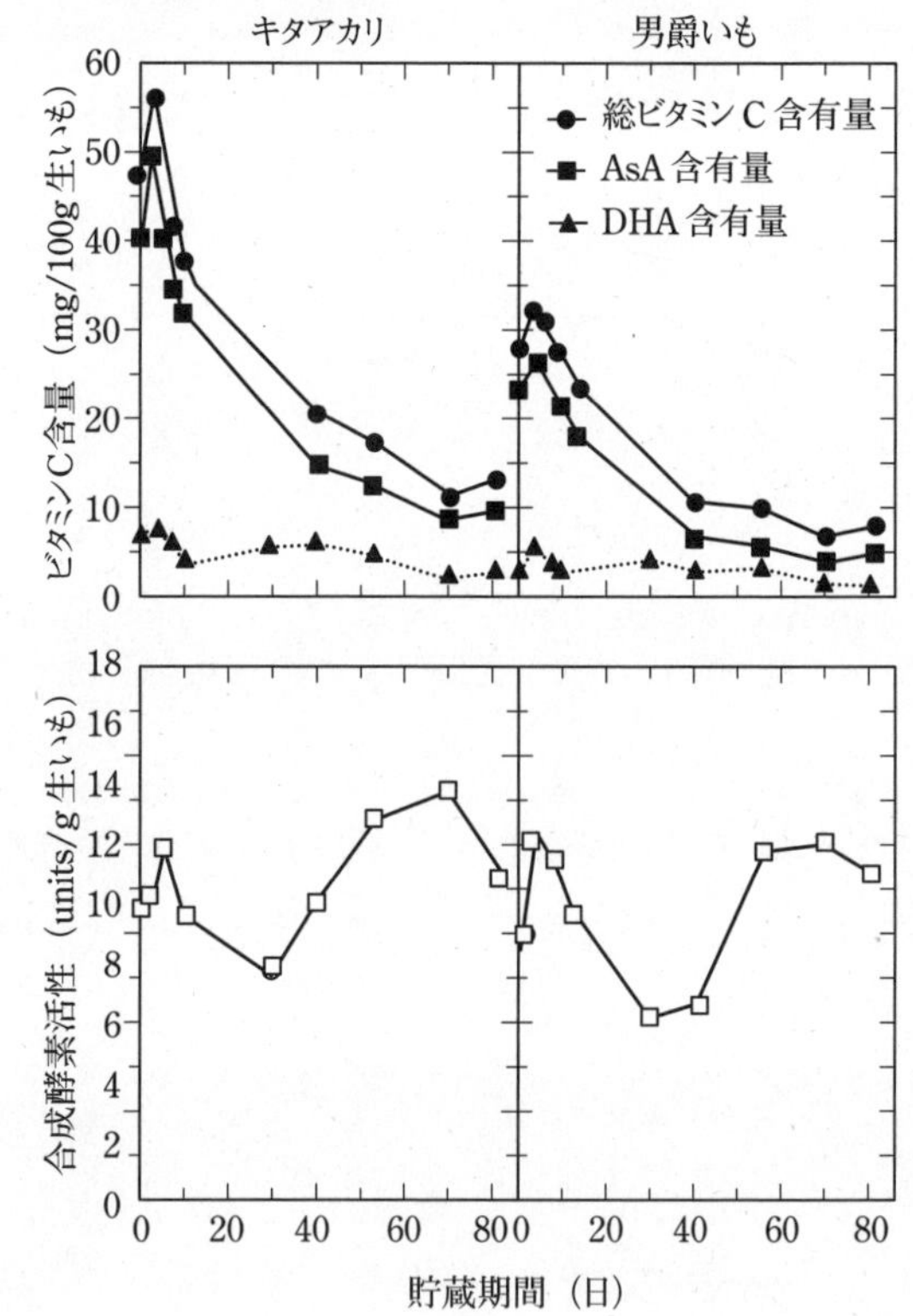

加工による品質の変化

加工、とくに一次加工による品質の劣化は、冷凍いものように現在の技術では対策が難しいものと、技術の未熟によるものとがある。一般にはカット、チルド、冷凍の順に質が劣る。

カットいもでは、製品の水浸が酵素褐変防止のために行なわれている。しかし、主要品種の男爵いもは褐変が著しいのでやむをえないが、他の品種では短時間であればほとんど必要がない。

逆に加工による品質の向上もみられ、フライドポテトの製造過程で行なわれるいもの水分調整は確実に食感、風味を増す。

また原料いもの高品質時に加工すれば、貯蔵後の品質の劣化した生いもより優れ、品質の均質なジャガイモを通年して使用できる。業務向けの一次加工品比率が高いのは、コストだけでなく、品質が均質で安定しているからである。

農業技術大系作物編第五巻　栽培条件、品種、加工による品質の変動　一九九八年より抜粋

購入苗を再育苗して多収

菅野式サツマイモ育苗法

菅野元一　福島市

菅野さんは、農業高校の先生を務めながら、ジャガイモの育種などの研究に余念がない方。現代農業誌にも、ジャガイモの新品種「イータテワールド」「イータテベイク」、かぼちゃの「いいたて雪っ娘」などを紹介してくださっている。（編集部）

購入したサツマイモ苗を再育苗する

昔から、サツマイモの植え方は、水平植え、改良水平植え、舟底植え、斜め植え、直立植え、釣針植えなどいろいろある（図1）。それぞれに栽培上の、また経営的な利点はあると思う。

じつは、これらの植え方は、サツマイモ苗を自分で生産する農家の方法であって、苗生産者でない一般の人は、良苗を選べない。

私が紹介する方法は、苗を購入後に、これを再育苗し、発根力の強い良苗にするやり方である。

再育苗する方法は、以下の点で優れていると思う。①多収穫になる、②種苗費がきわめて安くすむ、③欠株が出ない、④サツマイモの生育が短期生育になる（つまりサツマイモ栽培の北限を拡大できる）などである。

再育苗のやり方

①購入した苗を、土や砂の入った育苗箱に、挿し芽をする。寒冷地では保温する。

②発根したら、液肥（三要素の入ったものならなんでもよい）を施し、本葉四～五枚まで育てる。

③苗の先端を手でちぎって摘芯し、そこから下の、本葉三枚の苗を採る。ハサミではなく、手でちぎれる程度の若苗であることが理想。

④太陽に数時間あてて、萎れさせる。

⑤苗を水平に植える。

従来のサツマイモの植え付け様式

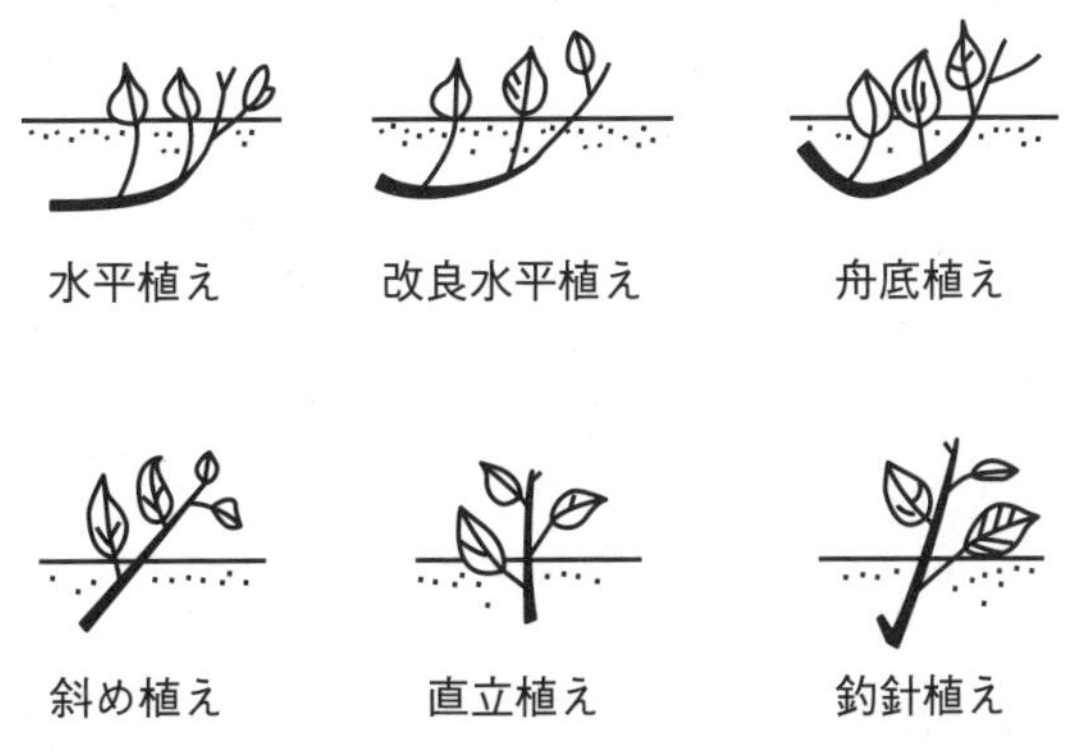

菅野さんの再育苗方式

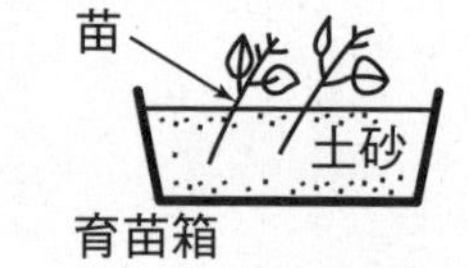

①購入したサツマイモ苗を、育苗箱に挿し芽する。30℃に保温する

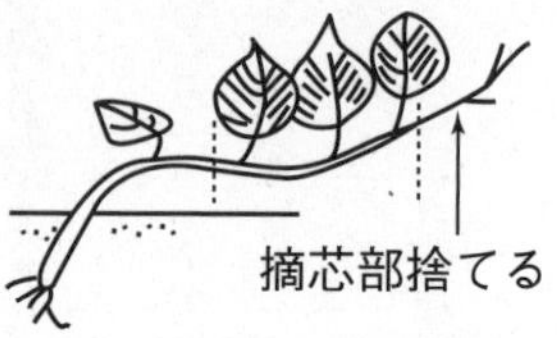

②発根したら、液肥（3要素の入ったものならなんでもよい）を施し、本葉4～5枚まで育てる。

③苗の先端を手でちぎって摘芯し、その下の本葉3枚の苗を採る。

④太陽に数時間あてて、萎れさせる

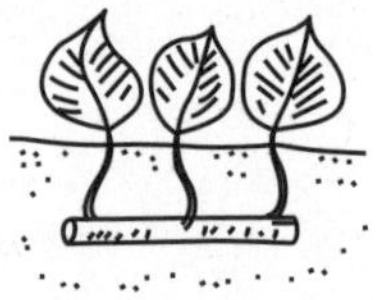

⑤畑に苗を水平に植え付ける

なーんだ、そんなことと皆さんは言われよう。だが、この中に、サツマイモ苗の生理上の大切な原則は含まれている。

キーワードは「芯止め」、「若い苗」そして「萎《しお》れ」だ。つまり、一般に私たちが購入して植えているのは老化苗ということ、そのために塊根形成が極端に劣る。また、萎れさせるのは、ストレスを与えて、次の世代を用意させるためだ。数時間で十分だが、重要な原則である。

これだけ整えてやれば、もう十分。あとの、マルチの有無や施肥条件、ツル返しなどは二次的なことになる。まったくこの苗の調整あるかどうかが決め手なのだ。その実際の成果が次ページの表である。サツマイモの肥大や収量はまったく変わる。

反当り収量にすると六t、八t

品種や地域で差はあるが、菅野式は従来式と比較するとかなりの増収になっている（次頁の表）。とくに、コガネセンガンやベニアズマで増収効果が発揮される。私の勤務地（郡山市）の学校畑で栽培したコガネセンガンは、一〇a換算で六・三t、知人の鹿島町（現南相馬市）で栽培したベニアズマは、約八tを記録した。明らかに増収効果があった。

昨年は高温であったので、マルチの有無はあまり影響がなかった。また、土壌条件はやや痩《や》せ地のほうが適している。

栽培方法の応用

この栽培法では、一本の苗に着くイモの数が少なく、大イモになりやすい（表）。一方、焼きイモなどにするサツマイモならば、大イモよりも中イモを多く生産するほうが有利である。そこで、中イモを多く作りたいときは、株間を三〇～四〇㎝程度に、密植すればよい。

あくまでも私はサツマイモの苗の塊根形成能力を第一に考え、経験的にこの技術にいたった。北東北や北海道など寒高冷地での栽培の可否（品種を吟味すれば可能と思うが）、定植時期や施肥などを、本方式をベースに総合的につめていく必要はあるだろう。

なお、応用可能な面として「一芽一葉挿し」にすることで機械移植栽培が考えられる。

また、苗をさらに増やす方法を次頁の図に示したので、参考にしてほしい。一本の苗から三本程度は増殖できる。

学校農園のサツマイモ栽培にも

今、日本は耕作放棄畑や休耕田がきわめて

ベニアズマ（鹿島町）

菅野式で作ったサツマイモ。コガネセンガン（郡山市）

多い。そこでぜひこの方式でサツマイモを大々的に栽培して、産業の基礎エネルギーになる家畜飼料、アルコール原料、デンプンなどの生産に貢献できないかと思う。

　また、学校農園で、子どもたちにサツマイモ栽培技術を教えてみてはいかがだろうか。

何といっても、サツマイモは連作がきき、少ない肥料で高収量があげられる作物である。無農薬・省力粗放栽培にも向く。

　私は本業が学校教師で、週末しか自宅農場で本格的に研究できない状況にあるが、農作物の育種改良と、合理的な栽培方式の研究には尽きることのない興味をもっている。

　皆さんの取り組みを期待しています。そしてぜひ報告をください。

現代農業二〇〇一年五月号　菅野式サツマイモの省力多収栽培

従来方式と菅野式との比較　（2000年6月7日～10月16日）

栽培地／品種	場所 標高 初霜日	福島県飯舘村 450m高冷地 10月上旬		同　郡山市 250m内陸部 10月下旬		同　鹿島町 20m海岸沿 11月中旬	
		菅野式	従来式	菅野式	従来式	菅野式	従来式
ベニアズマ	1株当り収量	1250g	670g			5100g	1860g
	1株当り本数	4本	3本			4本	6本
	10a換算収量	2.4t	1.3t			7.96t	2.9t
	（指数）	(185)	(100)			(275)	(100)
エレガントサマー	1株当り収量	950g	640g	2700g	1340g		
	1株当り本数	3本	3本	4本	5本		
	10a換算収量	1.85t	1.25t	4.2t	2.1t		
	（指数）	(148)	(100)	(200)	(100)		
コガネセンガン	1株当り収量	280g	210g	4050g	1840g		
	1株当り本数	4本	4本	5本	6本		
	10a換算収量	0.55t	0.4t	6.3t	2.9t		
	（指数）	(133)	(100)	(217)	(100)		
備考	栽培条件 株間×うね間 土壌条件	黒マルチ栽培 50cm×90cm 肥沃火山灰土		無マルチ 50cm×120cm 盛土痩せ火山灰土		黒マルチ栽培 50cm×120cm 肥沃砂土	

苗の増殖方法

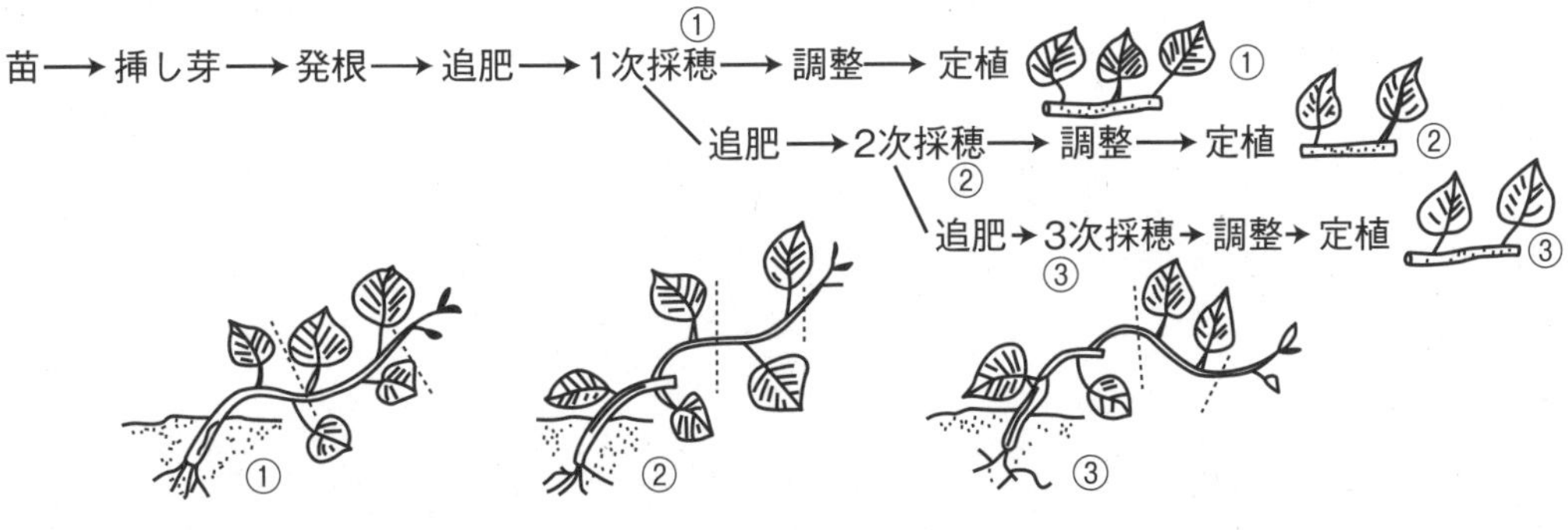

サツマイモのツルから翌年の苗を作る方法

南　洋　南農業研究所会　京都市

イモヅルから翌年の苗を作る手順

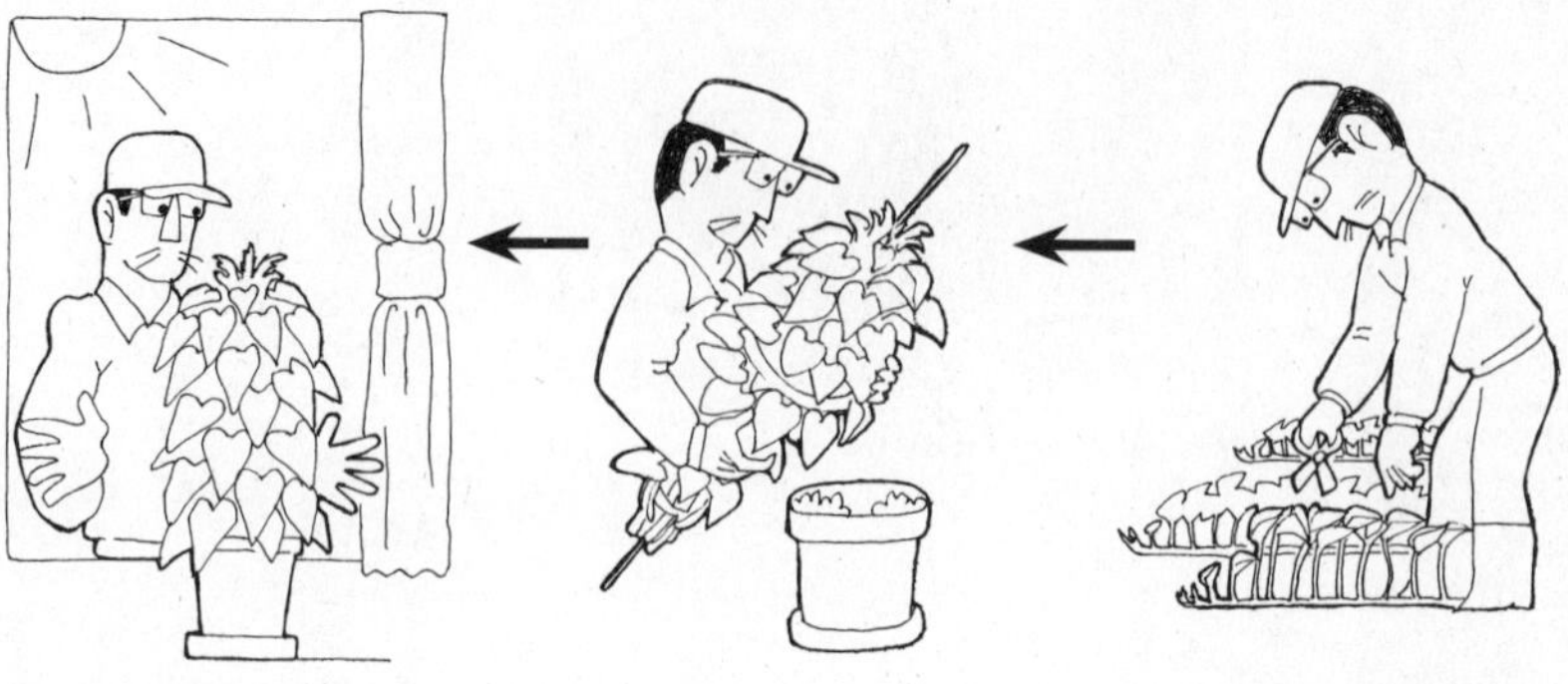

10月、サツマイモ収穫前にイモヅル採取

7〜8本束ねて鉢に挿す

暖かいところで冬越しさせる

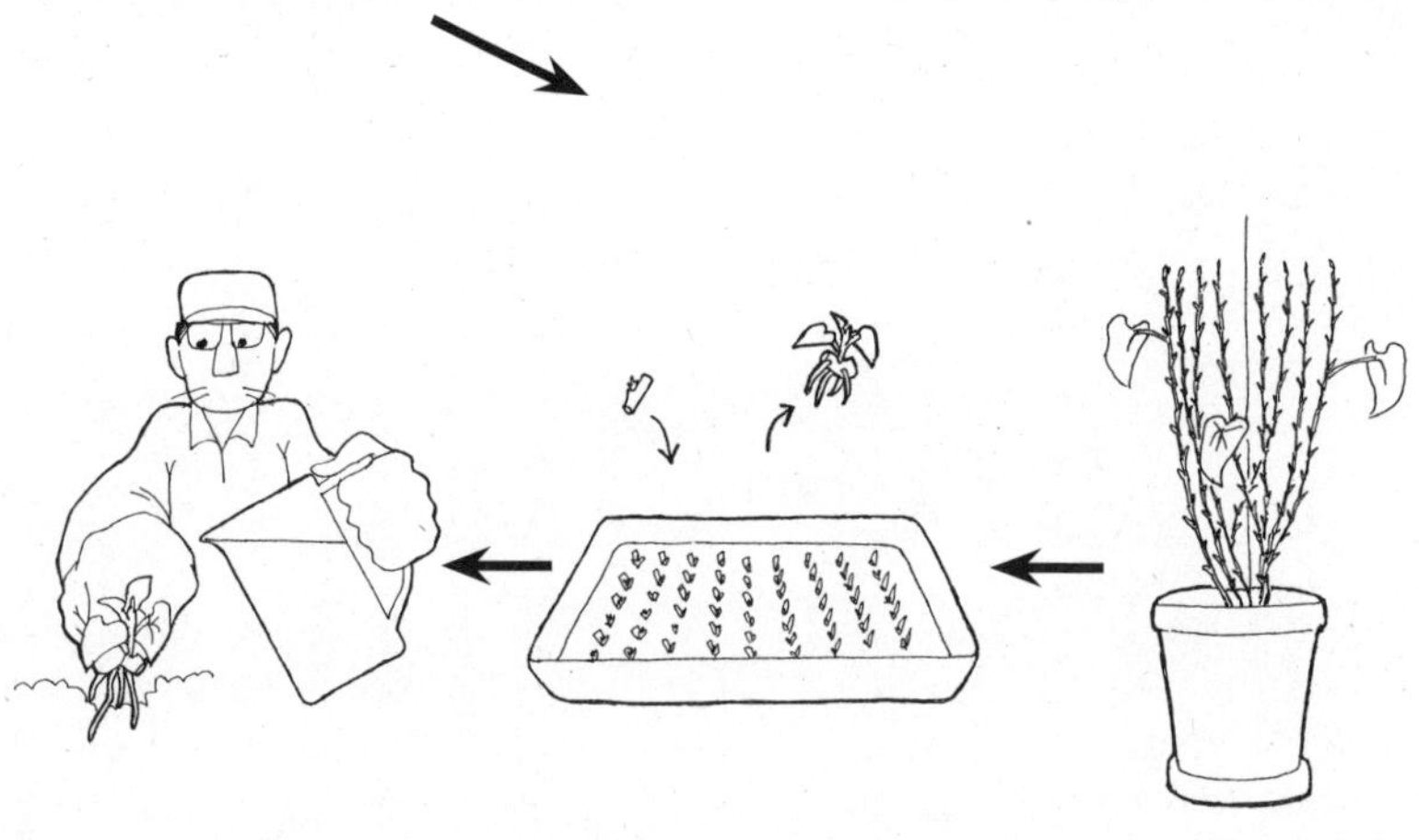

春先は哀れな姿になるが、芽は着いている

芽を育苗床に挿して育苗する

畑に苗を植え付け

サツマイモ栽培では普通、イモヅルを畑に定植します。しかし、イモヅルは出回りが少なく、価格も決して安くありません。イモから自分で作ろうとすれば、種イモの選別、保管、消毒、温床による伏せ込み、保温、順化、ツルの採取など、専用の設備が必要で、管理の手間もかかります。

そこで、イモ掘りする前に、刈り取って捨てられるイモヅルを、翌年の苗に利用することができないかと考えました。採取したツルを鉢植えで越冬させ、春に芽を採って苗床で育苗し、これを畑に定植するのです（上の図）。この方式なら苗代はタダ、特別な設備・施設も不要です。

①イモヅルの採取

イモ掘りする前に、病害虫がなく節間が詰まって太いイモヅルを、先端から長さ四五cm切り取ります。これより短いとスタミナがなく、長いと鉢植えが不安定になります。

病害虫がなく、節間が詰まって太いイモヅルを選ぶ。先端から長さ45㎝で切り取る

鉢植え時期が早いと、発根が容易なぶん、貧弱な再生長を始めてしまいます。遅いと低温のために発根に支障があり、もし、霜に当たれば使えなくなります。十月中旬あたりの採取が安全でしょう。

イモヅルは、新しいカッターナイフなど鋭利で清潔な刃物を使用し、丁寧に切り取ります。採取後は水をかけ、ビニール袋に包むなどして、ツルが消耗しないようにします。

② 鉢植え

できるだけ早く、鉢植えしましょう。鉢土は、とくに選びませんが、サツマイモなどヒルガオ科の植わっていた土や、pH・ECの異常な土、極端な砂質または粘質の土などは避けます。

鉢土に支柱を立て、イモヅル七～八本を束ねて、深さ一・五節（五㎝）で浅植えします。イモヅルは支柱にきちんと固定されていれば、浅植えであってもいずれ発根してくるので安定します。

植え込みの際、できる限り葉（特に根元の葉）が折れないように気を付けましょう。葉は後々の貴重な体力のもとです。鉢植え後、スーパーの白いポリ袋を被せておくと、根付くまでの間の萎ちょう防止に有効です。

鉢は発根するまでは日陰で風の当たらない所に置き、日に一度たっぷりかん水し、鉢底に浅い皿を敷いて水分を切らさぬようにします。葉（葉柄）が立ってきたら発根した証拠です。筆者のところでは十月下旬頃、四～七日で根が活着します。

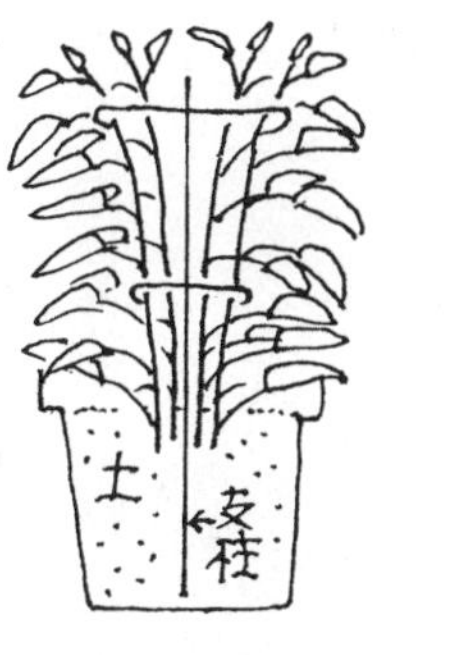

鉢土に支柱を立て、イモヅル7～8本を束ねて浅植えする

③ 冬季の鉢の管理

室温五～二〇℃で安定し、日照があるところで管理します。よくある失敗は暖めすぎです。熱帯植物のサツマイモは、故郷に帰ったと勘違いして気が緩みます。その直後の冷え込みは非常につらく、繰り返すと体調を崩して枯死します（春前に多い失敗）。

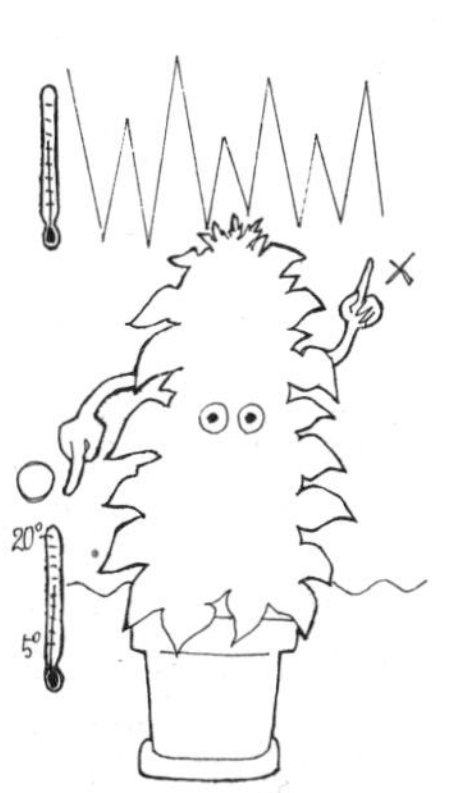

室温5～20℃で安定し、日照があるところがよい。暖めすぎに注意

水を多くやりすぎると根腐れになりやすく、少なすぎれば萎凋《いちょう》、落葉の原因となります。五号鉢（直径一五㎝）なら、毎日五〇～六〇ccが目安です。鉢下に水がたまったり、地表面が乾いて生育がおかしくならないよう加減しましょう。

病害虫はほとんどありませんが、イモヅル採取の際にアブラムシを持ち込むことがあります。鉢植え前に、イモヅルを薄い石鹸水につけて洗い、その後、水で洗ってやります。もし、鉢植え後にアブラムシを発見したら、柔らかい絵筆などで払い落とします。

冬の寒さに耐えながら、イモヅルは次第に葉を落としていきます。春先には裸に近い姿となりますが、四月に入ると各節から小さな芽を一斉に出し始めます。

④芽の採取

採芽と挿芽は、日中の最高気温が安定して二〇℃を上回る時期に行ないます。地域によりますが、寒の戻りがある四月中は危険で、五月連休頃がよいでしょう。

頂芽は最低七㎜くらい、その他の芽は節の中間で切ります。芽は上のほうの節から膨らんできます。ツルの背後にワリバシを当ててカッターナイフで切っていきます。

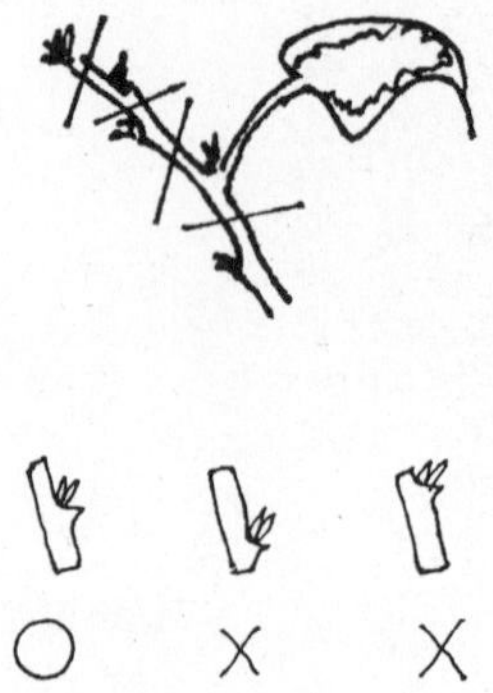

芽の位置が真ん中にくるようにする

イモヅルが太く、芽がきちんと膨らんでいるものは、適期に採芽・挿芽すれば間違いなく健苗となります。ボリュームのないイモヅルは無理せず捨てましょう。前年にイモヅルを採取するときに、適切に選択されていれば、捨てるものはわずかなはずです。

⑤挿し芽と育苗

挿芽床は平らな容器に、細かく清潔な砂を一・五㎝の厚さで敷きます。芽を水で濡らしてから、芽の部分が地表に出るよう、かつ発根部がしっかり砂に埋まるよう挿します。一五㎝角の容器に約五〇芽が挿芽可能です。

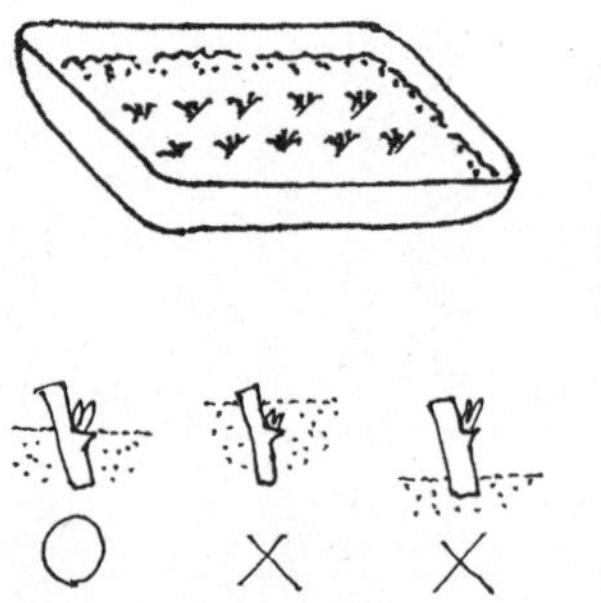

芽が地表に出て、グラグラしない深さに挿し込む

灌水は一～二日に一度、挿芽床の端から静かに注水し、水が表面に出ない程度で止めます。風雨や晩霜に当たらないよう、日中の高温と日照に十分当ててやります。

これで順調に生育しますが、発根が強すぎて挿したツルを浮かせることがあり、そのまま放置すると衰弱して枯死します。発見しだい、砂を足して保護しましょう。

育苗期間は、四月下旬挿しで三週間、五月連休後半挿しで二週間程度です。そのため、五月十五～二十日に本圃への植え付けを迎えることになります。

⑥植え付け

苗が、展開葉二枚、根長二～三㎝になったら、畑に植え付けます。根だけ、葉だけしか伸びていないものは不可です。苗は掘り起こして、根の出方を見て選別します。

展開葉2枚、根長2～3㎝の苗を選ぶ

採苗適期が一週間遅れると、根長十数㎝にもなります。そのような苗を植えても、形の悪いイモにしかならないので、適期採苗することが大切です。

出来上がった挿芽苗は、根を切らぬようピンセットで丁寧に起こします。そして、運搬中に砂で苗が傷ついたりしないよう、水中で二～三回揺すって砂を振り落としてから容器に入れます。

私は苗を運ぶ容器にヨーグルトの空カップ（五〇〇㎖）を使いますが、理由は次の通りです。①五〇芽くらいがちょうど入る大きさなので、数えやすく、中で苗が踊らない。②水分の蒸散が避けられ、かつ、光線を完全に遮断せず、適当な光が入る。③容器自体が軽く、取り扱いも容易。

越冬後のイモヅルの鉢植えとスーパーのトレーで発根させた挿芽苗

挿芽苗は生きものですから、一時も静止してはいません。したがって採苗から植え付けまでに時間を置かないようにします。

しかし、いろいろな事情で植え付けまでに数日あくこともあるでしょう。そのような場合は、温度を一五～二〇℃に保ち、昼間の光線を完全には遮断せず、半日に一度は容器に新しい水を満たし、軽く揺すってから水を捨てる（容器内の水と空気を入れ替える）と鮮度が保てます。

植え付ける畑は、表土を若干細かく砕いてください。植え付け時の留意点は土と根とを密着させることです。既に発根しているので活着は早いのですが、なにしろ微小な苗ですので、発根部を確実に地中に入れ、生長点を確実に地上に出して注水します。

土と根が密着するよう植え付け、かん水する

⑦定植後の姿

挿芽苗は定植後、慣行イモヅルのようには生長せず、淋しい姿が続きます。わずかな緑葉で合成された養分は全てサツマイモの生命とも言うべき根に行きます。根の生長は著しいのですが、地上部は最後まで慣行イモヅルに見劣りするのが一般的です。しかし、根がよく張るせいか、イモの生産力はまったくひけをとらないので心配ありません。

現代農業二〇〇二年八月号　サツマイモ挿芽苗栽培

サツマイモ苗を二つに切り分けて植える

静岡県森町　寺田修二さん

編集部

苗を二つに切り分けて直立挿し

昔から簡単に誰でもつくれるサツマイモですが、甘いイモをたくさんとるには、ひと工夫もふた工夫も必要です。

一般的には、購入苗を水平挿し、もしくは斜め挿しする人が多いようですが、わたしは、自分で育苗した八節の長さの苗を、二つに切り分けて直立挿しにします（下の図）。

それぞれ、三節まで埋め込み、まわりを手で押さえ、散水してイモの葉を枯らさないようにします。

苗取りは同化養分を蓄えた昼に

苗は、太くて節の揃った充実したものを選びます。苗床で倒れて、根が出たような苗にはよいイモが着きません。根が節から出ていない八節以上伸びたツルを、切り取ります。

採苗するのは、晴天続きの、昼十二時～十四時頃です。この時間帯が、光合成による同化養分をもっとも多く蓄えているようです。早朝に苗取りすると、同化養分の蓄えが十分ではなく、発根が劣り、イモ数が少なくなります。

とくに、二つに切った根元のほうは生長点のほうに比べて活着が悪いので、同化養分の蓄えは大切です。

植え付けは、しおれさせてから

親イモから切り取った苗は、一度しおれるまで置きます。そして、それぞれ葉が三枚以上つくように、先の軟らかいほうと根元の硬いほうとに切り分けます。その後、水で根元を湿らせ、ピンとさせます。

この手順が大切で、一度しおれて一日取り置きした苗は、親イモから離れたことを自覚

苗の植え付け方

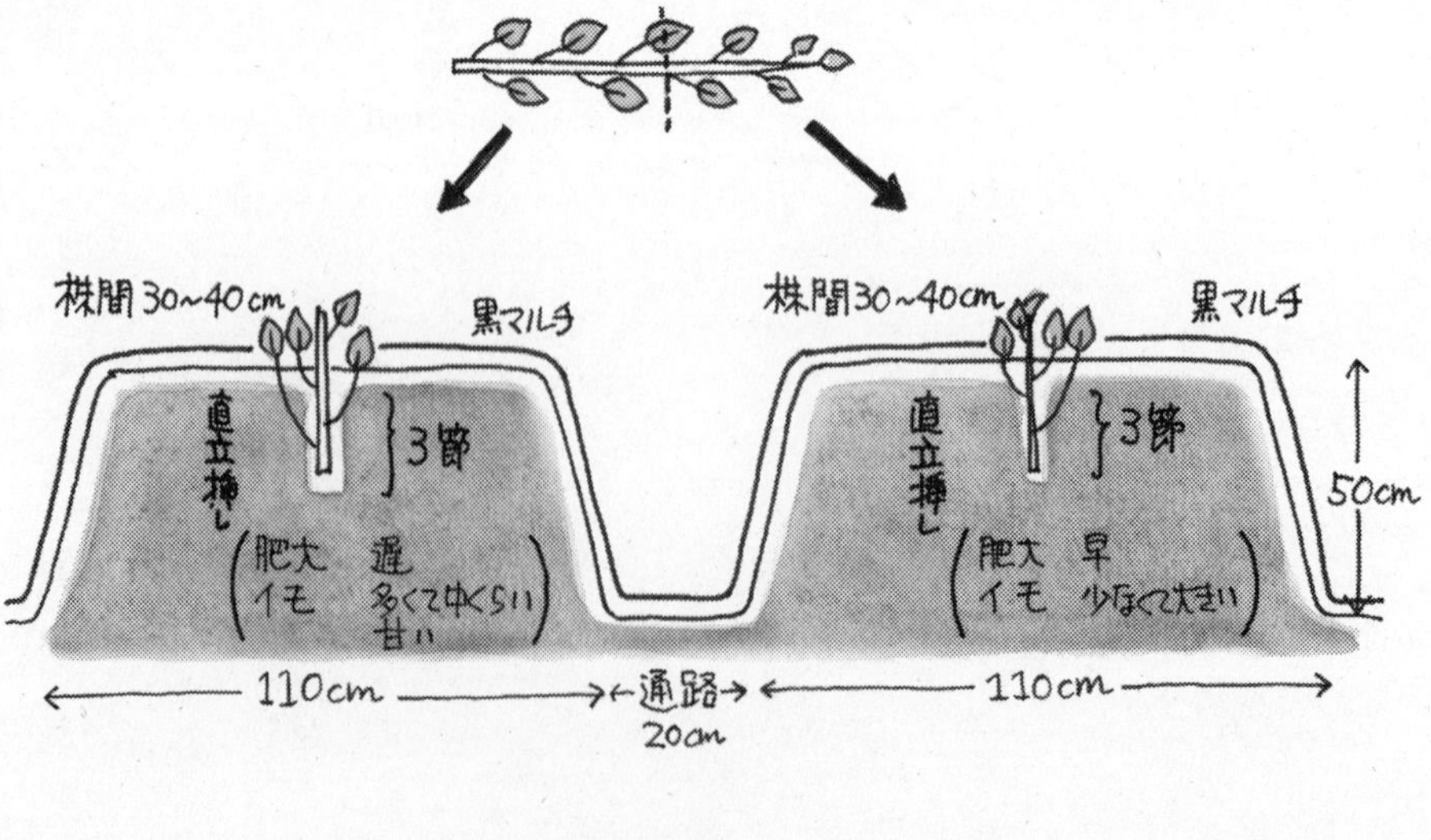

して、発根の準備を始めます。だから、植えたらすぐに発根して、活着がよいのです。苗の葉が枯れずに活着すれば、バッチリ揃ったイモが着きます。

先端の節には大イモ、根元の節には甘いイモが多くつく

じつは、この二つに切り分けた苗は、その性質が全然違います。先端の軟らかい苗のほうは、イモが早く大きくなり二～三カ月で収穫できます。ただし一株で四本以上のイモはとれません。わたしは、この大きなイモのほうから、翌年の種イモを選びます。

一方、根元の硬いほうは、収穫は遅くなりますが、一株で八～一二本のたくさんイモが着き、甘みにも富んでいます。家で食べるのはもっぱらこちらです。

右側は先端のツルに着いたイモ。生長が早く大イモになるが数は少ない。左側が根元側のツルに着いたイモ。甘い中イモがたくさん着く。品種は干しイモ用のニンジンイモ（撮影　赤松富仁）

ツルが焼けないよう注意

挿し苗をしたときに、葉を枯らすと、ツルはできてもイモは多く着きません。黒マルチをする場合は、直射日射でツルが焼けないよう、挿し苗の根元に刈り草や稲わらなどを敷きます。雨の降るときや曇っている日、夕方などを選んで植える気配りをしたいものです。

九月に入ったら、黒マルチをはずして土を乾かし、甘いおイモに育てましょう。十～十一月、霜の降りる前までには収穫をすませたいです。

根ものは見えないので、掘り上げるまでが楽しみです。

現代農業二〇一一年五月号　切り分け苗の直立挿しで甘いイモがたくさん

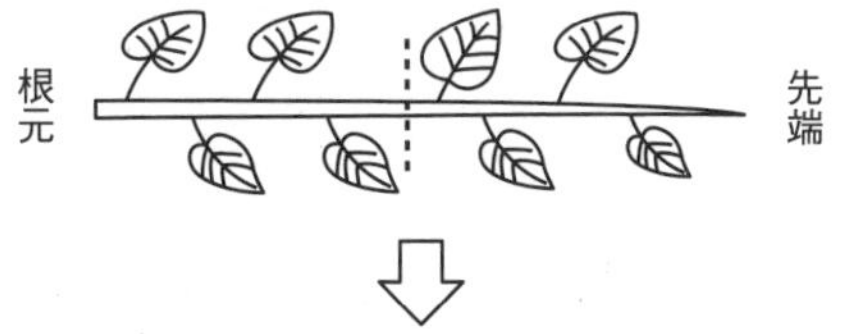

ツルの節には根の原基ができる。ツルの先端の方は、生長活力は高いが、発根数は少ない。一方、根元側の節は発根数が多くなる性質がある（164頁参照）

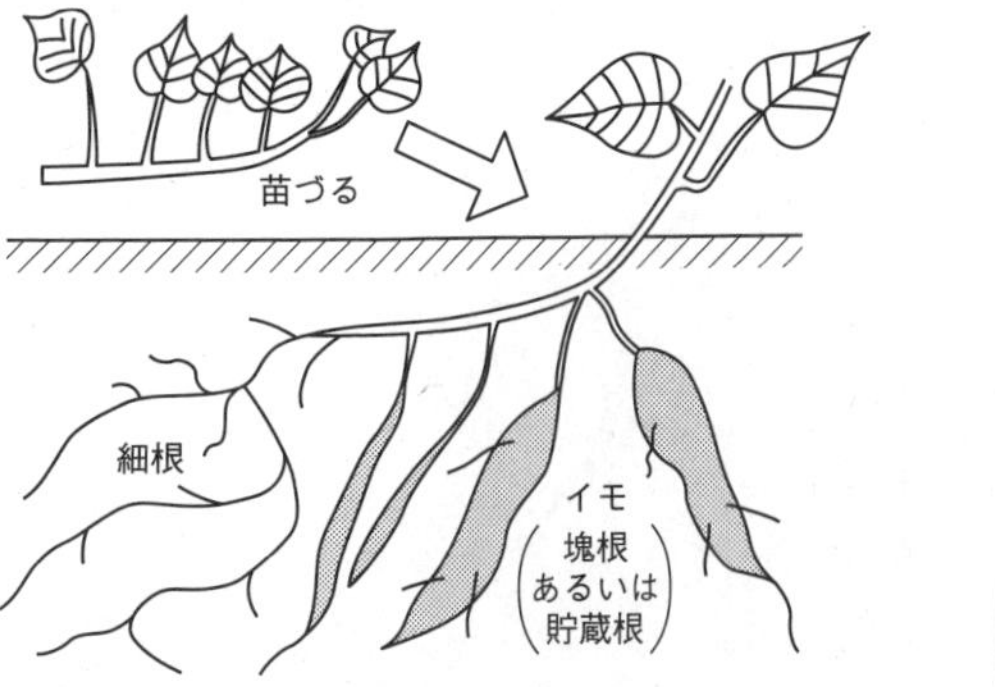

サツマイモは、ツルの各節から伸びた根がイモになる。イモになりやすいのは、最初に伸びた太い根。地温が高く、適度な水分で、酸素が多いと太い根が伸びやすい。乾燥、低地温、固い土だと細根になってしまう

苗の植え方でイモはどう変わるか

編集部

サツマイモの植え方には、水平植え、斜め植え、直立植えなど、いろいろある。植え方によって、大きさや品質はどう変わるのだろうか。

微生物資材メーカーの島本微生物工業は、昔から浅植えの水平植えをすすめてきたそうだが、植え方でイモがどう変わるか、改めて比較実験してみたという。

結果はご覧のとおり。技術指導課の黒木要さんによると、直立植えでは、深い節ほどイモの肥大が悪く、細根（吸収根）が多くなった。一方、水平植えでは、イモの形や大きさが揃うことが確認できたという。

ただし、水平植えは乾燥しやすい欠点があるので、活着するまで苗の真ん中あたりに土を盛ったり石を置いたりするといいという。

現代農業二〇一二年四月号　サツマイモの植え方で収量比べ

水平植え（浅植え）

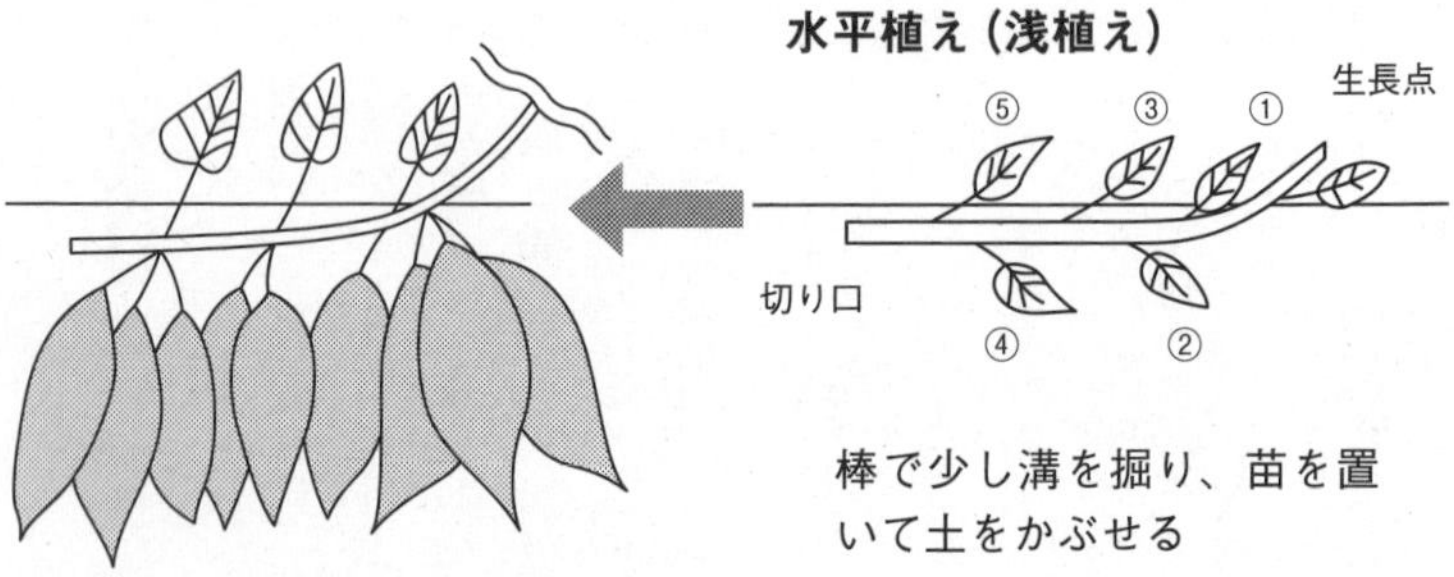

棒で少し溝を掘り、苗を置いて土をかぶせる

5節から9個のイモが収穫できた。ツルの先端ほど肥大がよい。全体的には中ぶりで形が揃っていた

斜め植え

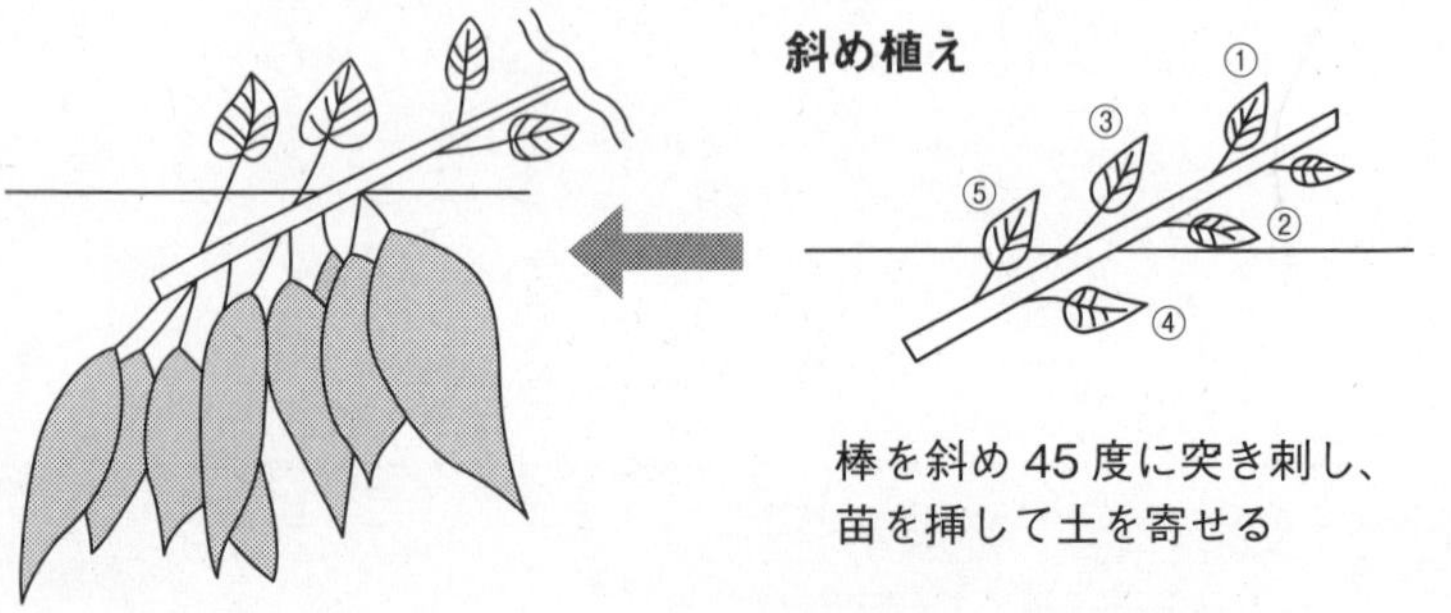

3節分が埋まるように斜めに植えた結果、9個のイモを収穫。先端のほうの節のイモが大きかったが、それ以外も揃ったものが多かった

棒を斜め45度に突き刺し、苗を挿して土を寄せる

直立植え

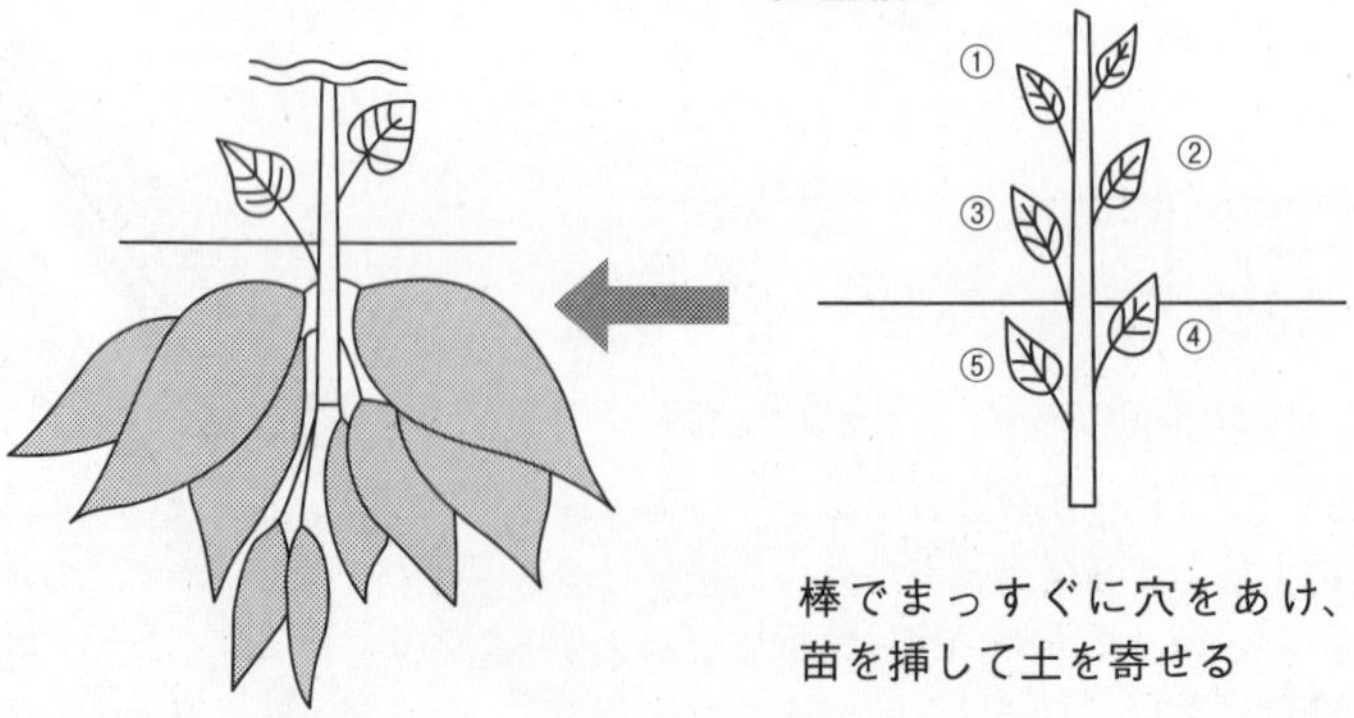

3節分が埋まるように垂直に植えた結果、9個のイモを収穫。下の節ほどイモが小さくなり、いちばん深い節では商品にならないものも見られた

棒でまっすぐに穴をあけ、苗を挿して土を寄せる

あっちの話　こっちの話

サツマイモは水で掘るときれいに掘れる

鈴木和子　宮城県色麻町

昨年の夏は暑くて暑くて。九月に入っても三〇℃を超す日が続きました。減反している畑の一番奥にキュウリを植えていましたが、雨不足だったので、ホースを引いて水をかけていました。

九月下旬、サツマイモを掘りましたが、土が固くてなかなか掘れないのです。力ずくで引き抜くとツルが切れてしまう。スコップで掘ると、肌を傷つけてしまう。サツマイモは少しでも傷がつくと、貯蔵したときに必ずそこから腐ってしまいます。

ああ掘りづらいな、と思っていたとき、ふと近くにあったホースに目が留まりました。サツマイモの株元に水をかけながら掘ってみました。すると、なんとまあ、ツルを軽く引くだけでイモがスルスル抜けるのです。三個四個ついている大きなイモでも傷ひとつつけずにラクに掘ることができました。

掘ったイモは葉っぱの上に置いておくと一時間くらいで乾き、きれいなイモになりました。貯蔵したものは、今年の春になっても腐ることがなく、本当にうれしかったです。

地下水の蛇口から畑までは六〇mくらいあります。ですからホースを四本くらい繋ぎますが、繋ぐジョイントは、ホームセンターで売っている直径一六㎜（ホースが細い場合は一四㎜）のビニールパイプが便利です。長さ一〇㎝くらいに切り、ホースに挿し込むとピタリと合い、何本でも継ぎ足すことができます。

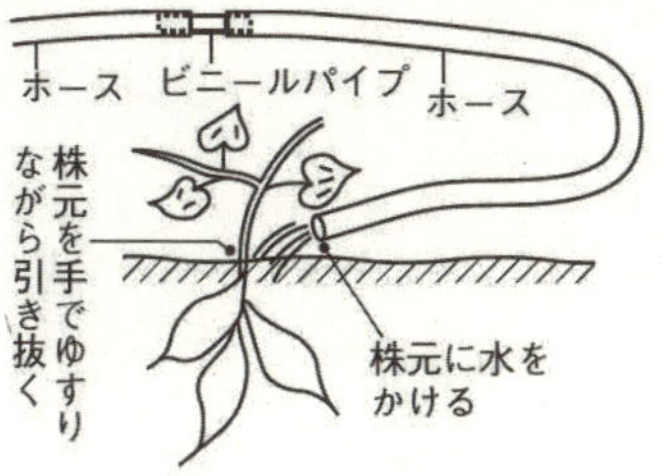

現代農業二〇一一年十月　読者のへや

外カリ、中フワの大学イモ

神奈川県南足柄市　露木憲子さん

編集部

露木憲子さんは、年間を通して直売所に加工品を出す加工母さん。小さかったり形が悪かったりして売り物にならないようなサツマイモで作るのが、大学イモ。

「料理の本に書いてあるレシピで作ると、一～二時間たつと、タレがイモに染み込んで、煮たイモみたいになっちゃうし、テリがなくなるの。すぐ食べるならいいけど、直売所で売るとなるとそういうわけにはいかないでしょ…」

そこで憲子さん、イモのまわりに膜を作ればいいのかなと考えた。本当はゼリーとかに使われるアガーを使うのがいちばんなめらかになるが、値段が高い。そこで憲子さんが使うのは寒天。

この方法はまんまと成功、憲子さんの大学イモはいつまでもおいしそうに光るようになった。おかげで、一パック（二〇〇g）二〇〇円でよく売れる。

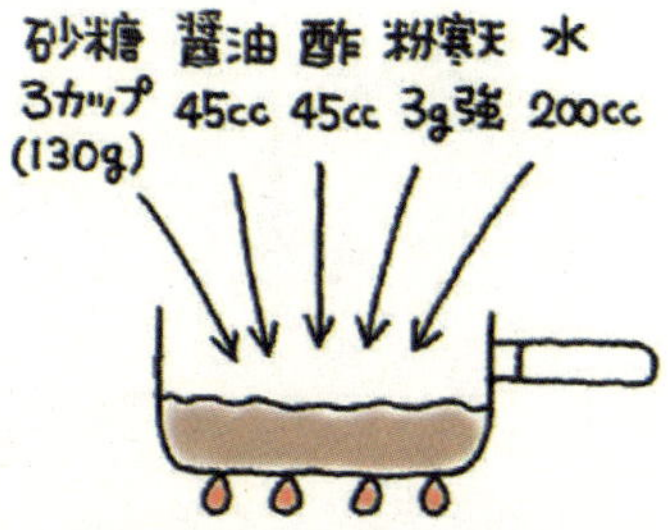

材料を入れて、10～15分煮詰める。一晩おくと固まってしまうが、裏ごしすれば元に戻る

現代農業二〇一一年十一月号

サツマイモの育苗はイモ畑でやるに限る

赤木歳通　岡山県岡山市

教えたくないけど、わが家の秘伝中の秘伝、サツマイモのおもろい作り方をお教えしよう。

サツマイモは、早春の頃、踏み込み温床で種イモから苗を育て、伸びたツルの先を春から初夏にかけて定植するものです。家庭菜園規模なら、購入苗を植えるのが一般的。

自分の求める品種の苗があればよいが、地域によって扱う品種は、たいてい決まっている。念願のイモが入手できた場合などに役立つ、ラクして多収穫のできる方法だ。

種イモをイモ畑に伏せ込む

私が育てるのは、周囲のみんなが作っている鳴門金時と、焼きイモにすれば絶品といわれる安納イモの二種。前年から保管しておいたイモを種イモとします。食べごろの大きさのイモは胃袋に納めるとして、包丁も立たないバカでかいのがあればこれで十分。大きいほうが、蓄えているエネルギーも多いというものだ。

霜が降りなくなった頃、イモ畑として予定しているところに、横に向けて浅く埋めてやる。上にわずかに土をかける程度の深さでよい。間隔は一mあれば理想的だ。透明ビニールでトンネルをしてやるもよし、面倒くさいと思うなら肥料袋を載せておくもよし。

ただ、肥料袋を載せるばあいは、発芽が始まったら、ただちに肥料袋を取り除いてやらないと、地上に出たばかりの芽が、春の陽光で焼けてしまう。

苗作りからする場合、サツマイモの致命的な病気が出ても自己責任だ。芯まで黒くなる黒斑病は、生育期間中より貯蔵中のほうが、まん延するといわれている。この病気は、四八℃に保った湯に、種イモを四〇分間浸けておけば、殺菌剤のお世話にならずにすむ。

こうして、ツルが伸びて、苗として使えるのは、六月中旬以降になる。

苗を取ったイモを放っておくと…

さて裏技はここから。必要な苗を取ったら種イモをそのまま畑に放っておく。だから、春に種イモを伏せる場所は、イモ畑と決めておくのだ。

苗を取り終えたとはいえ、種イモから直接伸びてくるツルは数が違う、パワーが違う。そこらじゅうに這い回って覆いつくそうとする。これを秋に掘れば写真（次頁）のとおりだ。うまいことといけば、一株に四〇個以上の

筆者

イモがつく。バカでかいのはなく、手ごろな焼きイモサイズのイモだ。

　一般には、短い苗を垂直に挿すと丸型のイモが株元に集中し、長い苗を斜め植えすると細長い形のイモが遠くに着くと言われている。種イモをそのまま置いておく方法では、種イモの真下あたりにもたくさん着くし、根を伸ばしたところにもかなり着きます。

　畑でのイモの着き方は、どちらの品種もよく似ている。深くや遠くまで根を伸ばして、そこでイモになる。よほど注意しないと、つい鍬切れを出してしまう。

　鳴門金時はほっこり系（ホクホク系）で、私の周囲ではもっぱらこれ。だが、イモ・クリ・ナンキンといえば喉に詰まる代表格。私事で申しわけないが、小生はこれらを得意としない。焼きイモにしたときに、黄色くねっとりして甘いのは安納イモのほうだ。好みの都合で、安納イモの比率がしだいに大きくなってきた。

　このイモ、掘り上げてすぐよりも、しばらく置いて熟成させたほうが断然甘くなる。サツマイモは秋の掘りたて新物より、寒くなってからのほうがうまいのだ。販売しているサツマイモはこれをやっている。

現代農業二〇一二年二月号　安納イモでも鳴門金時でも、サツマイモの一株増収術

鳴門金時3株分（種イモ3個）のイモを途中まで掘ったところ（この下にまだある）

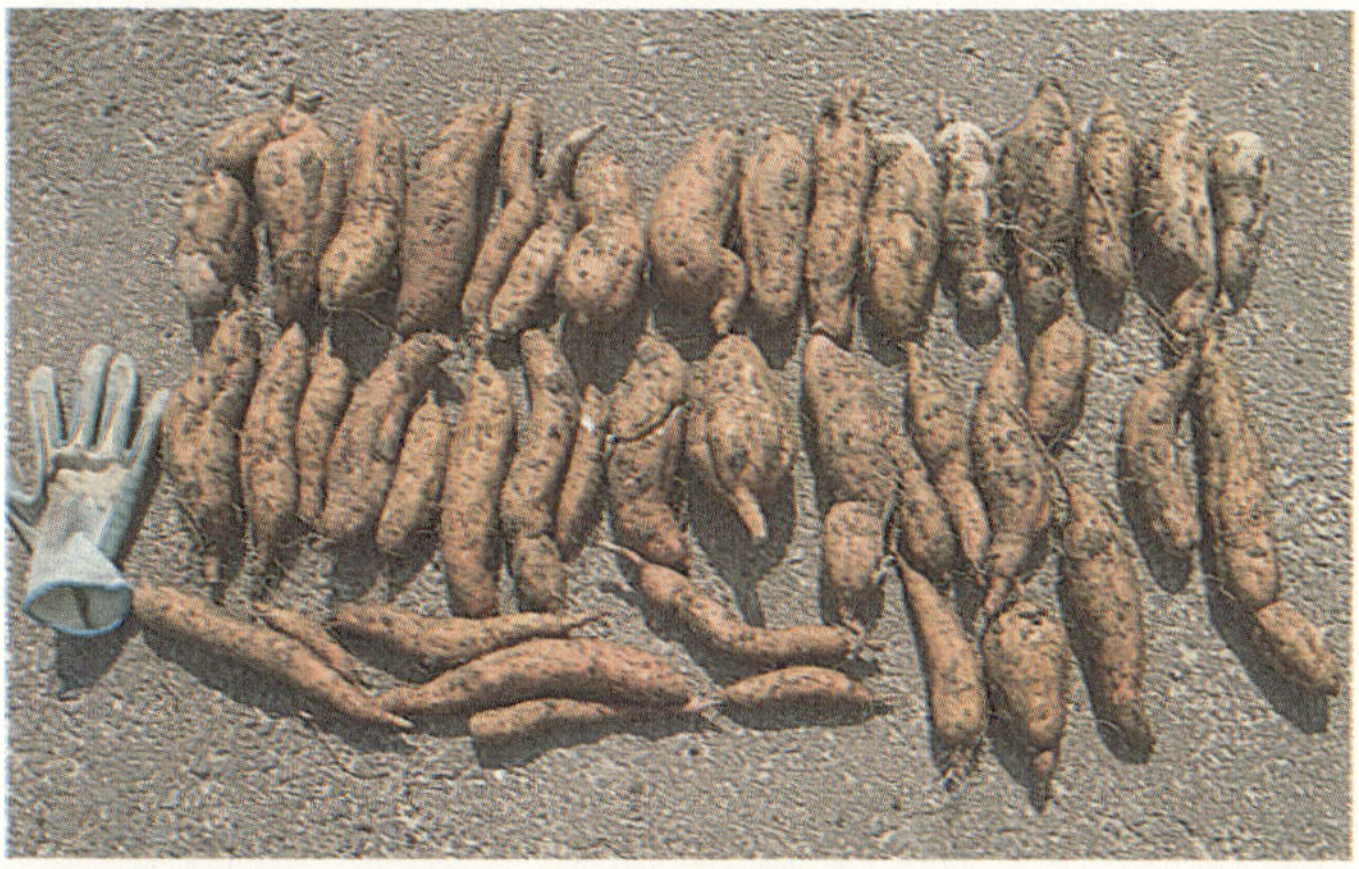
安納イモの種イモ1株に、40個以上ついている

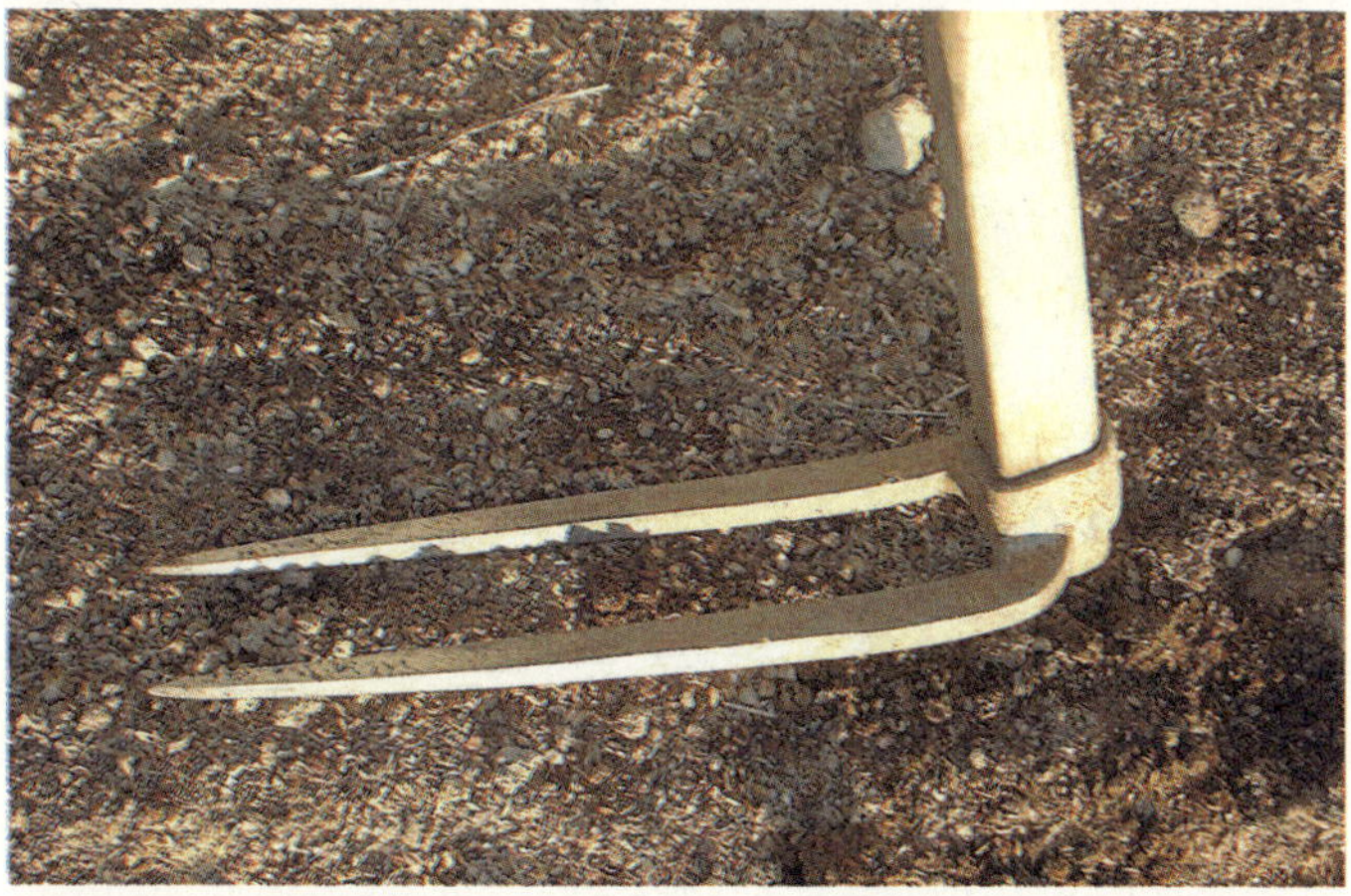
高知市内の金物店で買い求めた鍬。当地ではサトイモ用だそうです。全体が強靭だから、心おきなく力を入れることができる。ジャガイモ、サツマイモ掘りに使っても傷付きイモの発生が少ない。カブの掘り取りにも重宝している

早掘りできる サツマイモのモグラ植え

茨城県鉾田市　小沼藤雄さん　編集部

苗が霜にやられない

サツマイモの産地・茨城県で、「モグラ植え」という植え方が、数年前から広がり始めているという。

鉾田町の小沼藤雄さんもその一人。小沼さんは、サツマイモを約一八ha作付ける。そのうち三～四haが、早掘り用だ。

早掘り栽培とは、関東では七月下旬から収穫する作型で、そのためには、苗を四月中に植え付けなければならない。モグラ植えはこの早掘りで威力を発揮するという。

「このあたりでは、五月五日前には必ず霜が降ります。それで、以前は五日を過ぎてから苗を植えていました。でも、モグラ植えだと霜や低温の被害がないので、今では四月十日頃には植え始めることができるんです」

苗がマルチ下に隠れるように植え付ける

モグラ植えには、写真の穴開け機を使う。マルチの上からズブッと突き刺すと、マルチには、縦に長さ二〇cmの細長い穴があく。土のほうは、長さ二〇cm深さ一〇cmくらいの細長い穴ができるので、そこにサツマイモの苗を植え付ける。

従来の植え付け方法では、苗の先のほうがマルチの外に出てしまう。一方、モグラ植えでは、植え付けたあとは、苗がマルチ下に隠れて見えなくなる。そのために、モグラ植えと呼ばれるのだそうだが、マルチが上にあるおかげで、苗が霜から守られるし、地温も高くなる。

早掘りでは大イモをねらう

なお、小沼さんは、早掘り作型では、地温が上がりやすい透明マルチを使用している。普通掘りの作型では黒マルチにする。

そして早掘り作型では、苗を一節だけ植え付ける。すると、イモ数は少なくなるが、2L、Lサイズの大イモがとれるので、通常の倍の値段になるそうだ（一六六頁参照）。一方、普通掘り作型では、イモ数を増やして中イモが揃うよう、三～四節の長さの苗を植え付ける。

現代農業二〇一一年五月号　早掘りできるサツマイモのモグラ植え

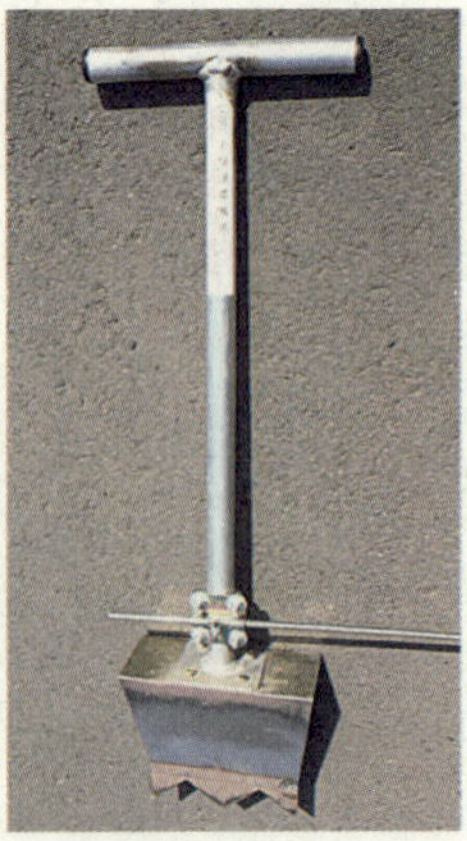

モグラ植え専用の穴開け機。農機店などで2万円ほどで販売

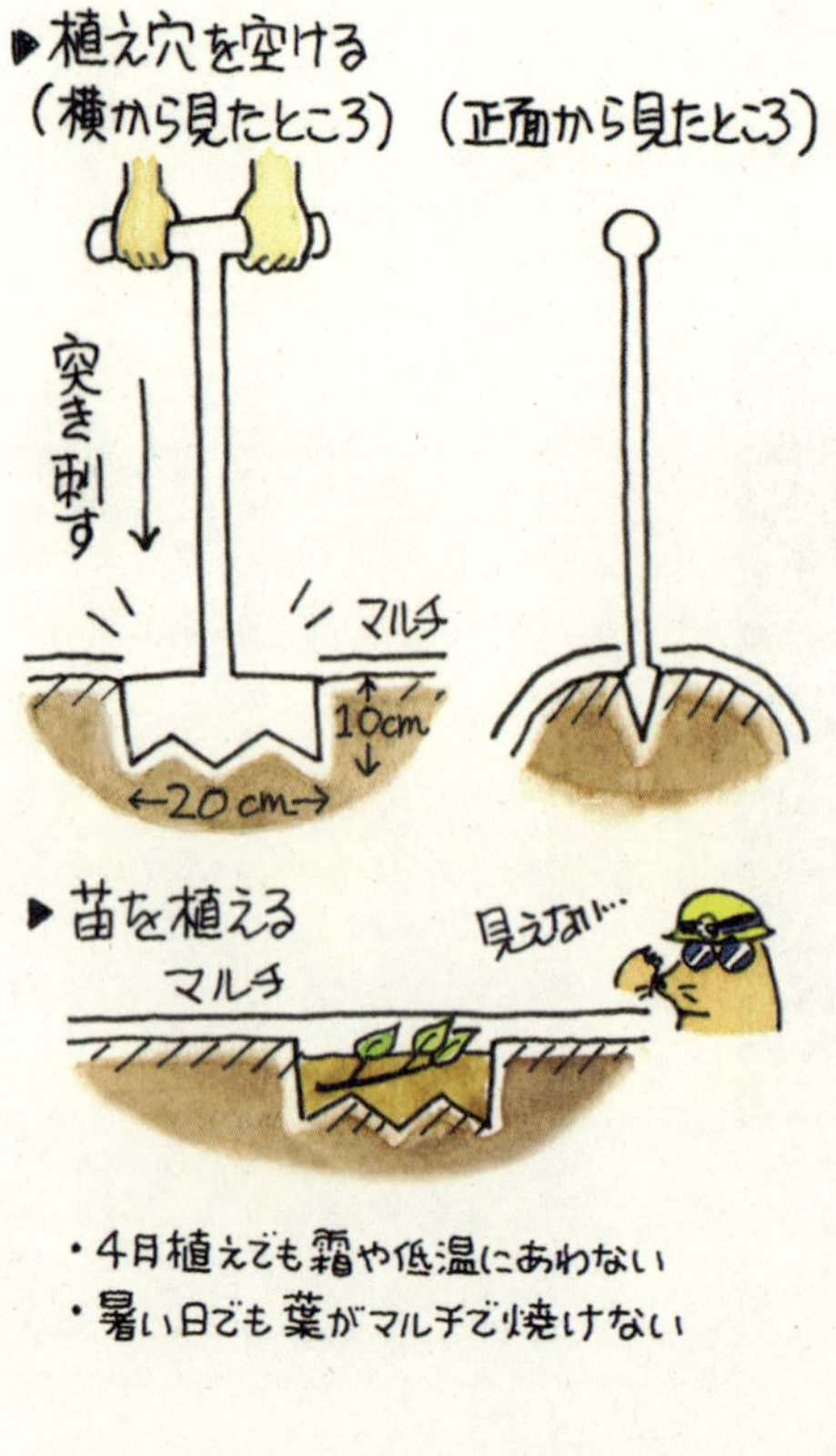

大根→サツマイモ うね連続利用栽培

新美　洋　九州沖縄農業研究センター

　南九州で大根とサツマイモは、ともに主役と呼ぶにふさわしい作物です。両作物とも根の伸長と肥大を促すため、大根は深耕して、サツマイモは高うねで栽培します。また、やや低い土壌pHと少肥が適するなどの共通点もあります。

　これらの特徴を生かして、冬の大根と夏のサツマイモを同じうねで続けて栽培できないかと考えました。一〇年近く試行錯誤を繰り返し、慣行栽培と同等の生産性を上げる「うね連続利用栽培」がようやく完成しつつありますのでご紹介します。

　収量も慣行と遜色ありません。病虫害、センチュウ害もほとんど問題になりませんでした。サツマイモのセンチュウ害が無防除で軽減することも確認しています。また、高うねにしているため、大根は片手で簡単に抜くことができ、収穫作業もラクになります。

　宮崎県都城市内の農業生産法人にもこの栽培体系を実践していただいたところ、有機大根を、端《は》境《ざかい》期《き》に高値で出荷できたと喜ばれました。しかもサツマイモの収量は、サツマイモ畑の中で最も高くなりました。化学肥料も農薬も使わず好成績という結果に、大変驚かれています。特殊な機械や資材を必要としませんので、ぜひ試してください。

現代農業二〇一三年四月号　平高うね連続使用

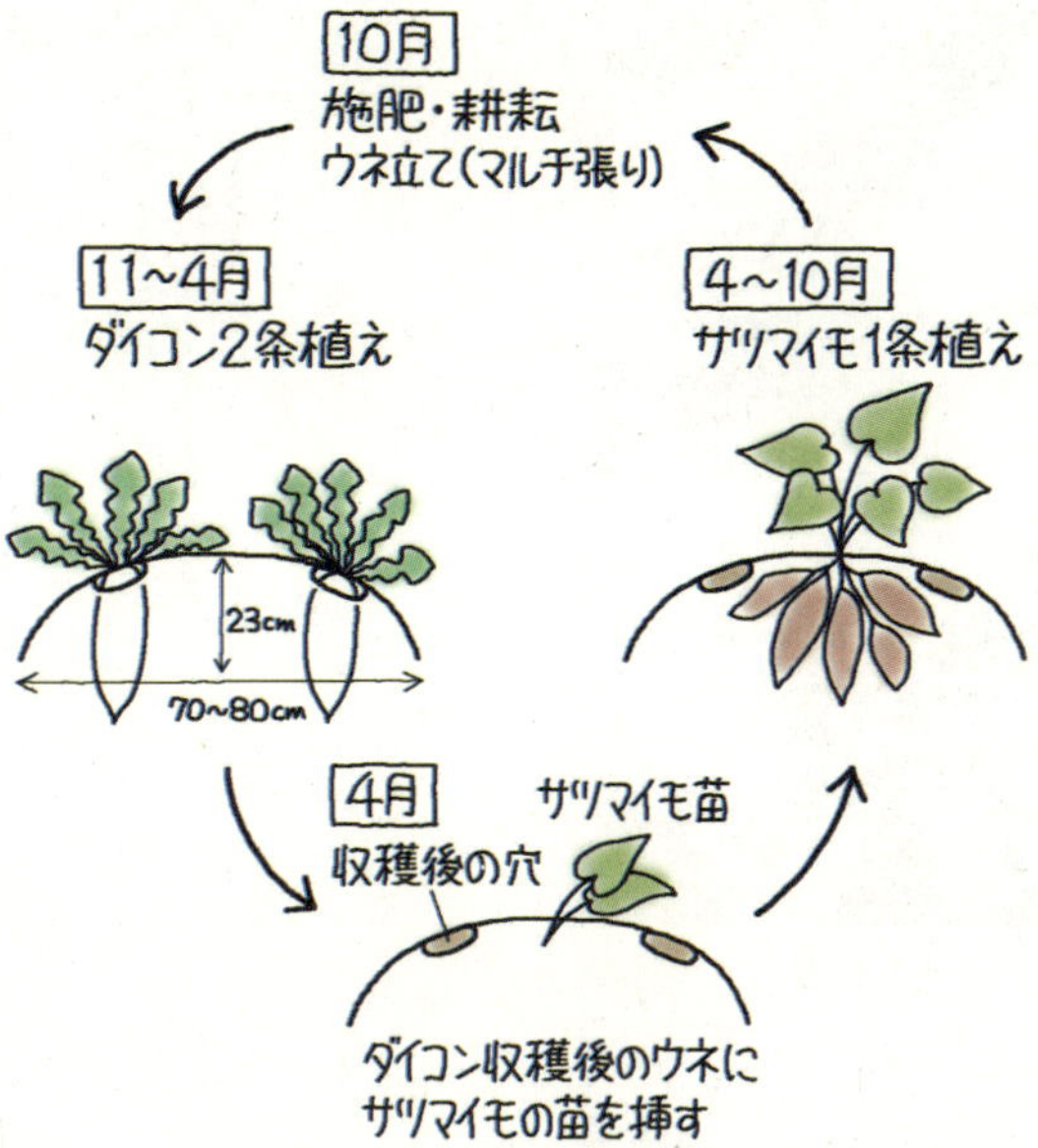

①10～11月に有機質肥料（芋焼酎廃液の濃縮液を全窒素量で30kg／10a）を施用。年間の施肥はこの1回のみ
②施肥の3週間後、サブソイラで深耕し、ロータリで耕うん後、マルチャーで裾幅70～80cm、高さは23cmの平高うねを立てる。マルチに2条で株間20cmの大根の播種穴をあける
③11月に大根（晩抽性の春風太）を播種。不織布でべたがけ、浮きがけの二重に被覆する。その後は2月中旬にべたがけを外し、収穫前に浮きがけを外すだけ
④3月に大根を収穫する。抜く際にマルチ穴が広がったり、切れたりしても問題ない。ただ、うねを踏まないようにする
⑤サツマイモ（コガネセンガン）は苗の準備ができ次第（4月頃）、うねの頂部に1条で挿苗する。大根の収穫が済む前に挿苗しても構わない。挿苗後、収穫まで作業はない

大根を収穫したうねに、サツマイモの苗を挿す。うね間には雑草対策などにエンバクを播いてある。6月にはエンバクは枯れて、サツマイモのつるが地表を覆い、雑草を抑制する

サツマイモのコガネムシ対策に全面マルチ

東山広幸　福島県いわき市

サツマイモ畑を全面マルチ。通常より広い135cm幅のマルチを使う

無農薬露地野菜で実感、害虫は黒マルチが嫌い

私は野菜の栽培に農薬や化学肥料を使うことはないし、これからも使う予定はない。しかし、マルチ資材はこれまでも使ってきたし、これがないと栽培に困難をきたす。それぐらい露地野菜にとって、マルチ（とくにポリエチレンの黒マルチ）は役に立つ資材だ。

マルチの役割としては「地温上昇効果」、「雑草抑制効果」、「肥料流亡抑制効果」などが知られている。私はもう一つ重要な役割として、「虫害抑制効果」を挙げたい。といっても、農薬のように効くというのではないが、無農薬栽培にとっては大きな助っ人となる。

コガネムシ対策には全面マルチ

サツマイモ栽培でもっとも困る害虫は、コガネムシの幼虫だ。今のところ有効な防除法がなく、イモの皮を舐《な》めてまったく売り物にならなくする難敵である。畑の土に堆肥でも入っていようものなら、全滅も覚悟しなくてはならないほどだ。

コガネムシに対しては、ふつうのサツマイモのマルチ栽培では、まったく防除効果がない。おそらく、マルチを敷いていないうね間の土に卵を産みつけて、そこから幼虫が移動していくのだろう。

そこで、サツマイモのうね間より、幅の広いマルチ（一三五cm）を張っておき、ツルが少し伸びて、風でマルチが剥《は》がれる心配がなくなった頃、土に埋めてあったマルチの両脇を広げて全面マルチにしている。

これだけで、コガネムシの虫害はほぼ抑えられる。おそらく、土中に卵を産みつけるのはイモが肥大し始める頃からで、その時に、すでに全面マルチにしてあると、産みつけることができないのではないだろうか。

現代農業二〇一一年五月号　無農薬露地野菜で発見　害虫は黒マルチが嫌い

サツマイモは軸までおいしい

佐藤　圭

宮崎県南郷町の伊地知さんの家におじゃますると、三人のお孫さんに大人気の、サツマイモの軸料理の下ごしらえの真っ最中。収穫前のサツマイモのツルから、先端近くの軟らかそうな軸をとってきて、薄皮をむいていました。

薄皮むきはちょっと手間だけど、あとは簡単。塩水でさっとゆがき、油をひいたフライパンで炒めて、砂糖・みりん・酒・醤油で味をつけるだけ。お好みで一味トウガラシや豚肉、ベーコンなどを入れてもおいしいそうです。

だいたいツルの先端から10〜15枚目の葉の軸が長くて料理しやすい。
ウマい!

「サツマイモの軸にはくせがなくて、孫も喜んで食べてくれるから、作りがいがあるのよね」と話してくれました。

なお、最近は、葉や葉柄を野菜として利用するためのサツマイモ専用品種が育成されています。「すいおう」や「エレガントサマー」は、その代表的な品種です。

現代農業二〇〇五年十月号　あっちの話こっちの話

秋ジャガの植付けは高うね方式で

本田進一郎

九月の声を聞いてもまだまだ日射しの強い長崎県では、秋ジャガイモの植付けに一苦労。せっかく植付けても、地温が高いと種イモが腐ってしまうからです。

そうしたなか、長崎県西海町の福野富雄さんは種イモの腐れ防止にこんな方法を…。

福野さんは、乳牛一〇数頭を飼う酪農家。牛の世話があるため、午前中は動きがとれませんが、うね作りでその不利な分とりかえしています。どうするかというと、うねを作ったら、小型の管理機で土を高くあげておきます（大型のテーラーでやると土が固くなってしまうので注意）。そして、午前中から日陰になる側へ種イモを植えつけていくのです。うねには軽く土をせりあげているので、簡単に種イモを押し込むことができ、日陰になっているだけ地温上昇も少ないというわけです。

福野さんによると、いろいろ試した結果この方法が一番だとのこと。隣り町の琴海町の農家に教えてもらったので、「琴海方式」と名付けているのだそうです。

現代農業一九八九年九月号　あっちの話こっちの話

日光

ウネ

絵とき

焼きイモはなぜ甘くなる？

まとめ・編集部

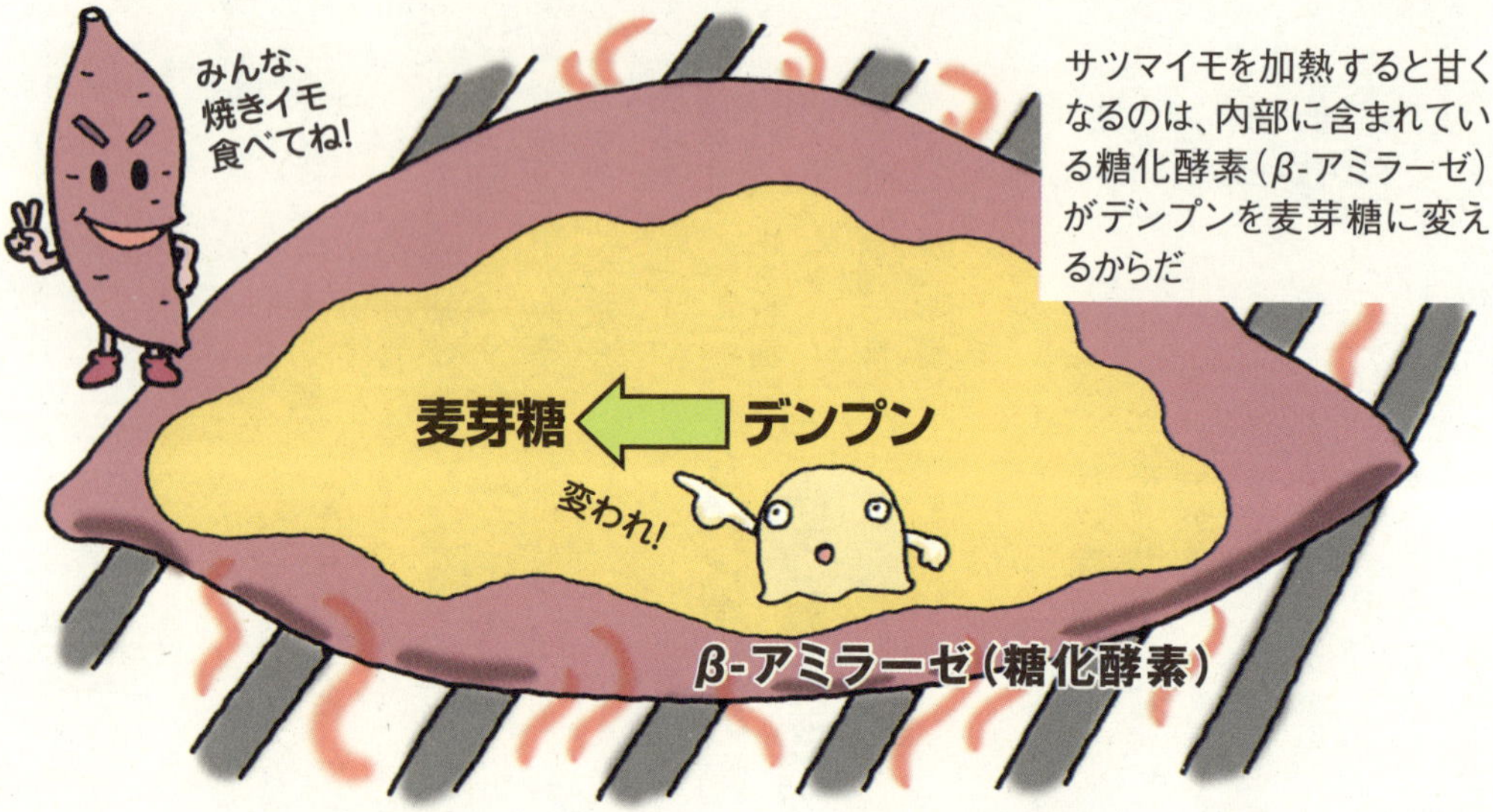

サツマイモを加熱すると甘くなるのは、内部に含まれている糖化酵素（β-アミラーゼ）がデンプンを麦芽糖に変えるからだ

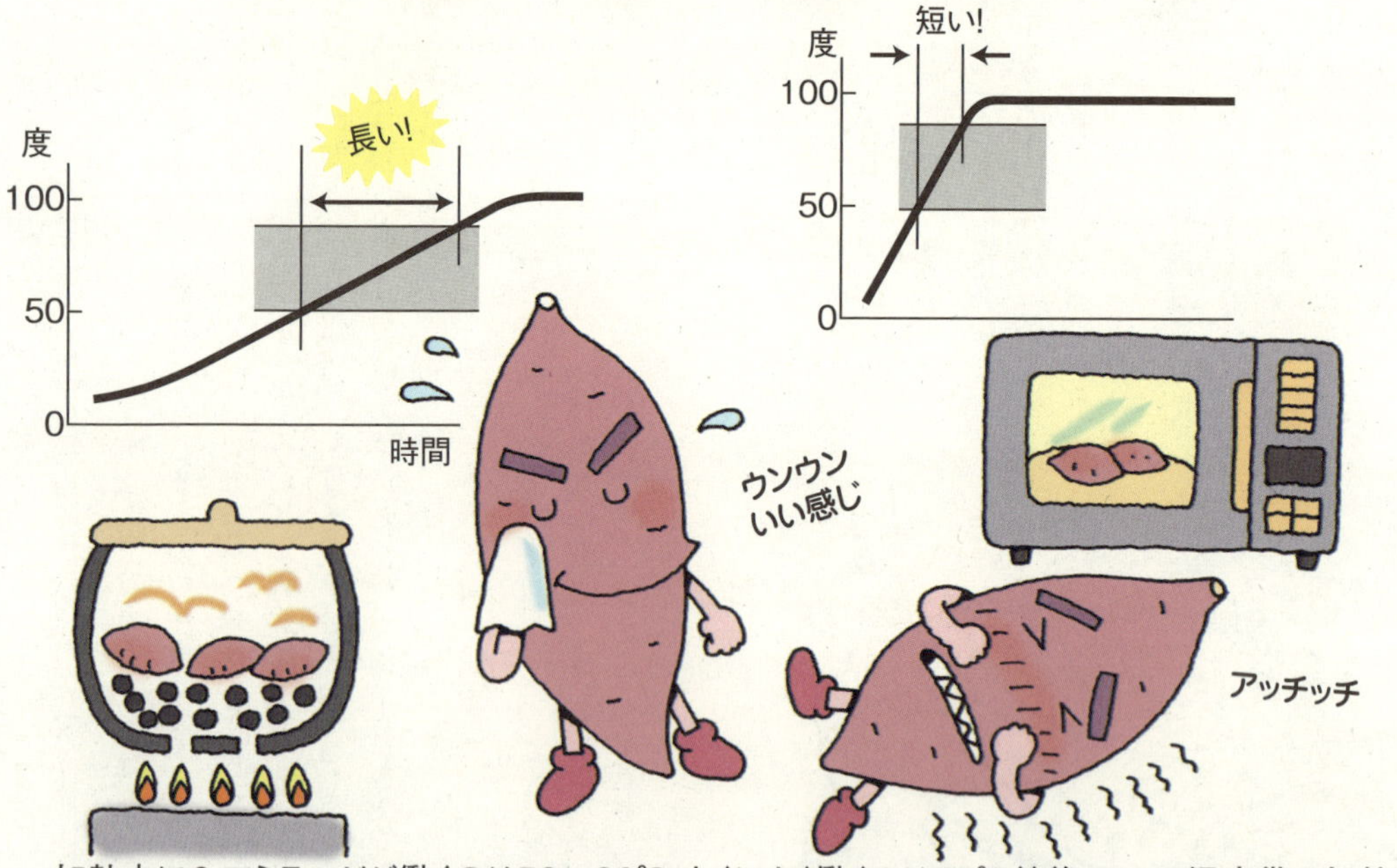

加熱中にβ-アミラーゼが働くのは50～80℃、とくによく働くのは55℃前後で、この温度帯の加熱時間が長いほうが甘みを増す。焼き上がるまで40～60分かける石焼き・つぼ焼きのイモが甘いのもそのため。反対に、電子レンジでイモの温度を急激に上げてしまうと甘くならない

焼けば甘みが増すサツマイモだが、品種によって粉質の「ホクホク系」と粘質の「しっとり系」に分けられる

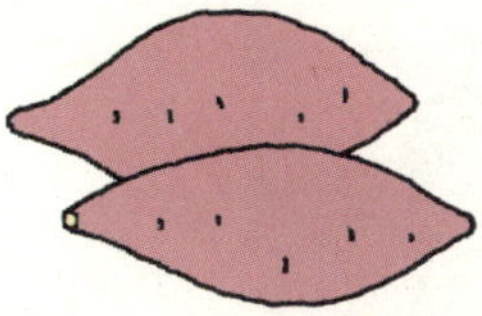

焼きイモといえばホクホク系好きの人が多い。代表的なのは、高系14号（鳴門金時や五郎島金時など）やベニアズマ

ホクホク系

最近、女性のあいだで「スイーツ」として人気が高まっている安納芋やべにまさりなど。甘〜い焼きイモ

しっとり系

※参考『食品加工総覧』第9巻、『まるごと楽しむサツマイモ百科』（武田英之著）

熱の感じ方、不思議系

オキコガネ、
サツマヒカリ、
ジョイホワイト

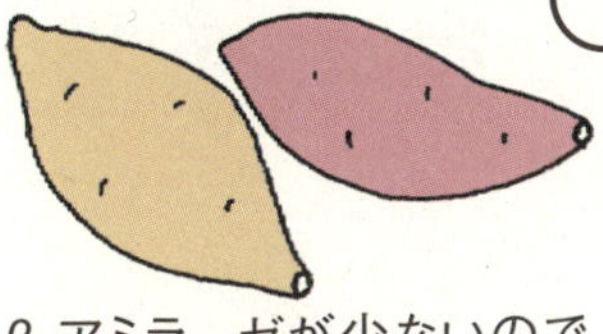

β-アミラーゼが少ないので加熱しても甘くならない。調理用途の幅が広がる

クイックスイート

電子レンジでは、甘い蒸かしイモはできないという常識を破った品種。短い調理時間でも糖化が進むデンプンを含む

そうそう、いろんな調理に使えるのは、加熱しても甘くならないオイラのようなイモだ

現代農業2006年11月号

おいしいのはどれ？ サツマイモ四品種、食べ比べ大調査

平田一三　兵庫県明石市

焼きイモにした「べにはるか」（写真は九州沖縄農業研究センター提供）

おいしい品種を探し求めてきた

一〇年くらい前からおいしいサツマイモを求めて、三〇種あまりを試作してきました。これまでは、その中から、「ベニアズマ」、「べにまさり」の二品種を推奨してきました。

「ベニアズマ」は、粉質で甘みも強くおいしいので多く作られています。しかし、土質によっては形状が不良になったり、冷えると固くなるなどの欠点もあります。「べにまさり」は「ベニアズマ」以上の甘みで、しっとり感があり食べやすく、冷えても固くなりません。二年前、食べ比べ試験した結果は「ベニアズマ」以上の評価でした。しかし一般にはまだ多くは出回っていません。

昨年初めて、もっとも新しい品種「べにはるか」を試作することができました。この品種は外観が優れる「九州１２１号」を母に、イモの皮色や食味に優れる「春こがね」を父として育成され、食味・外観が既存品種より「はるか」に優れることから「べにはるか」と命名されたものです。貯蔵性もよく、とくに蒸しイモ等で糖度が高く甘みが強い。舌触りもよく食味も優れており、貯蔵するとねっとりしたイモになり、近頃、焼きイモで人気の「安納《あんのう》いも」のようになります。

昨年秋に、形状のきれいな「べにはるか」がとれたので、試食してみると「ベニアズマ」「べにまさり」以上のおいしさでした。

おいしい品種が育成されても、一般の消費者はなかなか入手できないのが現実です。一刻でも早く知っていただけるように、他の品種と食べ比べして評価できるアンケートを作成し、調査することにしました。

九〇人に食べ比べアンケート

何年か前に、ある雑誌で「さつまいも食べ比べ」の記事がありました。しかし五、六名の方が各品種について感想を述べているばかりで、正直どれを選んでよいか判断材料になりません。そこで今回は「べにはるか」と、現在流通している主要品種について詳しく評価するために、食味以外に、どれを購入したいかなどもわかるようなアンケート様式にし

ました。とくに試食で味わった甘さの裏付けは、糖度計で糖度を測定することにしました。

試食用の品種は、もっとも流通している東の「ベニアズマ」、西の「高系一四号」、そして新しい品種である「べにまさり」、「べにはるか」の四種です。「高系一四号」はスーパーで包装され高値で販売されていたもの、それ以外の三種は自家産のものを用いました。

調査に協力していただいた方は、兵庫県立農業大学校（学生など五六名）、加古川・明石農業改良普及センター、JA兵庫南、種苗業者、地区の方などで計九〇名になりました。

「ベニアズマ」、「高系一四号」を食べたことがある方は多かったようですが、新しい二品種は初めての方ばかりでした。先入観を入れないために品種名は伏せ、公平に評価できるようにしました。調査方法は、蒸しイモ、焼きイモ、レンジ利用等さまざまです。

食べ比べアンケート調査結果

図1　甘みに関する評価および糖度

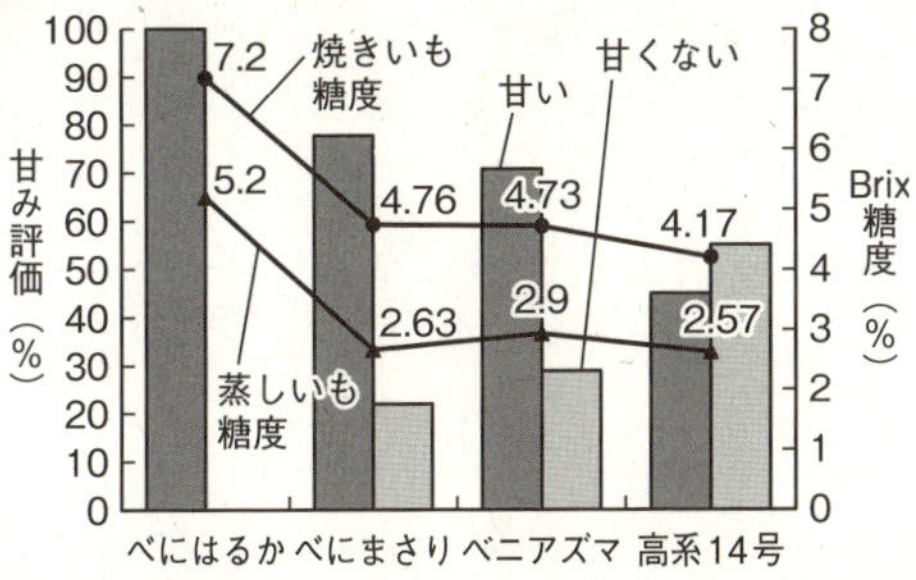

図2　食味に関する評価

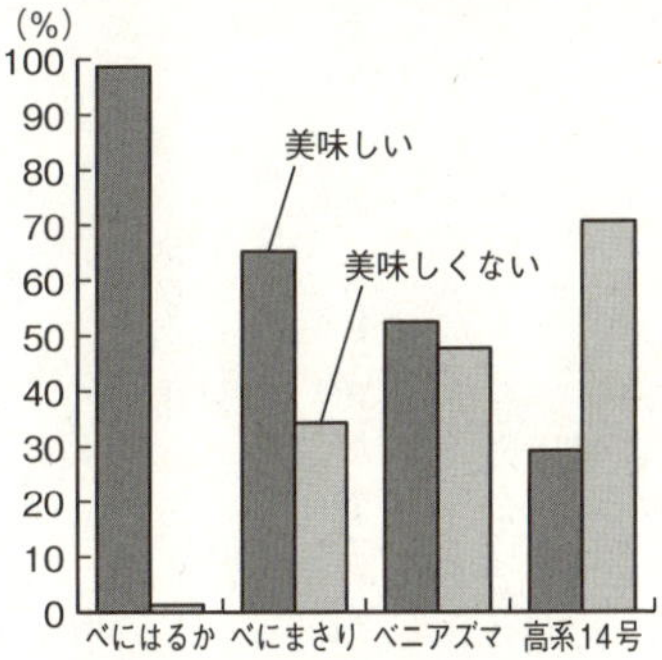

図3　食感に関する評価

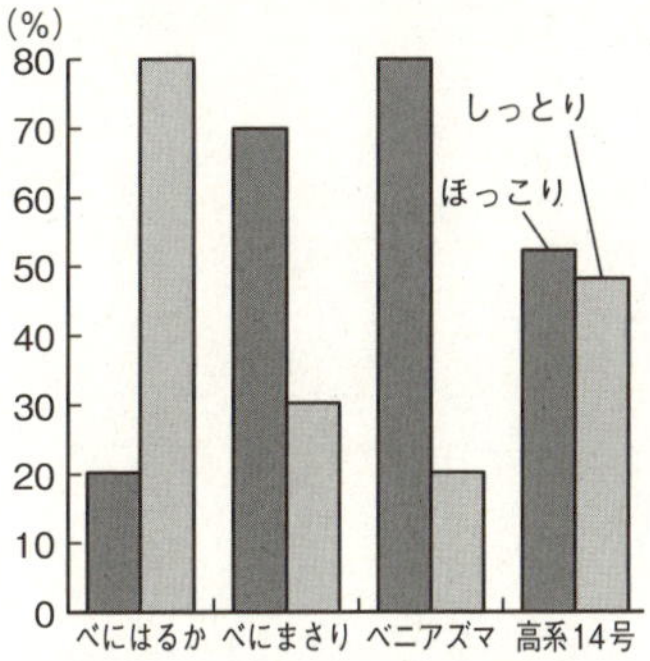

図4　購入に関する評価

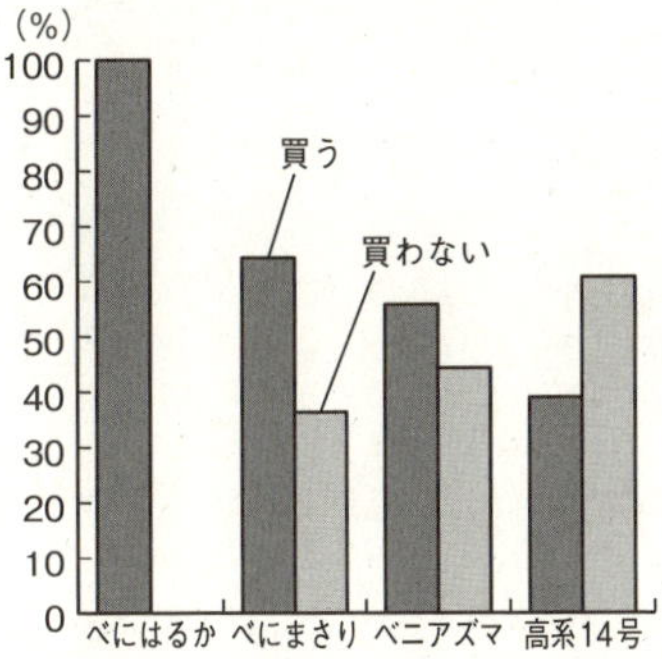

図5　総合順位の投票割合

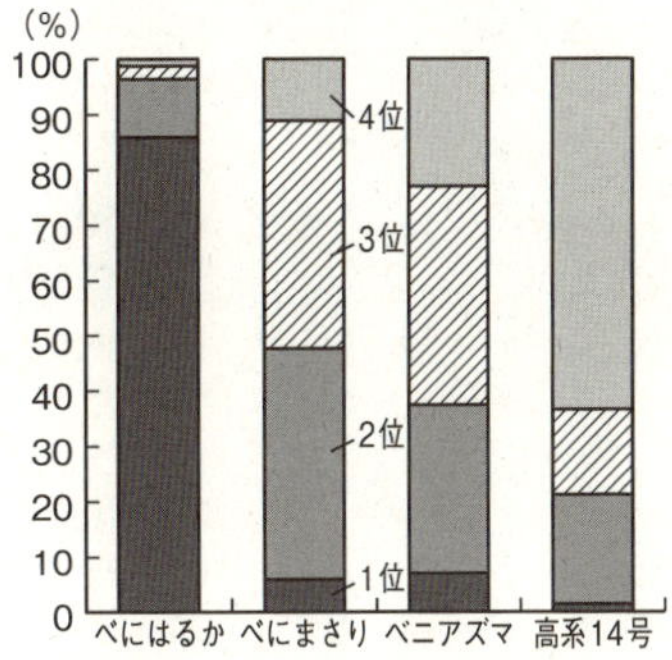

調査結果

①甘み、糖度（図1）

甘みは、「べにはるか」がほかの品種に大差をつけて一位となり、「べにまさり」、「ベニアズマ」が同程度で続き、「高系一四号」がやや劣りました。

糖度は、焼きイモと蒸しイモで差はあるものの、傾向は一致していました。なお、「べにはるか」の焼きイモでは、皮の表面に蜜のようなものが出てとくに甘く、糖度は八％以上のものもありました。若いときに食べた「アメリカ（七福）」を思い出しました。

なお、糖度の計り方は、水四五ccに焼きイモ一五gを混ぜ、上澄み液を測ったものです。

②食味、食感（図2、3）

食味は、甘みと食感が加味されたもので、甘みと同じような傾向でした。「べにはるか」がとくに優れていました。次に「べにまさり」、「ベニアズマ」、「高系一四号」の順となりました。

ちなみに、食感は、掘り上げ時のものと二カ月程度貯蔵したものとでは変わってきます。全国的には、やや しっとり感のあるものが好まれるように変わりつつあるようです。

③購入について（図4）

どの品種を買うかについては、店で形や色を見て選ぶのと、味わってから買うのとは違ってきますが、調査は味わった上での選択なので、甘くておいしいものを選んだ結果となりました。

④総合順位（図5）

総合順位は、四段階の評価にしました。ひとつ選ぶとなると、評価の高いものに集中して比較にならないからです。「べにはるか」は、一位を占める割合が八〇％以上でトップとなりました。各項目とも他品種に差をつけ評価された結果であると思います。二位は「べにまさり」、三位「ベニアズマ」、四位「高系一四号」となりました。

新しい品種が高評価

以上の結果を見ると新しい二品種が、もっとも流通している「ベニアズマ」と高値で売られている「高系一四号」を抑えて、一位、二位となりました。

とくに「べにはるか」は、調査項目すべてにおいて大差の評価が得られました。次点の「べにまさり」は、甘くてしっとり感があって食べやすいことが評価に結びついたと思います。

「ベニアズマ」も欠点はありますが、甘みが強くておいしく、粉質と貯蔵してからのしっとり感と両方を味わうことができます。

「高系一四号」は最下位になりましたが、調査の数値上こうなっただけで、この差が品質の優劣を決定するものではなく、おいしくないということではありません。「高系一四号」は貯蔵してもほっこり感があり、食感もよく甘さ少なめでおいしいという方もおられます。また、皮までおいしく食べられます。こういう点でも人気があるのでしょう。

口に入れたときの甘さが決定要因

今回の調査は、蒸しイモや焼きイモという調理法であったこともあり、口に入れて甘く感じたほうを、おいしいと感じるようです。ほっこり感としっとり感で、好みが分かれていますが、それ以上に甘さがおいしさの決定要因になっているようです。

ところで、サツマイモは生イモでは極少量の糖分しかありませんが、加熱され糊化デンプンになったものにβアミラーゼ（酵素）が作用して、麦芽糖が生成されます。これがサツマイモの甘みになります。この酵素の多少と活性化に品種間差異があり、それが甘みの差となってあらわれます。

「べにはるか」は新しい品種であるため、苗の入手が難しいかもしれません。一年でも早く、多くの方々に味わっていただきたいと願っています。

現代農業二〇〇九年八月号　おいしいのはどれ？　サツマイモ「新旧4品種」食べ比べ大調査

干しイモに向く品種いろいろ

編集部

徳島県阿波市　塩田富子さん

五カ所の直売所を掛け持ちしている塩田富子さんは、父ちゃんも息子も総動員で、毎日、干しイモ作りに忙しい。これまで数々の品種を試作。干しイモに向く品種と、向かない品種の違いもわかってきた。

二反弱で作るサツマイモを、すべて干しイモにしている。現在は「タマオトメ」、「べにまさり」、「安納イモ」、「九州１３９号」の四品種。果肉がオレンジの「ハマコマチ」と「ベニキララ」は、地元のお客さんには、色が受け入れられなかったので生産中止。

干したときの特徴

タマオトメ　肉色は淡黄。繊維が少ないためむきやすく、きれいに干しあがる。

べにまさり　干すときれいに白い粉を噴いて、まさに芸術的。

ハマコマチ　ハマコマチは逆で、十一月から翌春四月まで干してもなかなか粉を噴かない。オレンジ色の品種。

安納イモ　羊羹のようにネ～ットリとして、絶対的な人気を誇る。

ベニキララ　イモの味はよいのだが、火を通すとベチャッとして、切り口が汚くなってしまう。肉色はカボチャのような黄橙色。

九州１３９号　肉が紫色の品種だが、生イモの色が淡い。干しイモにすると、ちょうどよい紫色になる。

パープルスイートロード　肉の色が濃い紫イモ。干すと黒くなってしまう。

切り方、干し方を変えて作る

イモの切り方を、縦切りとスティック状で販売している。干し具合も、三日でできる「半生」タイプと、じっくり干して粉を噴かせた「昔ながらの」タイプとがある。

今もなお、進化し続ける「究極の干しイモ」なのである。

現代農業二〇一二年二月号

粉を噴かせた干しイモと、半生の干しイモ。品種はともに「タマオトメ」（撮影　田中康弘）

塩田富子さん（撮影　田中康弘）

多品種の焼きイモ直売所作った！

東京都八王子市　立川晴一さん　　編集部

二〇本以上が一時間半で売り切れ

立川晴一さんは、畑の近くの小さな個人直売所で、野菜と一緒に焼きイモを販売している。お邪魔したのは、冷たい雨が降りしきる日だったが、二〇本以上用意した焼きイモは、一時間半でほとんど売り切れた。

隣接する高齢者住宅から来たお婆さんは、常連さん。「部屋では調理できないから、すぐに食べられる焼きイモは助かるのよ」と二本購入。「この時間に行けば焼きイモ食べながらみんなと話せる」と井戸端会議が目的の女性も来店。

価格は、品種や大きさに関係なく一本一〇〇円。とくに希望がなければ、店番をやっている奥さんのみさとさんが適当に渡してしまうのだが、じつは、この店にはいろんな品種の焼きイモがある。

焼きイモ販売がかねてより夢だった晴一さんが、いろんな品種のイモを片っ端から試作しているからだ。去年は九品種を作った。

九品種の特徴

安納イモ

安納イモは甘みが強く、立川さんが一番好きなイモ。五年ほど前にお歳暮で届いた安納イモから、種イモを継いでいる。「作りはじめは丸っこいイモだったけど、うちの畑に合うようになってきたのか、今年は長いイモがとれたんだよ」。ツルボケした株には二本しかつかなかったが、そのぶん大きなイモがとれた。

パープルスイートロード

パープルスイートロードは三年目。紫色が鮮やかで、お客さんの評判がいい。「サラダを作るのに、紫の焼きイモがキレイなのよ」と指名買いする人もいる。収量も多い。ツルボケに負けず、一株四～五本と大きなイモがとれた。しかし、なぜか毎年貯蔵がうまくいかず、この品種だけ年越し前に腐ってしまう。貯蔵方法を変えたりしながら試行錯誤中。

五郎島金時、カボチャイモ

五郎島金時とカボチャイモは、みさとさんの出身の石川県のイモ。みさとさんにとっては、「イモといえば五郎島」で、甘くてのどがつまるほどポクポクなのが嬉しい。カボチャイモも、みさとさんが昨冬、実家から持って帰ってきたイモだが、立川さんが味見もせずに種イモとして貯蔵してしまった。おかげでだいぶ殖えたので、この冬食べてみるのが楽しみだ。

イモを焼く立川晴一さん（撮影　田中康弘）

できたての焼きイモ（撮影　田中康弘）

右上から時計回りに、五郎島金時、安納イモ、コガネセンガン、ベニアズマ、べにまさり、中央はパープルスイートロード（撮影　田中康弘）

関東六号

カンロク（関東六号）は、昔たくさん作っていた懐かしい品種だ。白っぽくて焼きイモにするとホクホクおいしい。五月まで芽が出ないので貯蔵性もいい。

べにまさり

べにまさりは、新しい品種。苗が一本一〇〇円で高かったので、三〇cm以上長さがあった苗を、半分に切って植えたらたくさんとれた。まだ食べていないが、ねっとり系のおいしい品種らしい。

コガネセンガン

コガネセンガンの栽培は失敗した。多収品種のはずなのに、スーパーで買った小さいイモを苗にしたら、芽は出にくいし太りも悪かった。色が白く、味はホクホクで悪くないが、中が白いのはカンロクも一緒なので、貯蔵性のよいカンロクを続けようと思う。

鳴門金時

鳴門金時は二年目。噂通りホクホクでおいしく、肌もツルツルでキレイ。

ベニアズマ

ベニアズマは、前からずっと作ってきた品種だけあって収量も品質も安定しており、立川さんの畑ではやっぱり横綱だ。貯蔵していると、三月中旬くらいに芽が出てしまうのだけが困るところだ。

焼きイモはおいしい。そして人を幸せにする。焼きイモがあると、直売所にも自然とお客さんが寄ってくる。

現代農業二〇一二年二月号　多品種の焼きイモ直売所つくった！

おもなサツマイモの品種

食用品種

食用の主力品種は、関東を中心に栽培されているベニアズマと、関東から九州にかけて栽培されている高系一四号であり、両品種で全国のサツマイモ栽培面積の約半分を占める。

ベニアズマ　いもの形状は長紡錘形、皮色は濃赤紫、肉色は黄色。収量は高いが、いもが長いため、曲がりやくびれを生じやすい。蒸しいもの肉質は、掘取り直後は極粉質で、早掘り時から食味はよい。ただし、貯蔵中のデンプンの糖化が速いため、粉質から粘質になりやすい。貯蔵性があまりよくないので、掘取りはていねいに行ない、貯蔵中に低温乾燥にならないように温湿度管理に注意する。

高系一四号　いもの外観や食味、貯蔵性が比較的良好なことから広く栽培されており、各地でこの品種の系統選抜が行なわれている。紅高系、千葉紅、土佐紅、なると金時、ことぶき、紅さつま等は、いずれも高系一四号に由来する。いもは紡錘形で皮色は紅、肉色は淡黄である。蒸しいもの肉質はやや粉質〜中、食味は中〜やや上で調理後黒変が少ない。貯蔵性はやや易であり、貯蔵中に肉質の変化が少なく、糖含量も増加して食味がよくなる。

べにまさり　しっとりとした食感と良食味が特徴の品種。いもの形状は紡錘形、皮色は赤、肉色は淡黄。多収でA品率が高く、早掘り適性がある。蒸しいもの肉色は淡黄、肉質はやや粘質。糖含量が高いため、掘取り直後から食味はよい。

べにはるか　いもの形状は紡錘形、皮色は赤紫、肉色は黄白、条溝や裂開はなく、表面がなめらか。べにまさりと同様に蒸しいもの肉質がやや粘質で、早掘り栽培や標準栽培で、掘取り直後から糖度が高く食味が優れている。貯蔵性はやや易であるが、貯蔵中に糖化が進みやすく、肉質が粘質化しやすい。

クイックスイート　いもの形状は紡錘形、皮色は赤紫、肉色は黄白。蒸しいもの肉色は淡黄で、肉質は中、食味は高系一四号より優れ、ベニアズマ並である。

パープルスイートロード　いもの形状は紡錘形、皮色は濃赤紫、肉色は紫でアントシアニンを含む。蒸しいもの肉質はやや粉質、繊維は中で、食味は高系一四号や種子島紫並で、ベニアズマにやや劣るが、紫サツマイモとしては良食味である。

紅赤　青木昆陽時代の、最も古い形態の面影を残す唯一の品種とされる。いもの皮色は鮮紅色、肉色は黄、形状は長紡錘形。多肥条件や肥沃地でつるぼけしやすく、良品の生産には篤農技術が必要である。蒸しいもの甘味は少ないが、肉質は粉質で口当たりがよく、食味は良好であり、きんとんやてんぷらに適する。

ベニコマチ　いもの形状は紡錘形であるが、栽培条件によって形が乱れる。皮色は赤紫、肉色は黄色。蒸しいもの肉色は黄、肉質は粉質で繊維が少なく、舌ざわり良く、適度の甘味があり、食味はきわめて良好。千葉県の特産で、焼きいもに向く。

ベニオトメ　いもの形状は紡錘から長紡錘形で皮色は赤紅、肉色は黄白である。多収で栽培しやすい。蒸しいもの肉色は黄白色で粉質、食味は高系一四号より優れている。

春こがね　いもの形状は長紡錘形でわずかに条溝はあるが、裂開および皮脈はない。いもの皮色は濃赤紫、肉色は黄。収量性はマルチ早掘り、標準栽培においてもベニアズマを上回る。食味は高系一四号を上回り、ベニアズマ並。

種子島紫　古くから自家食用として種子島で栽培されてきた紫肉色の在来種で、皮色が淡紫と白の二種類がある。いずれも蒸しいもの肉質は粉質、舌触りがなめらかで食味がよい。皮色が淡紫色のものは、つるの生育が旺盛でつるぼけしやすい。

安納いも　種子島の在来種でカロテンを含み、蒸しいもの肉色が淡橙、肉質が粘質で糖度が高く食味が良好である。皮色が褐と淡黄褐の二種類があり、鹿児島県は前者を安納紅、後者を安納こがねとして品種登録した。いも個数が多い品種のため、密植するといも一個重が小さくなりやすい。

原料用品種

原料用サツマイモの用途は、主としてアルコール（焼酎）とデンプンである。

コガネセンガン　いもの形状は下膨紡錘形で、皮色および肉色は黄白、外観は中。早期肥大性や耐肥性をもち、早掘り栽培や野菜跡地などでの栽培に適する。切干し歩合（乾物重歩合）は三七％程度、デンプン歩留りは二四～二六％である。デンプン白度が優れている。耐病虫性は劣る。

シロユタカ　デンプン原料用の主力品種。いもの形状は紡錘形で大きく、肉色は淡黄白である。個数型品種で、いもが肥大するとわずかに条溝が見られるが、外観は良好。切干し歩合は三七％程度、デンプン歩留り二四～二六％。デンプン白度はコガネセンガンより優れている。

シロサツマ　デンプン原料用の主力品種。いもは紡錘形ないし短紡錘形で、皮色は黄白、肉色は淡黄白。一株着生個数は少なく、個重型の品種である。デンプン歩留りは二四～二六％。デンプン白度はやや劣る。貯蔵性は優れている。

コナホマレ　デンプン・焼酎原料用品種。肉色は淡黄白、いもの大きさは中。切干し歩合、デンプン歩留りはコガネセンガンより二～三ポイント高く、収量は二割ほど多い。貯蔵性がやや難で、掘取りが遅れると軟腐病が発生しやすい。収穫、調製作業をていねいに行ない、貯蔵温度にも留意する。

ダイチノユメ　デンプン、焼酎原料用品種。いもの形状は紡錘形、肉色は淡黄白。コガネセンガンやシロユタカより多収で、切干し歩合、デンプン歩留りはコガネセンガンより二～三ポイント高い。軟腐病の発生しやすい地域や晩期収穫用として本品種を活用する。焼酎は柑橘系の香りを特徴とし、軽快な酒質である。

ジョイホワイト　焼酎原料用品種。コガネセンガンより二〇％ほど低収であるが、デンプン歩留りは二～三ポイント高い。醸造適性に優れ、その焼酎は柑橘系の芳香を放ち、淡麗にして飲みやすい。

ときまさり　焼酎原料用品種。収量性はコガネセンガンと同程度であるが、デンプン歩留りはコガネセンガンより一～二ポイント程度高い。焼酎の官能評価は高く、いもの香りが強く、軽快な甘味とコクを特徴とする。

加工用品種

加工用サツマイモは、蒸切干し、いもようかん、かりんとう、スナック食品、アイスクリームなどに用いられている。

タマユタカ　もともと、デンプン原料用品種であるが、蒸切干し専用品種として作付けがある。肉色は黄白色である。いもは大きく個重型の品種で、外観は良好。貯蔵性は易。

アヤムラサキ　初の色素原料用品種。色素、パウダー、ペースト、飲料、飲用酢などに使われている。皮色は濃赤紫、肉色は濃紫。

ムラサキマサリ　色素、ペースト用品種。

アヤムラサキより収穫や加工がしやすい。皮色は濃赤紫、肉色は濃紫で、アントシアニン含量はアヤムラサキと同程度である。収量はアヤムラサキより高く、切干し歩合はアヤムラサキより二～四％高い。焼酎原料としての評価が高く、焼酎はワイン風の香味を特徴とする。

アケムラサキ　色素、ペースト、パウダー用品種。皮色は濃赤紫、肉色は濃紫。アントシアン色素含量は、栽培条件にかかわらずアヤムラサキやムラサキマサリより高い。

ヒタチレッド（ヘルシーレッド）　β-カロテンを含む橙肉の蒸切干し用品種。皮色は濃赤紫、肉色は薄橙で、外観はよいが、栽培地によっては裂開が多発する。収量性はタマユタカ並かやや高く、切干し歩合はタマユタカ並。

ジェイレッド　橙肉のジュース用品種。皮色は淡赤、外観や揃いがよい。サツマイモネコブセンチュウ抵抗性は強で、センチュウ密度低減効果が高く、後作の野菜の線虫害が低減できる。搾汁率が高く、搾汁液の変色や橙肉品種に特有のニンジン臭が少ない。

サニーレッド　橙肉のパウダー、ペースト用品種。皮色は赤紅、切干し歩合は三三％程度で、橙肉品種の中では最も高い。パウダーやペースト用に適する。食味は橙肉品種としては良好である。

ハマコマチ　橙肉の蒸切干し用品種。皮色は淡赤、肉色は橙でカロテン含量はサツマイモ品種のなかで最も高い部類に入る。蒸しいもの食味は劣るが、蒸切干しの色は濃橙で美しく、肉質はやや粘で、食味は中～やや上と優れる。

アヤコマチ　橙肉の調理・加工用品種。皮色は赤、肉色は橙でカロテンを含む。調理後の変色やニンジンのような臭いが少なく、蒸しいもの食味もよいことから、サラダなどの総菜に利用できる。

オキコガネ　低糖の調理用品種。肉色は淡黄白。β-アミラーゼ活性がないので、加熱調理しても甘くならない。乾物率が低いことからコロッケやフレンチフライなどジャガイモのような料理に利用できる。

エレガントサマー　葉柄を食べるサツマイモ。皮色は濃赤紫、葉柄は太く、長く、色素の沈着や毛が少ない。葉柄の収量性はツルセンガンよりやや優れ、食味は苦味が少なく、良好である。

すいおう　茎葉利用品種。茎葉の収穫は五月下旬から一〇月中旬まで三～四回可能である。野菜として炒め物やキムチなどの各種料理に利用されるだけでなく、パウダーにしてパンや麺などに添加したり、青汁にしたりと幅広く利用できる。

タマオトメ　黄肉の蒸切干し、ペースト用品種。皮色は赤紅、肉色は淡黄。蒸切干しの加工適性はタマユタカより優れ、糖化はタマユタカと同程度であるが、繊維が少ないため剥きやすく、色上がりがよい。

九州１３７号　紫肉の中では最も蒸切干し加工適性が高い品種。蒸切干しの色は紫で、シロタもほとんどなく肉質や食味も良好である。貯蔵性は種子島紫にやや劣り、軟腐病が発生することがあるので、収穫時にいもに傷を付けないようていねいに扱う。また、つるぼけして収量性が低くなることがあるので、窒素肥料はひかえめにする。

吉永　優（農業・食品産業技術総合研究機構）

農業技術大系作物編第五巻　サツマイモ　二〇〇七年より抜粋

サツマイモの貯蔵は冷蔵庫の上

芋生ヨシ子　和歌山県橋本市

サツマイモは、本当に私に適した野菜です。育てるのに手抜きはできるし、伸びたツルが草防止の役割を果たしてくれるし、収穫すればみんな喜んでくれるし…。とくに娘は、大のイモ好きでしたので、どのように長く保存できるかが問題でした。イモの貯蔵で、いろいろなことをやってみました。

まず掘ったイモは一日天日に干します。これはおばあちゃん（姑）が、「ジャガイモは太陽に当てると緑になるからダメだけど、サツマイモは甘くなる」と教えてくれたからです。

その後に貯蔵しますが、木の箱に入れておいた分は、霜がおりるまでに食べるようにしています。春まで貯蔵しておく分は、リンゴが入っていた発泡スチロールの箱の中に、ひとつひとつ新聞紙で包んだサツマイモを並べて、冷蔵庫の上に載せています。「冷蔵庫の上には、ものを載せないでください」と説明書に注意書きがしてありますが、イモのために、その注意を破っています。冷蔵庫の上は温かいからです。

発泡スチロールの箱にフタをして、一度失敗したことがあります。水滴がフタにつき、それがイモに落ちて、腐ってしまったのです。今は、フタなしにしています。

こうすると三月までは十分に食べることができます。ただ、冷蔵庫の上には箱をひとつしか載せることができないので、子どもたちの家の冷蔵庫にも載せてもらっています。以前は、子どもたちがうちまでイモを取りに来ていましたが、これなら春までイモの要求がきません。

四月二十～二十五日にサツマイモを一〇〇本ほど植えて、八月下旬に掘っています。また、六月にも伸びたツルを切って挿し木し、それを十月になってから掘ります。

これは私の勘だけですが、十月に掘ったイモは腐りやすく、甘みも八月末のイモに負けるように思えます。だから、春までとっておくのは、すべて八月末に掘ったイモ。十月に掘ったイモは、年内に食べきるようにしています。

里イモのズイキ（葉柄）は乾燥させてとっておき、ゼンマイのような食べ方をしています。イモのほうは、木箱の底と側面につぶした段ボール箱を張り、大きなナイロン袋を入れます。袋の中に土を入れて、イモを置き、土をかぶせて、またイモ…、それを繰り返して袋の口を閉めます。土は、乾いたものではなく、小芋を掘った畑の湿った土です。

ナイロン袋の口を閉じたら、その上に別のナイロン袋に入れた籾がらを載せます。箱の高さは一mで、袋に入れた籾がらは二〇cmぐらいなので、厚い座布団でフタをするような感じです。種イモ用もこの方法で貯蔵しています。

ヤーコンもツクネイモもアピオスも、小芋と同じ方法で同じ箱に入れて、種継ぎ用としています。それほどたくさん食べるイモでもありませんが、種イモは買うと高いので、毎年貯蔵しています。

現代農業二〇〇八年十一月号　サツマイモの貯蔵は冷蔵庫の上

古畳を利用したサツマイモ簡易貯蔵庫

平田一三　兵庫県明石市

畑に簡易貯蔵庫を自作

サツマイモ（種イモ用も含む）を、寒い時期に保存するには、貯蔵技術が必要です。私も以前は、段ボール箱で保存して低温障害を受けたり、発泡スチロール箱で密閉して腐敗させるなどの失敗がありました。

四年前、電源のない畑の中の育苗ハウス内に、古畳を利用して貯蔵庫を自作しました。最初は古畳二枚の間に保温材の籾がらを入れて壁にしましたが、解体の時に籾がらがこぼれ落ちて困りました。そこで、古畳を三枚重ねました。この設備では、サツマイモを四〇〇kg（発泡スチロール貯蔵箱二〇箱分）保存できます。

四年間の成果は良好でした。悪い年でも九〇%以上、種イモ用として選んだものは、一〇〇%保存できました。今年のように寒い年でもよく保存できたことで、確信を持てるようになりました。

なお、貯蔵するサツマイモは①冠水、多湿状態にあってないもの、②傷、病害のないもの、③降霜前に掘った、低温障害のないものが必須条件です。経験上、腐敗の原因は、低温障害だけでなく、貯蔵するイモの条件、品種の性質の影響が大きいように思います。

温度一二～一三℃、湿度八五～九五%

貯蔵中のイモは、「八℃、二〇日間で腐る」といわれていますが、もっと短期間でも腐敗する感じです。最適温度一二～一三℃を保つためには温度計が必要で、センサーを古畳貯蔵庫内に設置します。

貯蔵開始時期は、当地では十一月十日前後です。あまり早くすると気温が高いため、芽が出やすくなります。

筆者

発泡スチロール箱には選別したイモだけを入れ、籾がらなどは入れません。そのほうが観察するのに都合がよい。箱の間は少しあけて空気の流通をはかり、二段重ねにします。また、貯蔵庫内の温度は上部のほうが少し高いので、観察を兼ねて三回以上、上下の箱を積み替えます。

朝のハウス内温度が一〇℃以下のときは、日が昇って一五℃以上になってから、その暖気を送風パイプで貯蔵庫内に送り込みます。その際、空気が乾いているので噴霧器を併用します。

湿度は八五～九五%以上必要です。サツマイモは掘り上げ後から乾かしすぎないようにし、貯蔵中も湿度を保ちます。乾くと尻のほうから黒くなって腐るし、中の水分が減って食味不良になります。

簡易貯蔵庫のメリット

この貯蔵法のメリットを整理すると次のようになります。

・屋内の設備では施設の整備や、温度保持に電力が必要となるが、屋外はコストが安い。
・穴貯蔵では、イモを取り出さないと保存状態がわからないが、いつでも観察でき、腐敗したイモの処理などができる。
・必要なときに、イモをすぐ取り出せる。
・設備は三月末に解体するので、ハウスは育苗に利用できる。
・一部の計器を除いて廃品利用でき、経費が少なくてすむ。

当地と似た気候のところであれば、活用できると思います。もっと大型のハウスであれば、畳を縦に立てて作れば庫内が広くなり、さらに貯蔵量の増加が図れ、作業性もよくなります。さらに電源があれば、ファン、加湿器の使用で手間も省けます。一度試してみてください。

現代農業二〇〇六年一一月号　おカネをかけないサツマイモ貯蔵法

サツマイモ簡易貯蔵庫の組み立て

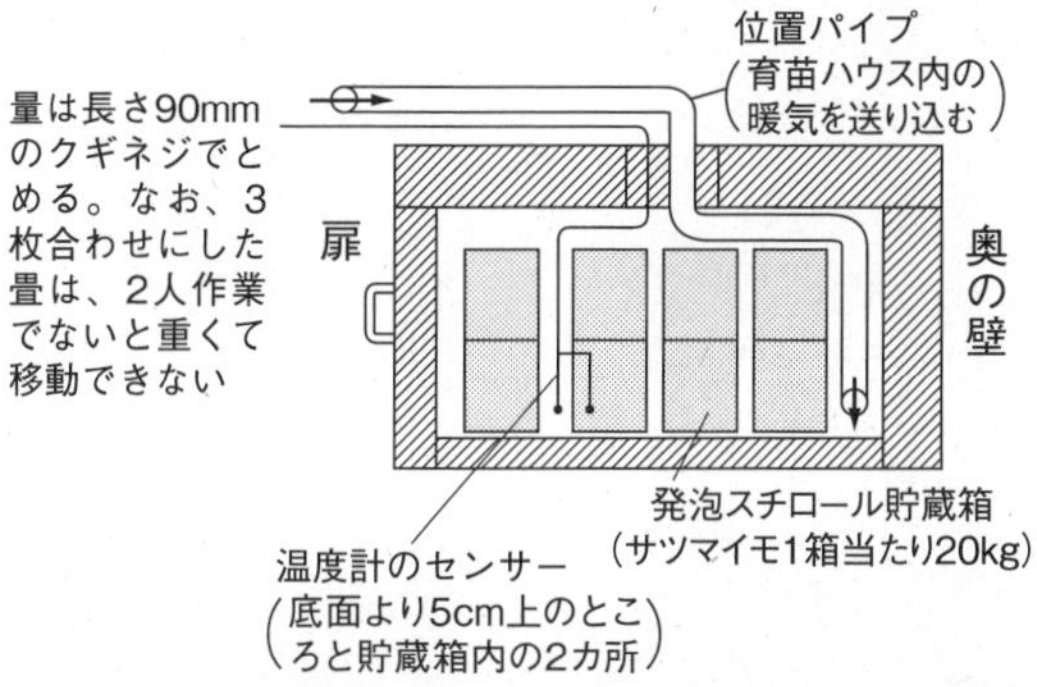

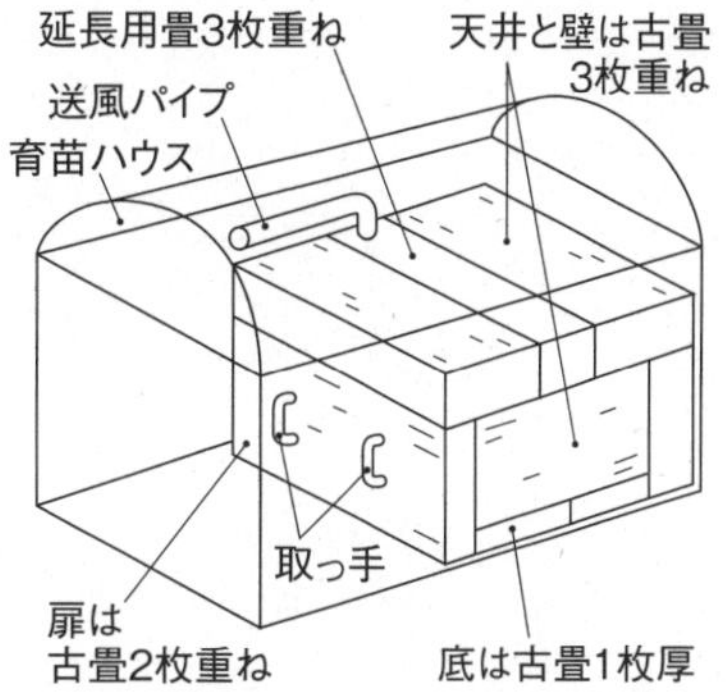

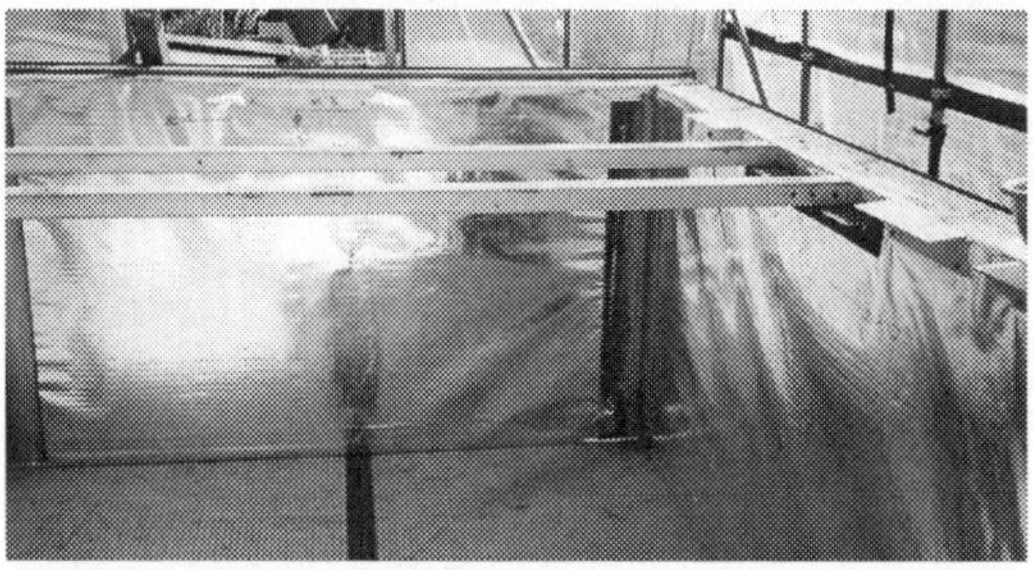
内側に、断熱とカビ防止のために、アルミシートを全面に張る。接合部分はテープで目張りする

貯蔵庫の中。サツマイモを、通気穴を開けた発泡スチロール箱に入れる。箱には品種名を明記しておく

用意する資材

①古畳…畳加工業者より入手。中に発泡スチロール入りのもので、175 × 88cmを21枚。うち1枚は3分割して使用
②アルミシート
③発泡スチロール箱…スーパーで不用のものを入手。タテ55 × ヨコ32 × 高さ38cm、タテ57 × ヨコ35 × 高さ30cmの2種類。周囲に径25mmの穴を10～12カ所あける。
④送風用の50mmパイプ
⑤送風機（撒粉機）
⑥加湿用噴霧器…水を入れてあたためて温水として使用する
⑦デジタル温度計2個…外部センサーの付いた最高最低表示のもの。庫内・箱内用
⑧温湿度計…湿度確認のため

貯蔵庫内の温度（平成16・17年、1月1日～3月15日）

ハウス内		貯蔵庫内	
0～4℃	32日間	10℃以上	38～39日間
−2～0℃	28～31日間	9～10℃	33～34日間
−4～−3℃	5～8日間	8～9℃	9～15日間
最低気温は外気温と変わらない		箱内と上部はこれ以上になっている	

サツマイモ貯蔵

籾がら貯蔵と電熱マット貯蔵

佐藤民夫　宮城県村田町

掘り上げたパープルスイートロードを見せる佐藤さん（撮影　田中康弘）

籾がら貯蔵で氷点下一〇℃以下でも大丈夫

直売所向けに、サツマイモを五品種ほど作っています。貯蔵はふつう畑に穴を掘り、土の中に埋めますが、これは重労働。そこで私は管理がラクな二つの方法で貯蔵しています。

ひとつは籾がら貯蔵です。十月から十一月に掘り取ったサツマイモをコンテナに入れ、それを籾がらで覆うという方法です。コンテナの上に籾がらを厚さ三〇cmくらい、布団を被せるようにかければ、イモが凍害を受けて腐るようなことはありません（次頁の上の図）。

今年の冬はとくに寒く、氷点下一〇℃以下になる日が四～五回ありましたが、露地の場合でもハウス（無加温）の場合でも、籾がらを被せたイモはまったく腐ることはありませんでした。籾がら貯蔵は安全でラクな方法だと思います。

気を付けるのは、ネズミが入るのを防ぐために、コンテナの上に目の細かい金網（鳥小屋に使うような柔らかいタイプ）を被せるくらいです。

二月中旬を過ぎると、気温も少しずつ上がり、乾燥しなくなるので、籾がらの中からコンテナを取り出し、太陽の当たらない倉庫へ移動させて随時販売していきます。昨年はこの方法で六月まで出荷できました。この時期までサツマイモを出す人はいないのでよく売れます。

電熱マット貯蔵で糖度が上がる

もうひとつは、イモを腐らせないだけでなく、簡単な方法で味もよくするやり方です。寒い時期の育苗に使う、電熱マット（農電園芸マット）を使います。下の図のように、コンテナの下に電熱マットを敷き、毛布を被せます。サツマイモの貯蔵に適した温度は一三℃くらいと言われていますので、二月中旬頃まで、それくらいの温度を電熱マットで保つと、糖度がグンと上がります。

さらに、水分が少なくなるので、たとえばねっとり系の安納イモがホクホク系になり、とてもおいしくなります。まさに新食感という感じです。ホクホク系のベニアズマも貯蔵をするとねっとりしますが、この方法だとホクホクしたまま糖度が上がります。

直売所では、「甘いサツマイモ」などと説明を入れておくと、ふつう一kg二五〇円くらいのところが、九〇〇g三八〇円でも飛ぶように売れます。最近はお客さんに知れ渡ってきたのか、出した途端に売り切れるほどになりました。

電熱マット管理は三月以降も続けると、イモの芽が早く出てきます。そこで、一部はこの管理を続け、芽を出させ、次作の早植え用の苗採りに使っています。

現代農業二〇一二年八月号　六月までサツマイモを出荷　籾がら貯蔵と電熱マット貯蔵

籾がら貯蔵

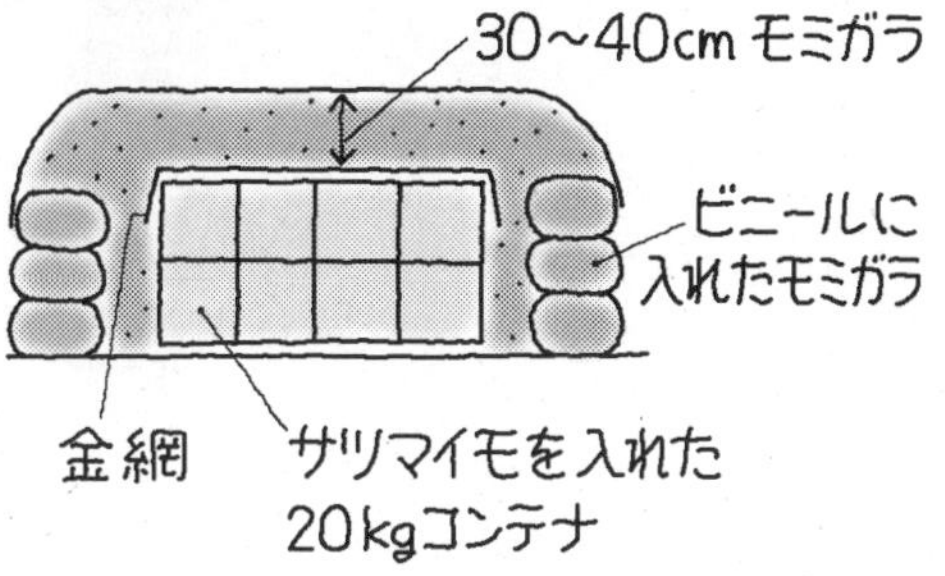

露地の場合は雨・雪対策に上部のみブルーシートをかぶせる

電熱マット貯蔵

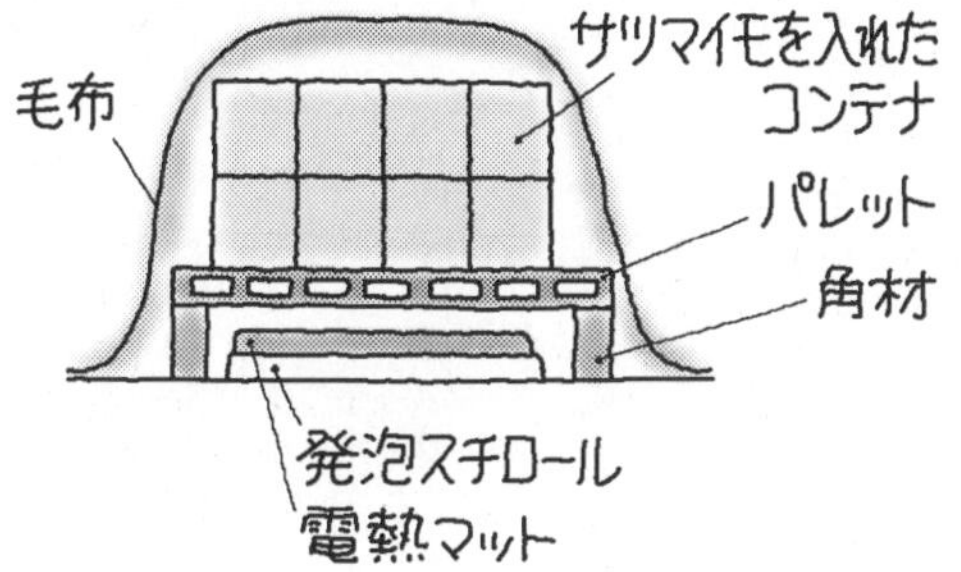

電熱マットに直接コンテナを乗せると電熱マットが傷むので少し浮かせて使う。発砲スチロールは断熱材として使用。貯蔵期間はどちらも11月中旬から2月中旬

筆者。持っているのが籾がら貯蔵をしたパープルスイートロード（撮影　田中康弘）

サツマイモの貯蔵条件

宮崎丈史　千葉県農業試験場

サツマイモの品質要素は大きさ、形、表皮の色、味ですが、これらは品種、土の条件、気候などの栽培条件によって決まります。さらに、貯蔵条件や出庫後の流通条件などの影響を受けます。

品質劣化のなかでも、貯蔵中の腐敗の発生は致命的です。どんなに品質がよくても腐らせてしまってはなんにもなりません。このため、栽培技術と貯蔵技術が二つとも重要な役割を果たしています。

サツマイモの貯蔵条件

サツマイモの貯蔵条件は、これまでかなり多くの研究があります。品種が違っても、キュアリング処理が効果的であることや、貯蔵温度、貯蔵湿度の条件は共通です。

キュアリング処理

温度・湿度が調節可能な貯蔵施設を持っているならば、図1に示したように、紅赤やベニアズマでも、貯蔵前のキュアリング処理は腐敗の防止に有効です。

処理条件は、温度三〇～三二℃、湿度九六～一〇〇%で、五～七日間保持することが適当です。処理時期は収穫後できるだけ早くとされていますが、保管条件が適切ならば、二週間後に処理しても十分な効果があります。

貯蔵温度は一三℃

腐敗は、一一℃（以下）で長期に貯蔵すると急増しますが、一三℃以上であれば少なくなります（図2）。一方、一五℃、高湿度下で長期間保持すると、萌芽したり、萌芽にともなって塊根が割れることがあるため、一五℃での保持も危険を伴います。

したがって、貯蔵温度は一三℃が適当です。また、長期間の貯蔵では温度変化をできるだけ少なくすることや、貯蔵温度が低温側にシフトしないように注意しなければなりません。

貯蔵湿度は九五%

貯蔵湿度は、かつては八五%程度が適当とされてきました。しかし、この程度の湿度では貯蔵中の腐敗が多くなるだけでなく、表皮色も暗くなって新鮮さが失われます。腐敗を防止するためには、重量減少や呼吸を少なくすることが大切ですが、これらは高湿度になればなるほど可能になります。しかし、一方では一〇〇%に近い高湿度に長期間おかれると、一三℃でも表皮が斑に変色する「色むら」が生じます。外観が重視される青果物では、このような変化は避けねばなりません。

五～六カ月の間、品質も腐敗抑制もともに満足させられる湿度といいますと、九五%程度が適切と考えられます。

貯蔵方法

溝穴貯蔵 （一七五頁参照）

畑に作る溝穴は、簡便で比較的大量のサツマイモを収納できるために、千葉県などでは現在でも主要な貯蔵方法となっています。問題はやはり温度・湿度の調節が思うようにできないために、「色むら」などを大量に発生させることです。

溝穴では、温度が一七～一八℃前後に下がるまでは上部の覆いを簡単にし、温度が低下したらしっかり覆って湿度を保つようにすることが肝要です。また、溝穴は少し深く作り、イモをいっぱいにいれないで上部に空間を設けると、湿度的にも好環境になります。

図1　キュアリングの効果

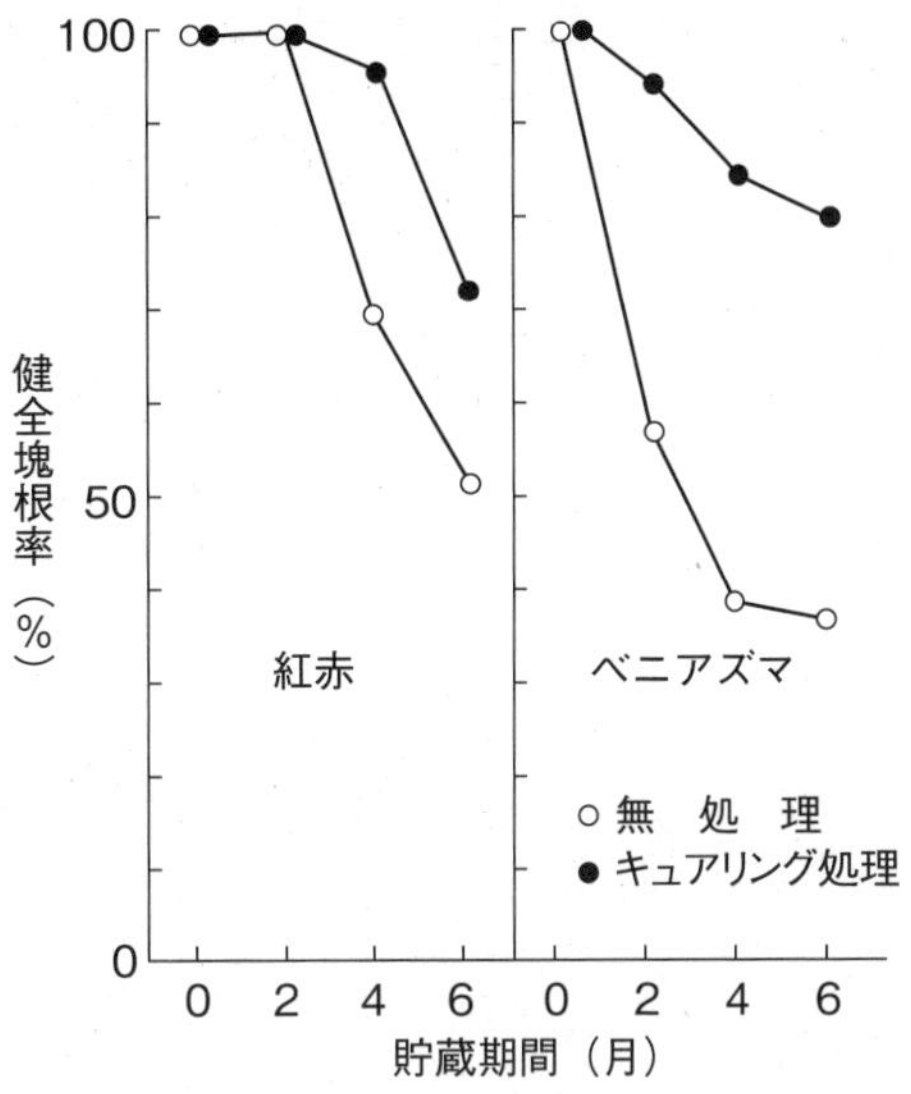

図2　サツマイモの貯蔵温度

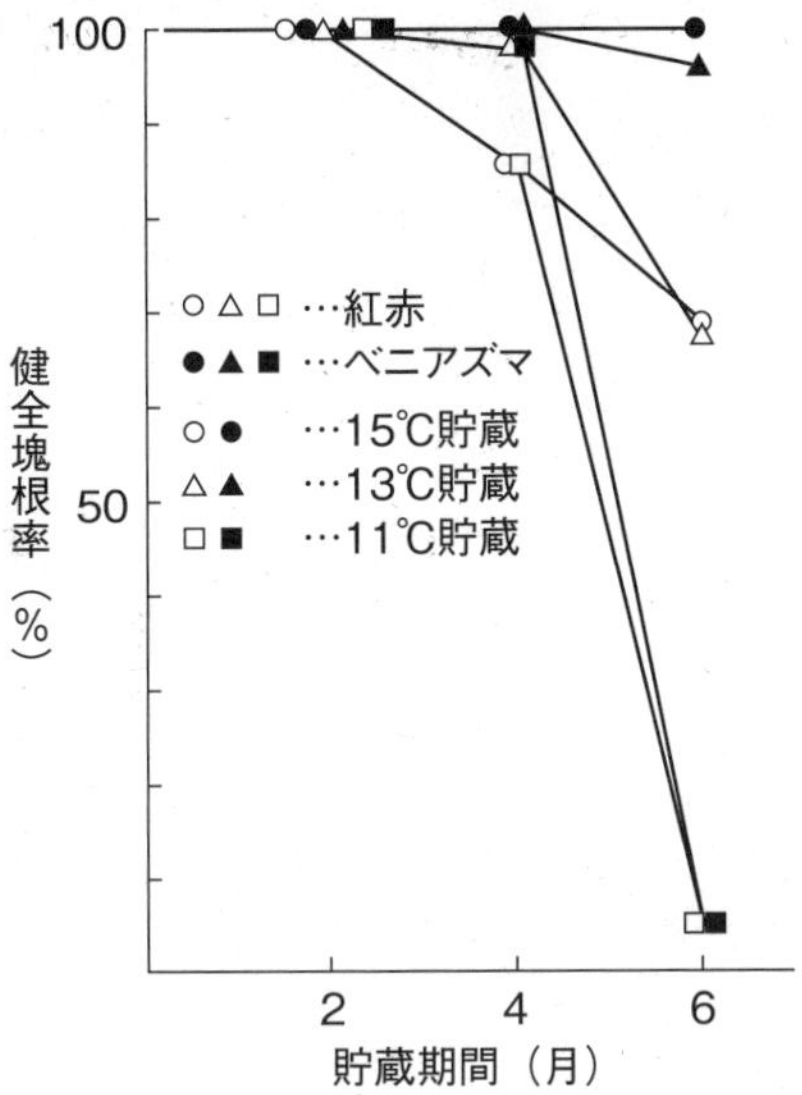

貯蔵庫

設備の整った貯蔵庫での貯蔵条件は、先に述べたとおりですが、貯蔵庫ではイモが乾きすぎるという声をよく耳にします。対策として加湿器を作動させるとか、床に水を張るといったことが行なわれていますが、コンテナを積み上げてブロック化し、マルチに使うような〇・〇三㎜程度の薄手のポリエチレンフィルムで、周囲を包むことも効果的です。

簡易貯蔵施設（一四三頁参照）

パイプハウスを利用した簡易貯蔵施設は、溝穴よりも温度や湿度の調節が簡単であり、溝穴や貯蔵庫での貯蔵条件をふまえてよく管理すれば、腐敗や外観の変化も少なく、溝穴以上に好結果をあげられます。また、出荷の際の作業性がよく収容能力もあるため、溝穴に代わって三月頃まで貯蔵する方法として導入されつつあります。

どのイモから出荷するか

腐らせないで品質のよいサツマイモを出荷するためには、栽培や貯蔵の知識を活用した出荷計画が欠かせません。要点を箇条書にしてみました。

▼貯蔵性は品種によって異なるので、品種別に選択出荷し、紅赤→ベニアズマ→高系のようにつないでいく。

▼連作の年数や茎葉の出来具合を見て、畑ごとに貯蔵期間を決める。イモのタンパク質含量が高い（＝茎葉が十分に繁茂する）と、貯蔵中の腐敗が少ない傾向がある。

▼収穫前に雨が多いときのイモや、水はけが悪く湛水する畑のイモは早めに出荷する。

▼貯蔵庫内の温度ムラなどに注意し、低温になりやすい部分から出荷する。また、貯蔵管理が十分できない溝穴などの貯蔵施設では出荷を早めにする。

▼貯蔵中に著しく外観が劣化する高系などでは、ウイルスフリー苗で生産したイモを遅い時期の出荷に利用する。

流通時の注意

貯蔵出荷後も、取扱いには留意する必要があります。①出庫後の急激な温度変化を、できるだけ少なくする、②流通中にガス透過性の低いプラスチック袋で密封包装しない、などが大切なポイントとなります。

現代農業一九九一年十二月号　サツマイモ　腐らせないでながーく貯蔵するより抜粋

干しいも用サツマイモの栽培法

泉澤　直　茨城県農業総合センター農業研究所

産地の歴史

干しいもの製造は、原料のサツマイモの糖化が進んだ一一月下旬～二月末頃まで行なわれる。干しいもは、いもを水洗いした後、蒸して皮をむき、一定の厚さにスライスしたものを天日で七日程度乾燥してできあがる。

干しいもは、江戸時代後期に現在の静岡県で生産が始まり、愛知県でも盛んに作られた。日露戦争では将兵の食糧としたところから「軍人いも」ともいわれた。

茨城県には、明治四一年頃に、湊町（現ひたちなか市）に製造技術が伝わったといわれている。干しいもの製造は、魚の干物の作り方と似ており、はじめは漁業関係者によって作られた。その後、多くの人の努力もあり、しだいに周辺農家の副業として定着し、大正時代末にはかなりの産地に成長していた。

品質の課題

品質の良い干しいもは、アメ色に仕上がり甘みが強く、独特の風味を有する。品質を低下させる要因はいくつかあるが、生理的な障害には、生産現場でクロタと呼ばれるものと、シロタと呼ばれるものがある（図1、2）。

クロタは、干しいもの乾燥過程で全体が黒変する症状をいう。主力品種「タマユタカ」の干しいもは黒くなりやすいが、クロタは特に黒みが強いものを指す。クロタは甘みが少なく、また繊維が目立つ。

一方、シロタは、いもを蒸して切ってみると一部が白い粉状の斑となっているものである。いずれも商品価値は著しく低下し、特にシロタは干ばつ年に多発し、商品価値はまったくない。これらの障害発生を少なくすることが、品質向上に大変重要である。

図1　干しいも良品とクロタ

図2　シロタの干しいも

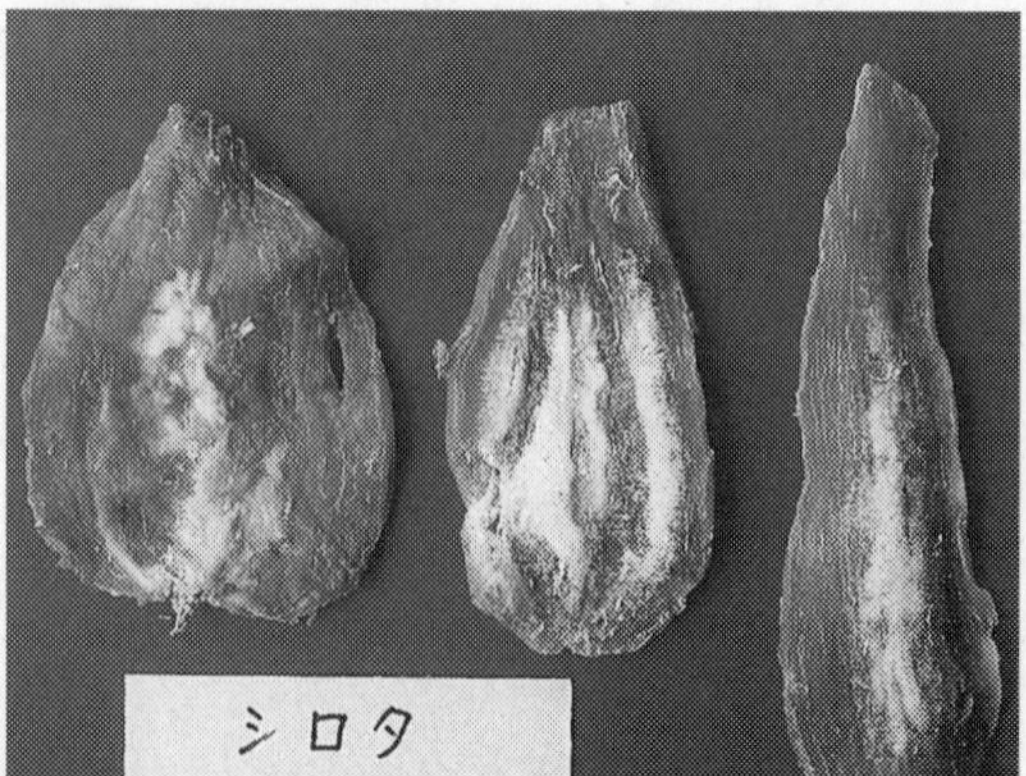

多彩になった干しいも用品種

干しいも用品種としては、かつては「太白」、「飯郷」、「沖縄一〇〇号」、「シロセンガン」などが用いられてきた。表1に現在栽培される品種の特性を示した。

タマユタカ　昭和三六年に茨城県の奨励品種に採用された古い品種であるが、多収で病害に強く、貯蔵もしやすく、現在でも九割以上作付けされている。干しいもの味は甘くて独特の風味があり、大変優れている。

欠点としては干しいもの色が黒ずみやすく、高級感に欠けるきらいがあることである。タマユタカはシロタが発生しやすく、普及初期に農家はシロタの発生が多く大変苦労したが、加工法の工夫により改善してきたという。現在は、干ばつ年に多発し大きな問題となる。このようにタマユタカは多少の欠点はあるものの、栽培しやすく味も良く、産地の発展に大いに貢献してきた。

ヒタチレッド　平成五年に準奨励品種に採用され、カロテン含量が多く、生いもは淡い橙色をしており、干しいもは濃い橙色となる。生いものカロテン含量はニンジンの半分程度なので、ニンジン臭を気にする人もいるが、栄養的な特徴を生かせる利点がある。

タマオトメ　平成一三年に準奨励品種に採用され、干しいもの色はアメ色で、明るい感じを与える。シロタの発生がタマユタカに比べ少ないことが農家に評価されている。欠点としては干しいもの甘みがやや少ないことであるが、生産現場ではいもの低温処理による糖化の促進などの工夫を行なっており、甘みの改善は進みつつある。

泉一三号　奨励品種ではないが、一部の農家で作られている。干しいもの色はアメ色で、甘みも強く優れている。高級感があり、品質の優れたものはお菓子のような感覚が出せる。ただ、収量が低いのが欠点である。

クロタ、シロタの発生要因

クロタとシロタが発生しやすい条件を、農家から聞取りしたのが、表2である。また、クロタとシロタおよび品質の良い干しいもの成分を、表3に示した。クロタの成分的特徴は、窒素、カリなどの無機成分含有率が高く、光合成産物である全糖、デンプン含量が

表1　干しいも用品種の特性

品　種	両　親　名	すぐれた性質	劣った性質
タマユタカ（奨1961）	関東33号×関東19号	多収。病気に強い。貯蔵は容易。干しいもは甘く、風味がある	干しいもの色が黒くなりやすい。シロタが発生しやすい
ヒタチレッド（準1993）	キャメロックスを母本とする多交配	カロテン含量が多い	裂開の発生やや多い。貯蔵性はやや劣る
タマオトメ（準2001）	九系70×ベニオトメ	多収。シロタの発生が少ない。干しいもの色はアメ色でよい	干しいもの甘みがやや少ない。黒斑病にやや弱い
泉13号	農林2号×兼六	干しいもはアメ色で甘みが強い	低収。いもが小さい

注　（　）は、奨：奨励品種、準：準奨励品種。数字は茨城県の奨励品種、準奨励品種採用年度を示す

表3　干しいもの品質と成分（乾物％）

品　質	窒　素	リン酸	カ　リ	全糖	デンプン
良品	0.594	0.163	1.36	50.0	18.4
クロタ	0.905	0.149	1.70	38.2	14.1
シロタ	0.663	0.137	1.46	47.0	28.3

注　全糖、デンプンはグルコース換算値

表2　農家からの聞取りによる発生条件

クロタ	シロタ
窒素の多い畑（野菜跡・屋敷周り）	水分が少ない畑
新しく作付けした畑	砂が多い畑
水分の多い畑	赤土
大きいいも	マルチをした畑
蒸しが足りないとき	傷があるいも
クロタが出る畑はシロタは少ない	蒸しが足りないとき

少ないことである。それに対し、シロタはデンプン含量が多い特徴がある。

無機成分が多く、デンプン含量などが少ないのは、茎葉の生育が旺盛で、いもへの光合成産物の分配が悪いときに見られる現象であり、いもの充実が悪い状態といえる。農家が指摘するように、窒素が多い畑や水分が多い畑などで起こりやすい。また、サツマイモを初めて作付けする新しい畑は「つるぼけ」しやすいことは、昔からよくいわれることである。

シロタはデンプン含量が多く、いもへの光合成産物の分配が多い状態と考えられる。一般に、デンプン含量が多くなる生育は、茎葉の生育がほどほどのときで、土壌水分は多くないときである。シロタは乾燥年に発生が多く、また農家も発生する条件として水分が少ない畑、砂が多い畑、赤土などを挙げている。ポリフィルムマルチをした畑も、干ばつ年には乾燥を助長する。実際、シロタが多く出る畑をいくつか土壌調査をしてみると、表面の腐植含量が多い部分を除去したりして、水分の保持力の小さい土壌であった。

すなわち、茎葉の生育が旺盛過ぎる場合は干しいもはクロタとなり、適切な場合は良品ができる。干ばつなどで茎葉の生育が大きく抑制されると、いものデンプン含量が多くなりシロタとなる。

茎葉といもの重量比率（T／R比）

実際、現地調査によると、茎葉重に対するいもの重の比率（T／R比）が大きい生育の干しいもは、繊維が目立ち色も黒く、見た目の総合評価は低かった。それに対して、茎葉重に対するいも重の割合が高くなる（T／R比が小さい）と、干しいもは繊維は少なく評価も良くなった。

T／R比は乾物比較で〇・四程度が干しいもの品質は良くなると考えられる（図3）。また、そのときのいもの窒素含有率は〇・五％以下で、収量は一〇a当たり三～二・五t程度である。

経験的には、五月上～中旬に、うね幅一mで定植したタマユタカでは、七月下旬頃に茎葉がようやく隣のうね同士ふれあうくらいの生育で、その後も茎葉の生育はあまり旺盛でなく、葉色は淡く、一部かすかに畑土が見える程度の畑で品質の良い干しいもができる。

シロタとT／R比の関係はよくわかっていない。茨城県は全国的にも雨量は少なく、シロタは八～九月にかけて降雨量が少ないときに多発し、大きな問題となる。そのときの茎葉の生育量はかなり小さい。ただし、シロタの場合は単純にT／R比の減少によるデンプンの多量蓄積だけでなく、干ばつによる酵素の活性の変化など生理的な面からの調査などが今後必要である。

シロタの発生がなく品質の良い干しいもができる生いものデンプン歩留りは、常陸太田地域農業改良普及センターでは一七～二〇％程度と考えている。

図3　干しいもの品質とT/R比、生いもデンプン歩留り、の窒素含有率（模式図）

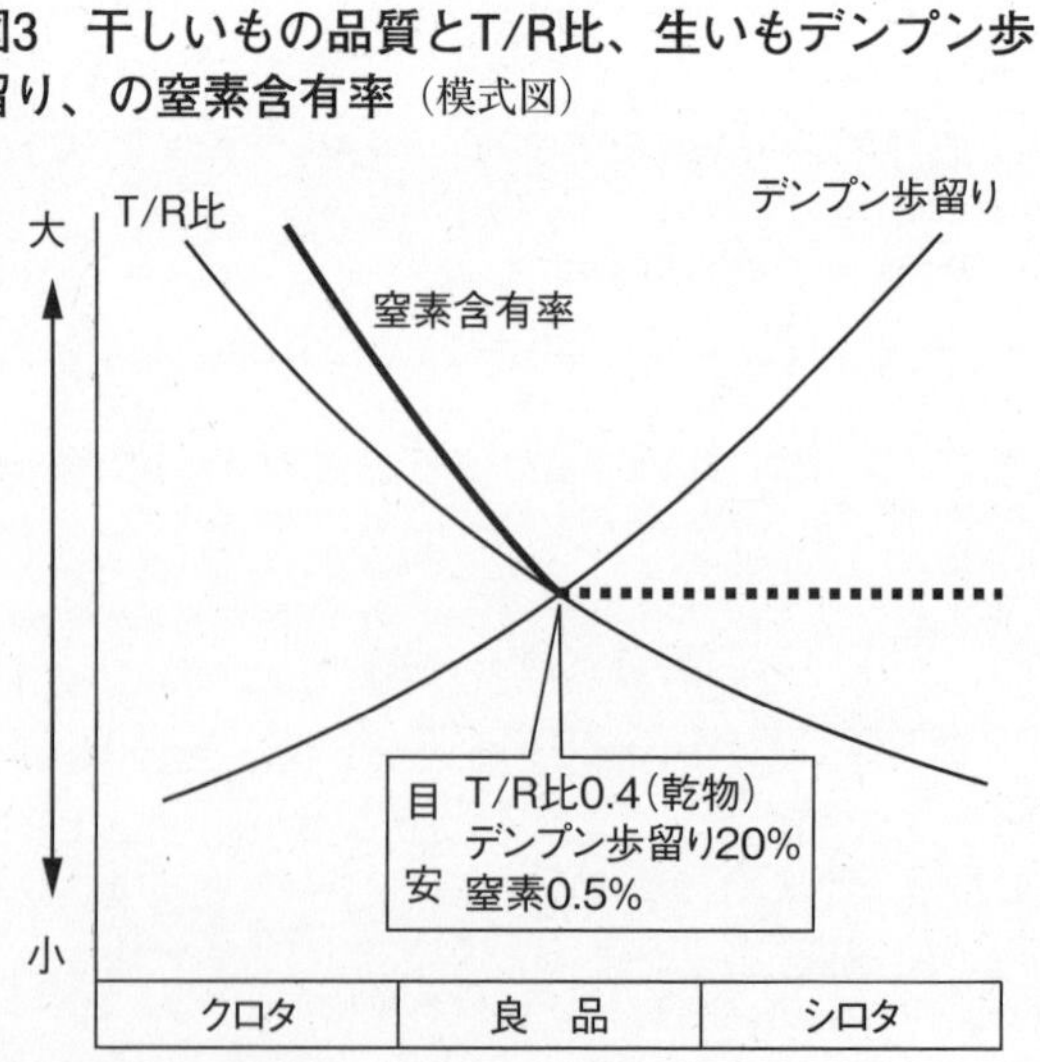

シロタといものタンパク含有率の関係は強くない

クロタ発生の抑止対策

以上見てきたようにクロタは、茎葉の生育が旺盛で、いもの充実が悪い場合に発生するので、発生しやすい圃場は窒素施肥量を減らす必要がある。茨城県の栽培基準では、サツマイモの窒素施肥量は一〇a当たり三kgであるが、一kgまたは無施用とする。リン酸とカリについては、慣行どおり施用する。

なお、このような圃場でポリマルチフィルム栽培を行なうと、初期生育が良好となり、茎葉の生育を促進し、いもの充実を悪くすると考えられるので、露地栽培を行なう。

多収をねらったり、茎葉を繁茂させシロタの発生を少なくしようとし、窒素施肥量が多くなる例が見られるが、品質を第一に施肥を行なうことが重要である。

タマオトメやヒタチレッドは、クロタは発生しにくいので、タマユタカのクロタ常発地での品種の変更は有効である。しかし、いずれの品種でもおいしい干しいもはいもの充実したものであるから、施肥が多くならないようにすることはタマユタカと同様である。

生産現場でいうクロタのなかには、干しいも全体が黒ずむのではなく、一部が褐変するもの（以後、褐変クロタという）も含む。これは、よく見るとハリガネムシの食害痕を中心に発生していることが多く、食害部に生成されたポリフェノールが酸化され、褐変すると推定される。このような症状が多く見られる場合は、ハリガネムシの防除をしっかりと行なう。

シロタ発生の抑止対策

シロタの発生は干ばつが主な原因であり、根本的な対策は難しい。圃場の近くに井戸などがあり、スプリンクラーなどが設置できる場合は灌水が大変有効であるが、可能な圃場は限られている。

シロタの常発地は、表土を除去した圃場や砂を含む土壌なので、適量の有機物を連年施用し、土壌の水分保持力を高めるとともに茎葉の生育量を多くし、いもへの乾物分配率をやや減らすことが必要である。また、シロタの発生が少ないタマオトメへの品種変更も有効である。シロタの場合もポリフィルムマルチは干ばつ害を助長するので、クロタ同様使用しない。

現場においては、乾燥防止のためのマルチ麦の導入など、新しい試みが始まっている。今後、それらの効果についてきちんと評価することが必要である。

加工法と干しいもの品質

表4は、いもの蒸し時間と干しいものクロタ、シロタの発生状況を見たものである。農家が指摘しているように、蒸煮時間が短いと褐変クロタとシロタが多くなる。ここで発生した褐変クロタは、先に述べたハリガネムシの食害により起こるものと同じであり、いもへの熱の通りが悪いためにポリフェノールを酸化する酵素（ポリフェノールオキシダーゼ）の活性が維持され、干しいもの乾燥時に褐変症状を呈するものと推定される。シロタの発生は、熱の通りが悪いために、デンプンの糖化や糊化が進まずに起こるものと思われる。

このように、品質の良い干しいも製造のためには、蒸煮を十分に行なうことが重要である。単に蒸煮時間だけの問題でなく、いもの大きさを揃え、一定

表4　蒸煮時間と干しいもの品質

蒸煮時間（分）	正常（個）	クロタ			シロタ		
		小	中	大	小	中	大
40	0	0	3	1	0	0	6
50	2	2	0	1	0	2	0
60	2	3	0	0	2	0	0

供試個体7個体、いもの大きさは揃えた。小、中、大は発生程度。クロタ、シロタは同時に発生した

図4　シロタを軽減するために熱湯浸漬をとり入れた加工法

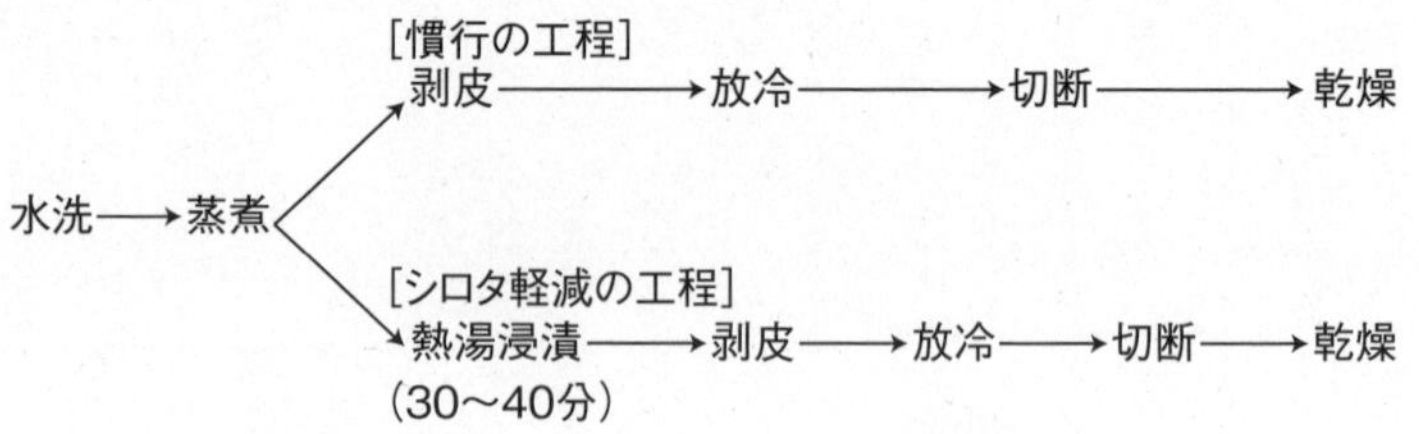

の時間で全体に熱が通るようにする。大きいいもは熱が通りにくく、褐変クロタ、シロタが発生しやすい。

加工法によるシロタ軽減法に、蒸煮後の熱湯浸漬処理法がある。これは、図４に示すように、蒸煮後のいもを熱湯に三〇～四〇分浸けておくことにより、デンプンの糊化を促進し、シロタを軽減させるものである。この方法は手間はかかるが、シロタの発生が軽い場合は効果が高い。しかし、シロタが多発するときは効果は少ない。

近年、掘取り時のいも水分と、シロタの関係が注目されている。いもの水分が多いほど、いもの糖化は順調に進むという。降雨があると翌日にはいも水分が上昇するので、シロタの発生が予想されるときは、降雨後の掘取りがシロタ減少につながると考えられ、今後の検討が期待される。

いずれにしても、以上のように、シロタについては不明な点が多く、栽培と加工を含め検討課題は多い。

貯蔵法

サツマイモは低温に対して弱く、一〇℃以下に一定期間置かれると腐敗する。タマユタカは品種特性として低温に強く、他の品種に比べて貯蔵が容易である。規模の小さな農家では加温をせずに、いもを詰めた玄米袋を納屋に貯蔵し、一二月末まで加工を行なっている。低温に強いタマユタカではあるが、五℃以下に長期間置かれると腐敗しやすくなるので、それ以上の納屋貯蔵は危険である。特にいもに傷があるものは、腐敗しやすいので注意する必要がある。

サツマイモを長期間貯蔵するためには、いも表面の傷を治すキュアリング貯蔵が有効である。キュアリング貯蔵施設は高価であり、大規模農家では導入されているが、多くの中小の農家では難しい。そこで、簡易キュアリングという方法が行なわれている（図５）。

さらに簡易なキュアリングの方法として考えられたのがパイプハウスを利用した方法である（図６）。この貯蔵法は、試験ではキュアリング貯蔵に劣らない成績が得られている。タマユタカという貯蔵性の良い品種だからこそできる方法であるが、低コストの実用的貯蔵法である。

低温処理による糖化促進

甘くておいしい干しいもを作るためには、いもの糖化を進めておくことが重要である。一般に糖化は低温で促進される。茨城県内の農業改良普及センターでは、加工までの低温処理の目安を、一〇℃以下で二週間程度としている。特に干ばつ年などでいものデンプン含量が多い年などは、しっかりと低温処理を行なう必要がある。

農業技術大系作物編第五巻　干しいも用サツマイモの高品質多収栽培　二〇〇二年より抜粋

図5　簡易キュアリング後の貯蔵のようす

①いもを玄米袋に詰め、袋を5～7段に積む。その周囲にわら束を並べる
②全体を保温マットで覆い、裾をきちんと押さえる
③その中に干しいも加工用ボイラーで蒸気を送り､30～35℃で80時間以上キュアリング処理する
④処理が終わったら速やかに7～13℃に温度を下げ、貯蔵管理を行なう
⑤厳寒期には保温マットを二重にするなどして、保温に努める

図6　パイプハウス利用簡易キュアリング貯蔵法　（渡辺ら、1992）

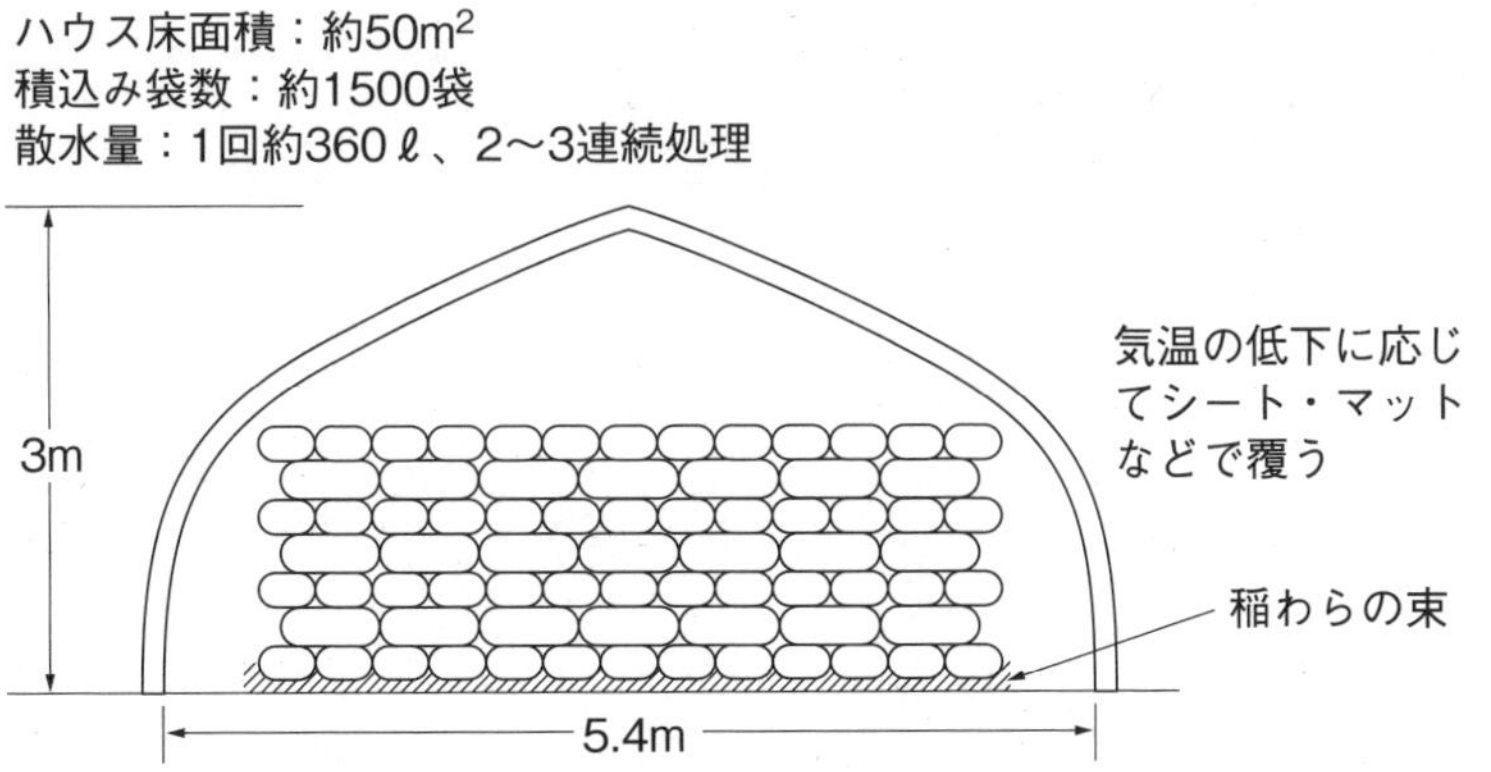

①パイプハウスの中に、わら束を敷く
②いもを詰めた玄米袋を7段くらい積み上げる。約1,500袋
③その上から50㎡当たり、約360ℓまんべんなく散水する
④散水は2日間行ない、その後ハウスを密閉し貯蔵を行なう
⑤温度の低下にともない、ハウス全体をシートやマットで、さらにわらやこもを用いて保温する

輪作、緑肥でサツマイモの減農薬栽培

宮崎県都城市　(有)コウワ　田中耕太郎さん

下郡正樹　宮崎県北諸県農業振興局

地域の概況

都城市の畑地は、標高一六〇～六〇〇mの台地に分布し、土壌は火山灰土壌の黒ボク土が大部分である。気候は内陸性で昼夜の寒暖の差が大きく、年間降水量は二四四九㎜、平均気温は一六・一℃である。初霜は一一月一〇日ころ、晩霜は四月二〇日ころまでとなっている。

近年の焼酎ブームでは芋焼酎が注目を集めたことから、焼酎用サツマイモの需要が高まり、二〇〇三年からは都城市のサツマイモの作付面積が毎年増加している。

また、肉色が紫色や橙色の品種を利用した、ジュースや酢などの加工食品が次々と開発され、サツマイモの新たな需要が生まれることになった。田中さんは地区の有色甘藷生産組合長も務め、アヤムラサキやジェイレッドなどの新品種の導入に、全国で最も早く取り組んだ農家の一人である。

経営の概況

田中さんは、就農当時は兼業農家であったが、その後、専業農家となり、さまざまな品目に取り組んだ。環境や作物、そして自分にもむりをかけない農業を追い求めた結果、サツマイモを中心とする現在の栽培体系に落ち着いた。「適地適作で、地域にあった品目を栽培するのが最もよい」とのことである。

二〇〇三年に経営を法人化し、現在は約五〇件の契約農家とともに、サツマイモ六〇haを基幹とした農業経営を行なっており、そのうち約四分の一を自社で生産している。

出荷については、酒造会社や食品会社との契約栽培にすることで、安定した経営ができるようにしている。

(有)コウワ　田中耕太郎さん（故人）

栽培・経営技術の特色

輪作　サツマイモを基幹作物とし、ジャガイモ、大根、緑肥作物を組み合わせ、四年で作物六作と緑肥四作を栽培する体系を構築している。最近では早生サトイモを試験的に導入し、ジャガイモ収穫とサツマイモ収穫の間の労力の有効活用を図っている。

輪作によって特定の病害虫が増殖することを防止し、経営をサツマイモ一品目だけに頼るリスクも回避している。圃場の利用率を高め休閑させないことは、収益性の向上だけでなく土壌流亡の防止や雑草繁茂の抑制にも役

図1　エンバクのすき込み

図2　生育中のクロタラリア

立っている。

緑肥利用　都城市は畜産が盛んな地帯でもあり、以前は堆肥による土作りを行なっていた。しかし完熟堆肥の安定確保はむずかしく、雑草種子が死滅しないまま堆肥に混入していることもあり、畑に外来雑草が目立ち始めた。なかには除草剤が効きにくい雑草もあり、規模拡大とともに除草作業は大きな負担となっていった。

そこで「畑から雑草を減らすには、雑草種子を圃場に持ち込まない仕組みが必要」と考え、堆肥をやめて緑肥を用いた土作りに取り組むようになって一〇年以上が経過している。

緑肥の導入前は、休閑圃場で雑草が生えるたびに、合計で四回程度はロータリーをかけていた。緑肥の生育中は雑草が繁殖しないので、現在は緑肥を一回すき込むだけである。「作物の収穫後は、できるだけ早く緑肥を播種するようにしている。緑肥の導入によって圃場管理の労力や燃料の消費、機械の消耗を軽減できた。種子の購入費以上の効果がある」とのことである。

緑肥の生育を観察することで、残肥や排水性などの状況を確認できる。圃場全体を診断することができるため、圃場の一部しか診断できない通常の土壌サンプリング調査だけでは得られない情報も多い。

さらに、残肥が多く緑肥の生育が旺盛なときは、畜産農家に飼料として提供し、すき込まずに圃場外に持ち出すことで土壌養分の適正化が図られている。

センチュウ対抗植物　緑肥作物には、センチュウ対抗性のあるものを利用している。ソルガムの「つちたろう」、エンバクの「たちいぶき」や「ニューオーツ」、クロタラリアの「コブトリソウ」などを用いている。

それぞれの緑肥作物で作期が違い、センチュウの抑制効果にも違いがあるため、同一圃場で同じものを使い続けることはない。輪作体系のなかでその時期にあったものを選択するようにしている。

サツマイモ直播栽培　直播栽培には次のような利点がある。①廃棄されるような小さいイモを、種いもとして利用できる。②育苗の労力が省ける。③定植作業が機械化できる。④種いもが養分と水分をもっているので、雨天に合わせた定植でなくてもよい。⑤種いもは苗よりも低温に強いため早い時期から定植できる。

直播栽培を最大で三・六haまで拡大したが、親イモ肥大の抑制など、技術として完成されていない部分もあるため、現在は縮小している。しかし、直播栽培には大きな魅力を感じているため、今後の技術開発に大きな期待を寄せている。

栽培技術の実際

四年で一巡する輪作体系

初年目　ジャガイモ→緑肥→大根

輪作体系は、ジャガイモから始まる。ジャガイモ収穫後は、夏期に緑肥を栽培する。緑肥はセンチュウ対抗性のあるソルゴー（つちたろう）やクロタラリア（コブトリソウ）を栽培し、有害センチュウの密度抑制をねらっている。九月中旬からは大根を栽培し、翌年へと続く。

二年目　大根→早掘りサツマイモ→緑肥

前年から栽培している大根の収穫後、焼酎用のサツマイモを栽培する。八～九月に収穫し、収量は約二五〇〇kg／一〇aで普通期に比べ低いが、その分、単価が高く設定されているので不利にはならない。緑肥はエンバク（たちいぶき）を九月播種で栽培する。

三年目　大根→サツマイモ→緑肥

二月下旬～五月上旬に大根を栽培する。その後、収穫時期が遅めになる作型での焼酎用サツマイモを栽培する。サツマイモのあとはネグサレセンチュウの抑制のため、緑肥としてエンバク（ニューオーツ）を栽培する（翌年に続く）。

四年目　緑肥→サツマイモ→緑肥

前年からの緑肥の栽培後、サツマイモを栽培する。サツマイモの収穫後は、緑肥としてクロタラリア（コブトリソウ）か、ソルゴー（つちたろう）を栽培する。

品種選択

全量を契約栽培としているため、品種は出荷先との協議により決定している。焼酎の原料となる品種は、コガネセンガンの需要が最も多い。

コガネセンガン　焼酎の原料として、長年栽培され続けている品種である。収量が高い反面、黒斑病などに弱く貯蔵性もやや悪いといった欠点もあるので、その点に気をつけて栽培している。ウイルスフリー苗を三年ごとに導入し、種苗を更新している。作付九ha。

ムラサキマサリ　肉部が紫色のためもとは加工食品用であったが、特徴のある焼酎を醸造するための原料として利用されている。長期栽培では収量がコガネセンガンを超えることもあり、直播栽培への適性も高い。こちらもウイルスフリー苗を三年

図3　輪作体系

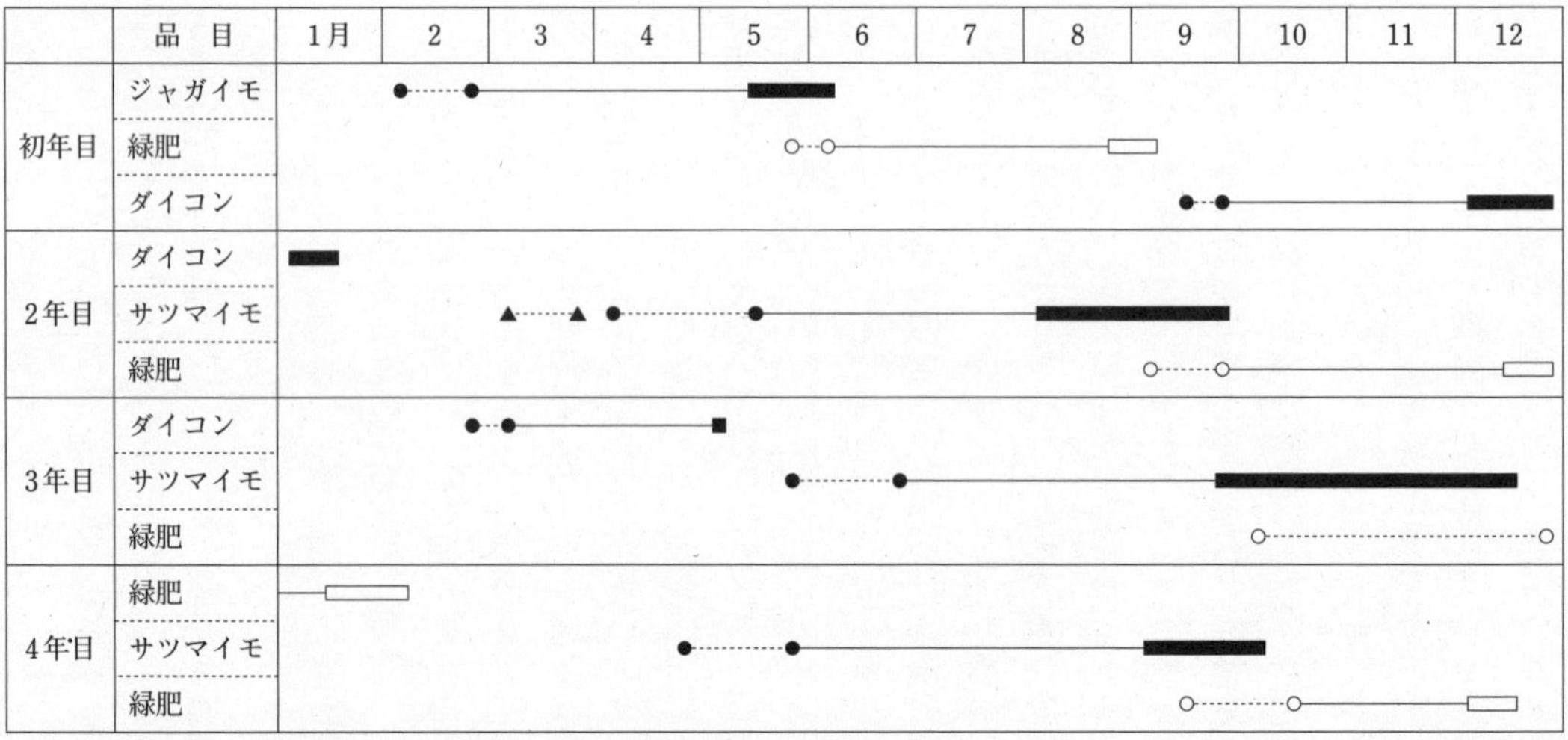

●播種・定植　▲直播サツマイモ定植　■収穫　○緑肥播種　□緑肥すき込み

図4　種いもの伏込み

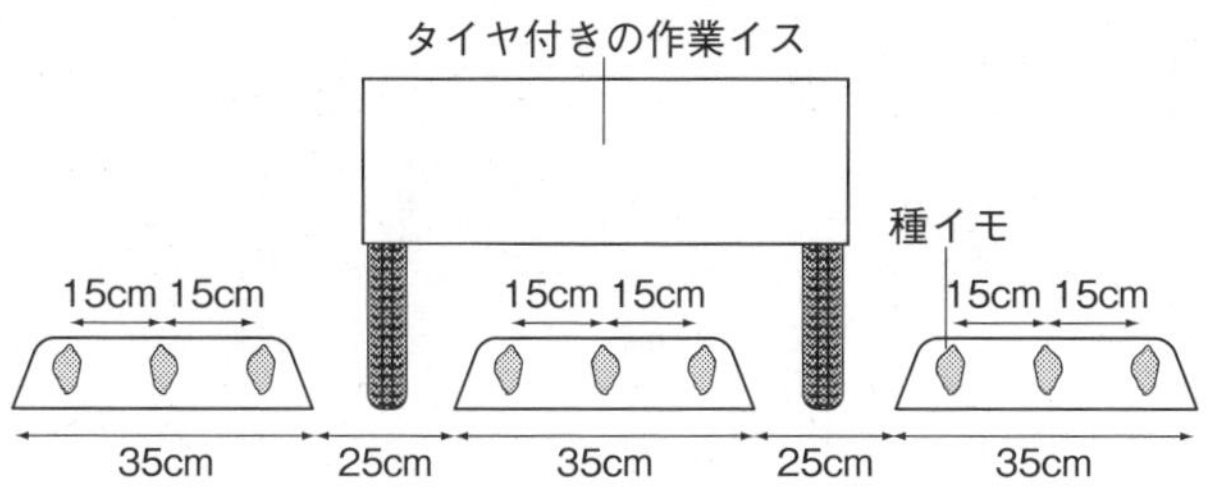

図5　育苗のようす

ごとに導入している。作付四ha。

ジェイレッド　肉部が橙色をした品種。収量は高いがいもの水分含量も多い。ジュースなどの加工食品用であったが、現在は焼酎の原料として利用されている。最近では導入当初に比べて収量が落ちてきたと感じているため、ジェイレッドでも定期的なウイルスフリー苗の導入が必要と考えている。作付二ha。

ベニキララ　肉部が橙色をした品種で、コガネセンガンの変異といわれている。焼酎用や製菓用として栽培している。作付二ha。

宮崎紅　宮崎県で高系一四号から選抜された品種。宮崎県では主に青果用として栽培されているが、田中さんは製菓用として栽培している。作付三〇a。

べにはるか　糖度が高く食味がよい新品種。試験的に栽培に取り組んでいる。作付一〇a。

育苗

育苗床　育苗床は、作業効率が上がるように設計されている（図4）。幅三五cmのうねに、条間一五cmで種いもを三条植えする。うね間六〇cmで三本のうねを立て、それを一つの単位とする。このような様式で中央のうねをまたぐようにしてタイヤ付きの作業イスで移動しながら作業することで、作業強度を軽減している。この育苗様式は近隣の農家にひろがりつつあり、視察にきた農家がとり入れることも多い。

種いも　種いもは一月中旬から伏せ込む。種いもの頭の向きは一方向に揃え、萌芽位置が重ならないように並べている。伏込み後は十分に灌水し、うねをビニールトンネルで被覆する。その上をビニールでべたがけするが、加温は行なっていない（図5）。

温度管理　二月一〇日ころに萌芽するので、べたがけしたビニールを剥《は》ぐ。萌芽まではハウスおよびトンネルを密閉して管理し、萌芽後は二八〜三〇℃を目安に換気している。

土壌消毒とコガネムシ対策

センチュウ対抗性緑肥の導入により土壌消毒をできるだけ減らすようにしているが、必要な場合はD-D92を用いている。

コガネムシ幼虫に対してはダーズバン粒剤で土壌消毒を行ない、アカビロウドコガネに対しては生育期間中のディプテレックス乳剤の茎葉処理で補完している。堆肥から緑肥に切り替えてから、コガネムシの発生も少なくなったと田中さんは感じているようで、残効が長いタイプの薬剤を用いなくても十分に被害を抑えている。「堆肥に含まれているおがくずなどの木質の敷料にコガネムシが寄ってくるのではないか」と田中さんは考えている。

圃場準備

施肥　施肥はN：六・六、P：一八・八、K：二六kg／一〇aを目安に行なう。前作や緑肥の生育によっては、施肥量を減らす。施肥は全面散布で行なっているが、肥料費を抑えるために将来的にはうね内施肥への変更を検討している。

うね立て　うねは幅六〇cmのものを、うね間一〇四cmで立てる。定植は株間四二cmで行なうので、栽植密度は二三八九株／一〇aとなる。

マルチ　マルチ栽培とし、はじめは地温を上げるために透明マルチを用いるが、五月五月ころからは地温が上がりすぎないように黒マルチに切り替える。立枯病が出やすい圃場では、初めから黒マルチとし地温を上げないことで発生を抑えている。

採苗

苗の長さ約三〇cmで採苗している。採苗後は二日ほど取り置きし、苗消毒はベンレートT水和剤で行なっている。

苗の定植

定植は、うねをまたいでイスに座り前進しながら作業できる自走式マルチチェアを用い、作業強度を軽減している。苗を挿すときには先端が二股に分かれたステンレスの棒を用い、苗基部をうね内に押し込んでいる。苗を挿す角度は垂直から三〇度くらい傾け、深さは地中に四節くらいが入るように挿す（図6）。

直播栽培の定植

定植は三月から行なう。小さな種いもを、そのままジャガイモ用の定植機で植え付けていく。親イモ肥大の抑制のためには、種いもを分割するほうがいいようだが、省力化のために分割をしていない。

品種は、直播栽培への適性が高いムラサキマサリを用いている。

除草と病害虫管理

雑草の発生を極力抑えるような管理を行なっているため、雑草の発生は少ない。除草作業は通路への除草剤散布一回程度である。

病害虫管理についても、防除回数を極力減らすようにし、ナカジロシタバなどの発生に応じて年に二回程度の防除を行なっている。

図6　苗の定植

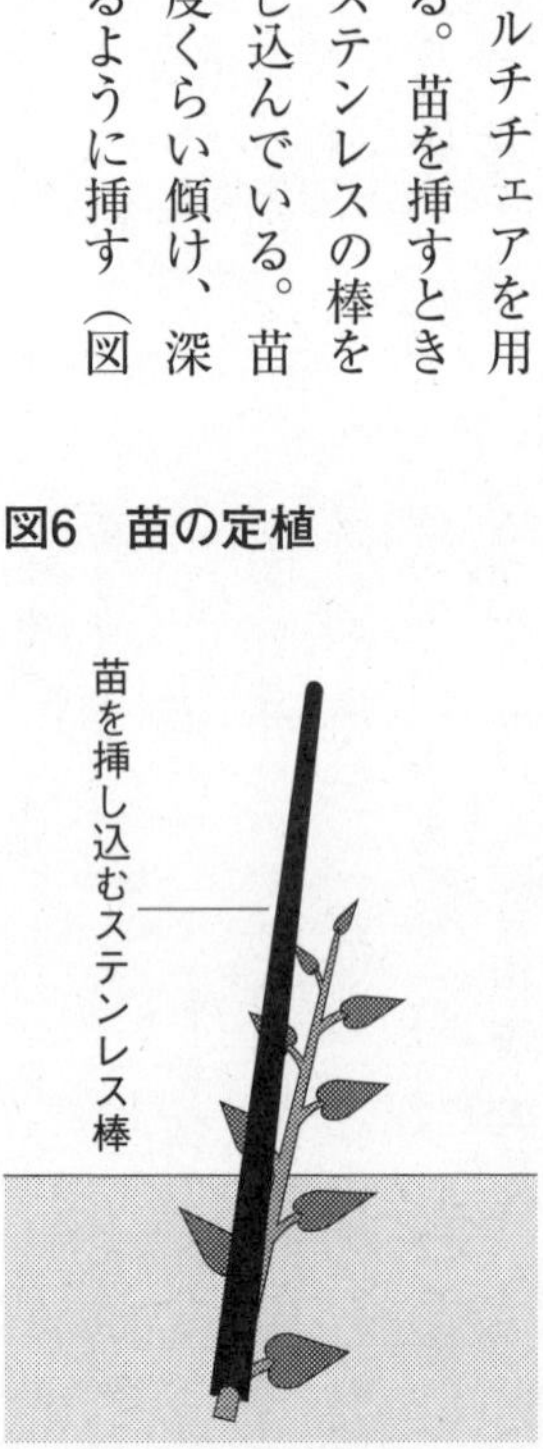

収穫および出荷

収穫は、八月上旬から始まり、一二月まで続く。自走式の掘取り機で、一時間に一〇〇〇kgの収穫ができ、一日に二〇～二五aを収穫する。契約栽培としているため、雨天日でも、場合によっては台風時でも決められた数量を出荷しなくてはならない。契約栽培を始めたころは、このことで大変苦労したそうである。現在は貯蔵庫での一時保管も活用しながら、計画的な収穫および出荷に努めている。

種いもの収穫貯蔵

次年度用の種いもは、九月にイモに傷がつかないようにていねいに収穫し、貯蔵庫に入れて温度一六℃、湿度九〇％で管理する。

農業技術大系作物編第五巻　精農家のサツマイモ栽培技術　二〇〇八年

サツマイモの直播栽培

境　哲文　九州沖縄農業研究センター

古くからあった「直播栽培」

一般的なサツマイモ栽培では、種いもを苗床に伏せ込み、いもから伸びたつる先を本圃へ植え付ける（挿苗栽培）。これに対し、種いもを本圃に直接植え付ける栽培法を、「直播栽培」と称している。

じつは、日本における直播栽培の歴史は古く、日本本土にサツマイモがもたらされた一七世紀には、萌芽した種いもを直接畑に伏せ込む、「トンボ式」と呼ばれる直播栽培が行なわれていた。その後も一部の地域で干ばつ対策として直播栽培が行なわれてきたが、育苗技術の進歩によって、収量や品質が安定した挿苗栽培が広く一般に普及することとなった。

一九四〇年代以降、くずいもの利用や省力化の観点から、直播栽培法の検討がなされ、一九五〇年代半ばからは、中国農業試験場（現・近畿中国四国農業研究センター）で直播用品種の育成がスタートした。

これら一連の研究によって、直播栽培の利点として、①苗床や育苗に要する経費の節減、②くずいもの有効活用、③初期生育が旺盛で挿苗栽培より生産力が高い、④機械化による省力化、といったことが報告された。

一方、欠点として、①多くの種いもが必要、②出芽が不揃いで初期生育が悪いと、雑草の繁茂を招く、③種いもが再肥大しやすい、といった点も明らかにした。

直播栽培の親いもは品質が悪い

直播栽培では、①植え付けた種いもが再肥大した「親いも」、②親いもの根が肥大した「親根いも」、③つるから伸びた不定根が肥大した「つる根いも」の、三種類のいもが着く（写真）。

いもの着き方の性質から、品種も三種類に分類される。すなわち、①親いもが中心の親いも型、②親根いもが多く着く親根いも型、③つる根いもが多い、つる根いも型である。

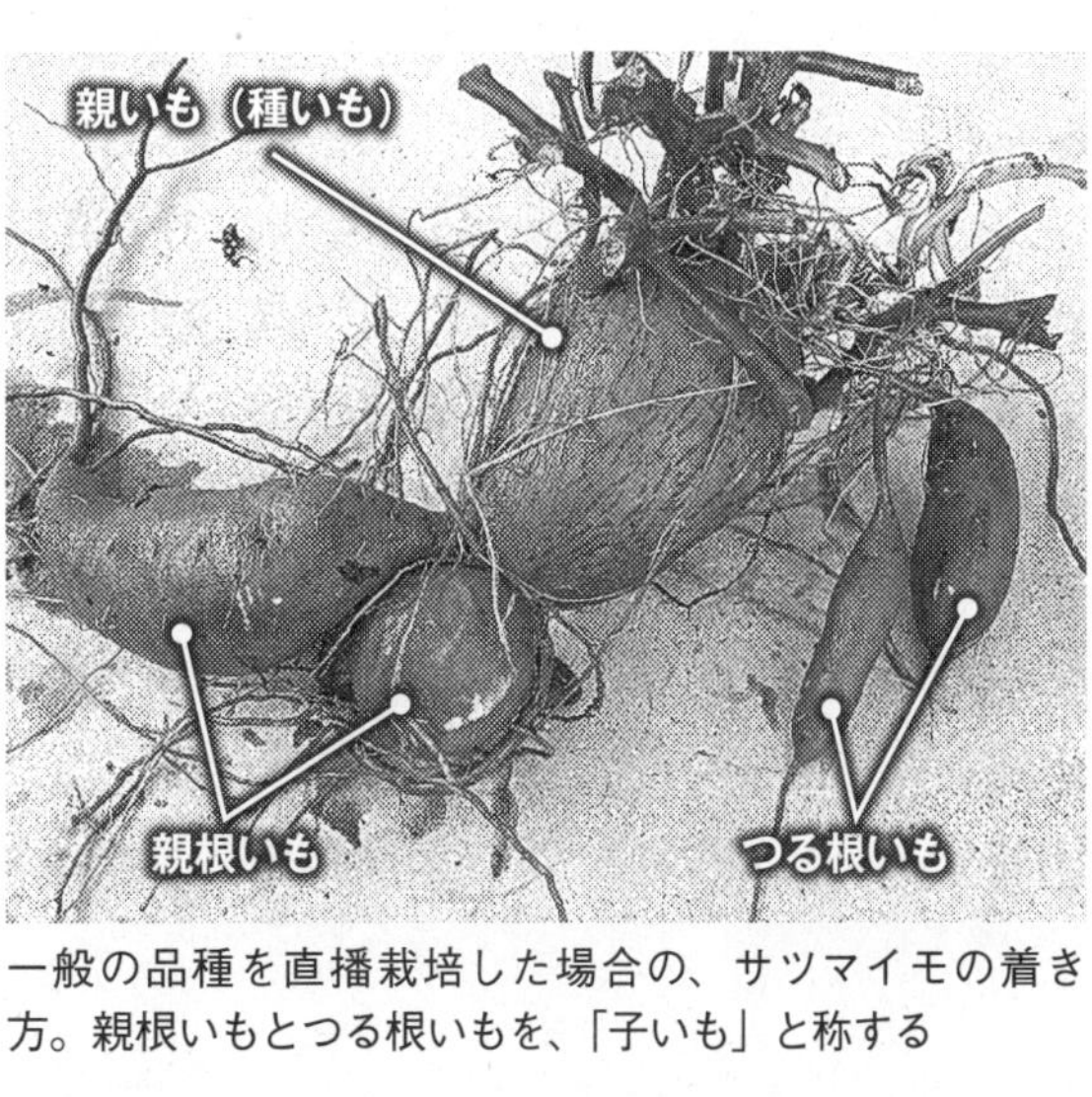

一般の品種を直播栽培した場合の、サツマイモの着き方。親根いもとつる根いもを、「子いも」と称する

親いもの肥大と子いも（親根いも＋つる根いも）の収量には、反比例の関係があるため、親いも型品種ほど子いも収量は低くなる。

肥大した親いもは、空洞や裂開を生じやすく、さらに、古い組織と再肥大した新しい組織が混在するため、デンプンの白度や含量が低く粗繊維が多いなど、品質が劣る。

通常のサツマイモ品種は、親いもが肥大する素質を持っているため、いかに親いもの肥大を抑制するかが、直播栽培法では重要な課題であった。

直播栽培用の新品種の育成

そこで、親いも肥大が小さく、子いも収量が多い、つる根いも型系統の品種改良が進められてきた。一九七四年に、中国農試で、初の直播用品種「ナエシラズ」が誕生した。直播栽培体系が未確立だったこともあり、広く普及することはなかったが、中国地方の一部で原料・飼料用として栽培された。

その後、生産者の高齢化の進むデンプン用、加工用サツマイモ産地では、省力化技術の開発が喫緊の課題となり、一〇年ほど前から、九州沖縄農業研究センターでも直播用品種の育成に取り組んできた。

ジェイレッド　九州農試育成（一九九七年）、β-カロテンを豊富に含むジュース、調理用品種。塊根は短紡錘形で肥大が良く、皮色は淡赤、肉色は橙。切干歩合（乾物率）およびデンプン歩留りが低いため搾汁率が高く、ジュース用として色、香りともに良好。黒斑病にはやや弱いが、サツマイモネコブセンチュウには強、ミナミネグサレセンチュウにはやや強の抵抗性を備える。

つる根いも型から中間型を示し、親いもは肥大が小さく、まれに腐敗・消失するなど直播適性は高い。ただし、萌芽性が劣り、子いも収量は、年次および栽培条件による変動が大きいため、萌芽処理を含め栽培環境に応じた栽培法を検討する必要がある。

ムラサキマサリ　九州農試育成（二〇〇一年）、アントシアニンを含む加工用品種。塊根は紡錘形で形状の揃いや外観が良く、皮色は濃赤紫、肉色は紫。切干歩合はコガネセンガンより二～四％高い。おもに焼酎原料用として生産されており、ワイン風の香味を特徴とする。黒斑病に中～強、サツマイモネコブセンチュウおよびミナミネグサレセンチュウに対し強である。

播種後の種いも腐敗が少なく、萌芽率は高く安定しており欠株は少ない。中間型からつる根いも型に分類され、親いも肥大はわずかで、収量は挿苗栽培と同等かやや上まわる。肥大した親いもの利用に際しては、デンプンの糊化特性およびアントシアニン成分組成が子いもと異なる点に注意。

タマアカネ　九州沖縄農業研究センター育成（二〇〇九年）、焼酎用の高カロテン品種。塊根は球形で皮色は淡褐、肉色は橙。黒斑病には強くないものの、サツマイモネコブセンチュウとミナミネグサレセンチュウには抵抗性。デンプン歩留りが低いため焼酎醸造時のアルコール収得量は劣るが、β-カロテン品種特有の熱帯果実的な香味をもつ。

種いもは、再肥大しないか腐敗・消失し、収穫物の大部分をつる根いもが占める。直播栽培適正が高い。いも数が多いため、いもはやや小さくなるが、収量性は挿苗栽培を上まわり、次年度用の種小いもを適度に着生する。苗の萌芽、伸長性がやや劣るため、播種

ムラサキマサリ。デンプン含量が高く、肉色は紫色で美しい

タマアカネ。肉色は橙色で、デンプン含量は低いが収量はコガネセンガンより多い

前に加温などの萌芽処理を行なうことが望ましい。

直播栽培の方法

種いもの準備

種いもの選定　腐敗のない無病種いもを選別する。種いもは大きいほど初期生育がよいが、最終的な子いも収量には、種いもの大小より、その素質や栽培環境が大きく影響する。したがって、商品価値のない二〇〜五〇g程度のくず小いもを使用するのがよい。

萌芽処理　播種後の欠株は、収量低下の大きな要因となるため、高く安定した出芽・苗立ちの確保が重要である。タマアカネやムラサキマサリでは、種いもを、二五℃、高湿条件下におけば、約二週間で萌芽率は約八〇%に達する。

生産現場では、種いもをコンテナごとビニールハウスやガラス温室に入れ、ビニールシートや毛布で覆ってやることで萌芽処理を行なうことができる。ただし、昼間の高温は種いもを消耗させ、逆に、最低気温が一〇℃を下まわると種いもが腐敗するため温度管理には十分注意する。

切断処理　種いもの切断処理によって、①親いも肥大が抑制される（子いもが増収する）、②使用する種いもの数量の確保が容易になる。

サツマイモの種いもには極性があり、横分割（輪切り）した場合は頭部の萌芽が早く、茎の伸長も良好なのに対し、尾部からの萌芽数は少なく生育は著しく遅れる。縦分割だとこの問題は解消されるが、切断面積が大きくなるため土中で腐敗しやすい。

対策としては三五℃、湿度九〇%以上で、五日間ほどキュアリング処理することで、軟腐病や黒斑病をある程度防ぐことができる。ただし、切断の有無や方法などについては極性の強弱など、品種ごとに萌芽特性を把握したうえで実施することが重要である。

萌芽処理が初期生育に及ぼす影響。左：処理あり、右：処理なし。萌芽処理の方法は、種いもをコモとビニールシートで覆い、温室で1週間加温（平均25℃、湿度48%）

土壌、施肥条件

一般的に、サツマイモ生産に支障がない地域であれば、直播栽培は可能である。水はけが悪く、容気量が少ない土壌条件下では挿苗栽培より減収するが、容気量が多く、湿害が発生しない程度に水分を多く含む土壌で多収となる。逆に乾燥条件下では、収穫物に占める親いもの比率が高まる傾向にある。

ムラサキマサリやジェイレッドでは、挿苗栽培と同様、直播栽培でも施用窒素量を標準（N：P：K＝四・四：六・七：一一・一kg／一〇a）の倍にすると大きく減収するが、半量の場合は、明確な収量差は認められない。

圃場の地力を考慮しつつ、窒素の施用はひかえめに行なう。また、窒素の多い圃場で栽培する場合は、カリを増肥することで収量の向上が期待できる。

播種作業

播種時期　直播栽培では挿苗栽培より早期に植え付け、生育期間を長く確保するほうが有利である。晩植するにしたがい減収する。

なるべく早植えを行なうが、地温が低いほど出芽に要する日数が長くなり、土中で腐敗する種いもが増加する。播種適期は南九州地域では、地温上昇効果のある透明マルチを使用し、四月上旬までに植付けを行なうことが望ましい。

栽植密度　種いもを節約するという点では疎植が有利であり、ムラサキマサリでは二〇〇〇株／一〇a程度の疎植も可能であるが、欠株による減収を考えれば、二五〇〇～三〇〇〇株／一〇a程度が適当と思われる。

播種　播種深度が浅いほど、出芽までに要する日数は短くなるが、浅すぎると低温、干ばつ、鳥害、鼠害などの影響を受けやすい。逆に一〇cmより深くなると、出芽、初期生育が遅れ、収量が低下する。

播種深度は、深さ五cm程度を目安とし、三～六cmの深さに水平に植え付ければ、安定した苗立ちと収量が得られる。

地温の上昇や抑草のためにポリマルチフィルムを使用する場合は、穴開け器や包丁で播種穴を開けて植え付ける。九州沖縄農業研究センターでは歩行型の直播機（写真）を、鹿児島県農試では植付け、うね立て・マルチ作業を同時に行なう作業機をそれぞれ開発している。

播種後の除草や病虫害対策などの栽培管理は、慣行の挿苗栽培と同様である。

収穫の際は、挿苗栽培よりいもの位置がやや深くなる傾向があるので、いもを傷つけないよう注意する。親いもと子いもが混在するので、品質の劣る親いもは廃棄し、五〇g以下の小いもは、翌年用の種いもとして貯蔵しておく。種いもに適当な大きさの小いもを着生しない品種の場合は、梅雨明けの前の六月下旬～七月上旬に密植を行なうなどの採種栽培を行なう。

労働時間は挿苗栽培の六割に

直播栽培の最大のメリットは、省力化である。労働時間は、慣行の挿苗栽培の六割程度ですむ。

また、ポリマルチフィルムを使えば、南九州の平野部では、挿苗栽培より一カ月ほど早い三月中下旬から植え付けが可能で、作業分散が容易なため大規模経営に適する。

宮崎県都城市の農業生産法人、有限会社コウワでは、早くから直播栽培に取り組んでいる。生産者の高齢化が進むサツマイモ産地の維持に貢献できるよう、九州沖縄農業研究センターでは、継続的な技術協力を行なっていきたいと考えている。

歩行型直播機による播種作業。圃場は農業生産法人㈲コウワ

現代農業二〇一二年四月号　サツマイモの直播栽培／農業技術大系作物編第五巻　直播栽培の利点と播種方法　二〇一二年より抜粋

原産地、栽培の起源

坂井健吉　農水省農林水産技術会議

栽培種の起源、新大陸からの伝播

サツマイモの原産地については、メキシコからペルーにかけての熱帯アメリカであるとみられている。

コロンブスが一四九二年にアメリカ大陸を発見して、サツマイモをスペインに持帰りイサベラ女王に献上したという話はあまりにも有名で、一般にこれが新大陸から旧大陸への伝播の最初と考えられている。その後スペインを中心に南欧にひろがったが、ヨーロッパの大部分を占める寒冷地には適さず、また洋食には不向きなこともあって、ヨーロッパではそれほど重要視されなかった。

ヨーロッパ人（とくにスペイン人やポルトガル人）の東洋進出に伴い、サツマイモも東洋に伝播した。スマトラ島やマレー半島、ルソン島に伝わり、一六〇〇年ころには中国の福建省に伝わったとされている。また、アフリカの喜望峰回りの探検船は、アフリカ西海岸にもサツマイモを伝播したとされている。サツマイモが風土に適し、救荒作物として原住民に歓迎され、真価を発揮したのは東洋やアフリカへ伝わった以後である。

なお、サツマイモの新大陸からの伝播は、コロンブスのアメリカ大陸発見後にだけ帰することはできず、紀元前一〇〇〇年頃に南太平洋の島々に伝わったと考えられている。

日本への渡来

わが国への渡来についても諸説があるが、中国の福建省あたりから沖縄を経て九州の鹿児島や長崎に入り、逐次本土へ伝播していったことは確かである。一五九七年、中国から沖縄宮古島に入り試作された記録があるが、より確実な記録は、一六〇五年に、野国総官により中国福建から沖縄に種いもがもたらされ、儀間親雲上《ぎまぺーちん》真常《しんじょう》が栽培普及に努めたというものである。

本土へは一六一二～一六一三年、フィリピンのルソン島から鹿児島県坊ノ津に入ったという説と、一六一五年沖縄（琉球）から長崎に入ったという説とがある。いずれにしてもこのころに渡来し、以後逐次本土へ伝播していった。

伝来当時の作り方については、つまびらかでないが、古書によれば現在一般に用いられている移植栽培のほか、種いもを切断してヤマノイモのようにして植える直播栽培もあったようである。しかし直播栽培は種いもの腐敗が多く（直播いもから出たつるを追植えするように記されている）、収量が上がらなかったため衰退し、もっぱら移植栽培が普及していったものと思われる。移植栽培での苗作り、植付け、収穫、貯蔵法については、戦前の栽培法とそう大差がない方法がとられていたようである。

農業技術大系作物編　第五巻　原産地、栽培の起源と分布　一九七五年より抜粋

植物としての特性

坂井健吉　農水省農林水産技術会議

サツマイモ（*Ipomoea batatas* L.）は、ヒルガオ科サツマイモ属（*Convolulancea*科*Ipomoea*属）に属する。サツマイモ属には約五〇〇種の植物が含まれているといわれる。

形態的特性

茎　サツマイモは、ほとんどが節のある匍匐性植物だが、茎の長さは、五〇～六〇cmの叢《そう》状（草むら）のものから、六～七mあるいはそれ以上の熱帯産葛《くず》状のものまである。匍匐茎には不定根が各節に発生する。

葉　完全な単葉が二／五葉序で螺旋形に配列している。葉形は変化に富み、丸形、心臓形、戟《ほこ》形で、切れ刻みの深いものから浅いものまである。

葉柄は七～八cmから三〇cmくらいまであり、その基部は品種により茎を巻いている。また通常、基部はクッション状の構造をなし太くなっている。

根　根形は、実生直根以外は不定根で、塊根、茎、葉から出る。半葉を鉢植えしても根が出る。

不定根は叢状の根系をなし、あるものは肥大する。肥大根（塊根）の形は球状～長紡錘状まであり、皮色は赤紅から黄白まで変化に富んでいる。表面は滑らかで艶のあるものから、皮目が浮かび上がって褐色の粗なものまである。また、肋骨状の瘤脈のあるものがあり、四～六個の条溝を有する。側生芽（不定芽）は、条溝に沿った痕根から四～五本出る。

花　花は熱帯、亜熱帯ではよく開花して結実するが、わが国では開花することはあっても結実は稀である。花は、直径が三～五cm、筒の部分は長さが二・五～三cm、色は品種によって多少異なるが、ごく稀なるものを除いて淡紅色で、筒の底部は黒ずんでいる。二本が長く、三本は短い雄ずいが、雌ずいの周囲にある。種子はアサガオのものと同様、さくの中にできる。さくの中には一～四個の種子ができる。

自然交雑が容易に起こる虫媒花で、開花はふつう夜明けとともに始まり、午前中で終了する。

種子　一般に、開花結実には、塊根形成より長期間を要する。また自家不稔や交配不稔があって、環境条件が良好でも結実しないことがある。蒴《さく》果はそれぞれの房に二個の胚珠をもつ二房からなり、球状を呈する。種子は直径三mmの半円球で黒褐色を呈し、硬実である。

実生《みしょう》苗　硬実のため、傷をつけるか、濃硫酸に約一時間浸漬し水洗して播種すると、三〇℃前後の温床内では急速に発芽伸長する。初生根は一～二日で出、その後に胚軸が急速に伸びるので、三～四日で五～六cmの幼植物となる。側根は早期に分化し、一五日もすると支根が根の上部にみえる。胚軸の伸長とともに子葉も伸長する。土か

図1　花と種子

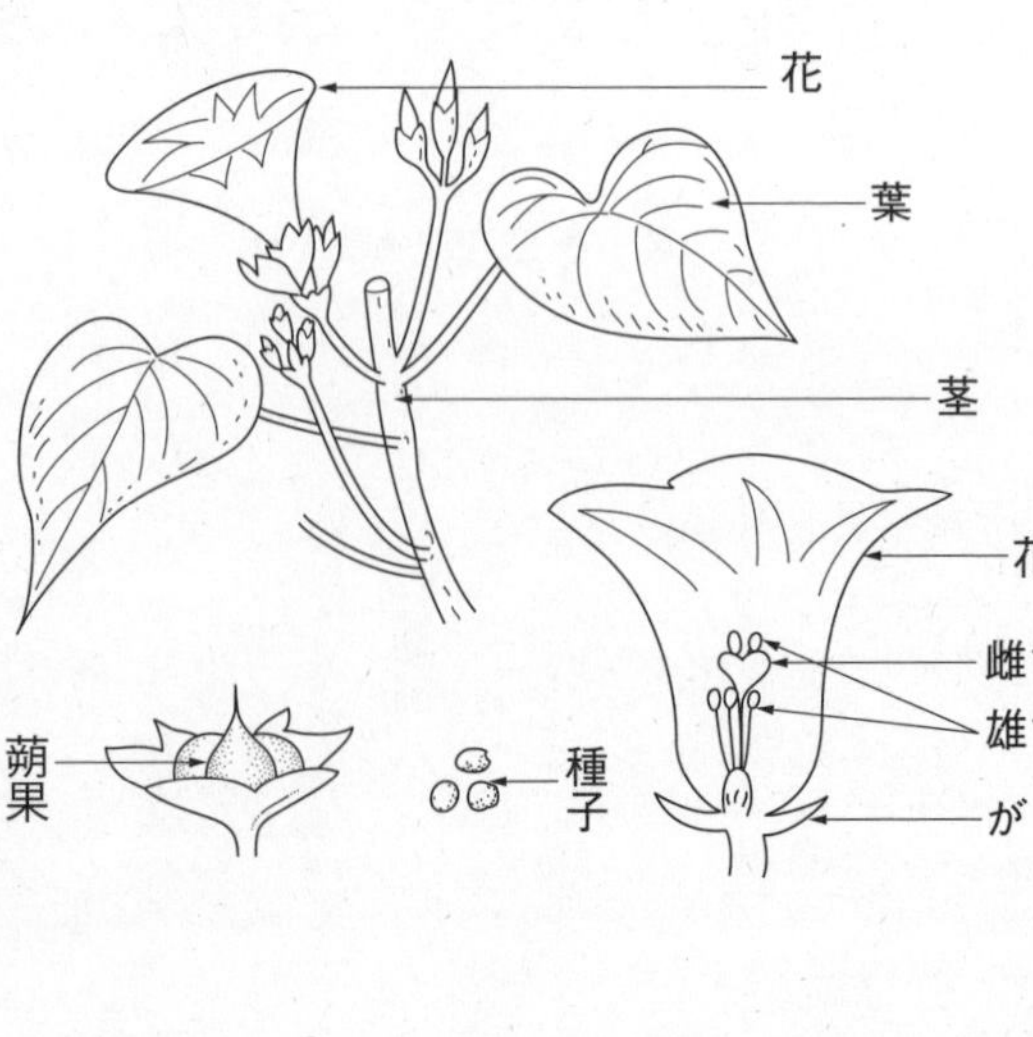

ら出てくるにしたがって種皮から脱し、子葉の葉柄が伸長して互いに分かれる。播種後約三週間で三～四枚の心臓形の本葉が出、六～七週間で植付け可能な苗になる。

生理的特性

サツマイモは、他の作物に比べて、単位面積当たりの乾物生産量が高い特徴をもっている。これをイネと比較してみると、最大乾物生産量はイネのほうが高く、一週間に一㎡当たり二〇〇g生産されるのに対し、サツマイモは一二〇kgにすぎない。これは、サツマイモはイネに比べて、葉が広く水平にひろがるので受光態勢が悪く、最適葉面積指数が低い結果である。しかしサツマイモは、長期間にわたり高い乾物生産力を維持できる特色があり、このことが単位面積当たりの乾物生産量の高い原因になっている（図2）。

一方、高い乾物生産量を無駄なく塊根に貯蔵するには、光合成によって作られた同化生産物を、できるだけ消費しないようにすること、つまり植物体の呼吸量を小さくすることが大切である。サツマイモの呼吸量は、葉面積指数三の条件で、葉／茎比〇・六と〇・三のばあいを比較すると、前者に比べて後者の呼吸量は約五〇％増大する。実際に、生育中期以後の一日当たり呼吸消費量／光合成量は二〇～三〇％である。

したがって、能率のよい乾物生産を行なうには、葉／茎比を高く保ち、無駄な呼吸を少なくするよう、窒素施用を適切に行ない、過度の繁茂をさけること、つまり「つるぼけ」をさせないことが大切である。

農業技術大系作物編　第五巻　植物としての特性　一九七五年より抜粋

サツマイモ近縁野生植物の分類

サツマイモ近縁野生植物の分類については、サツマイモと交雑が可能な野生植物は、倍数性を問わず*Ipomoea trifida*とする日本の研究者と、4倍体および6倍体植物は*I. batatas*であるとする米国の研究者との間で、長い論争があった。

2001年に小巻克巳氏（農研機構東北農業研究センター）は、サツマイモの近縁野生植物の形態的変異、交雑の可能性、および分子レベルでの解析に基づいて、サツマイモと交雑が可能な近縁野生植物は倍数性を問わず*I.batatas*と分類するのが妥当と結論付けている。（『サツマイモ近縁野生植物の系統分類およびその育種的利用に関する研究』）

（編集部・本田）

図2　サツマイモとイネの乾物生産能力の変化

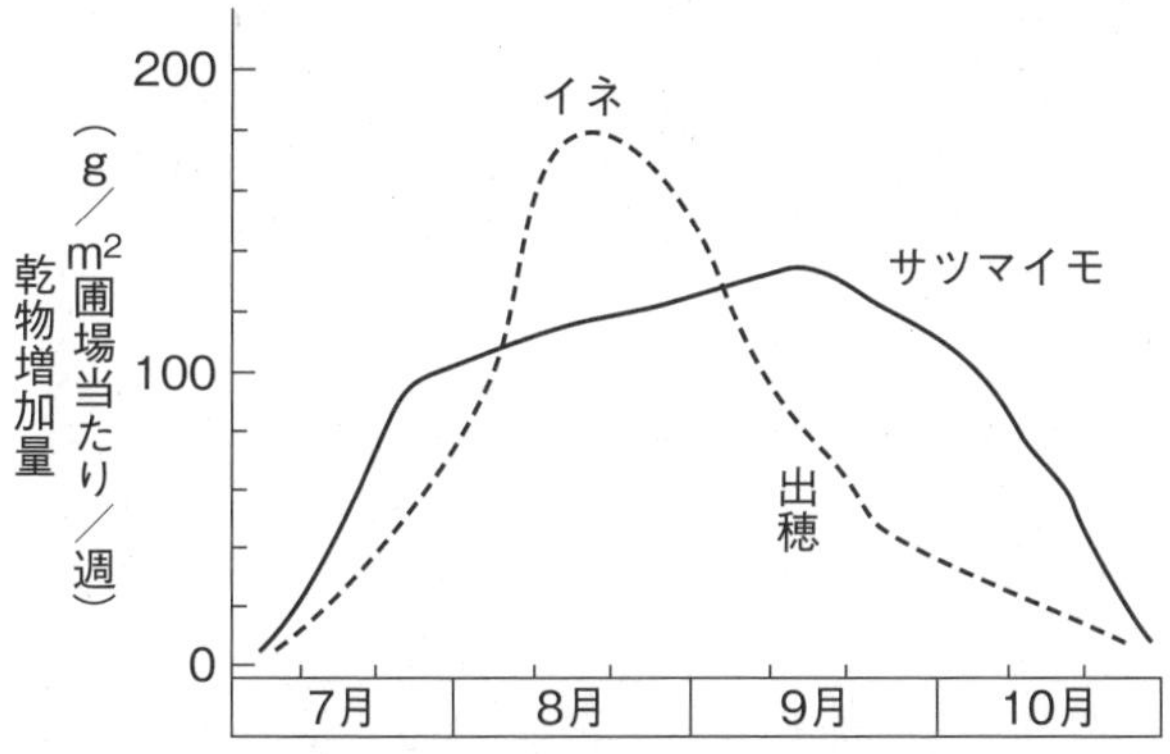

サツマイモは普通栽培（津野ら, 1965）

気象要因と収量

加藤真次郎　農業研究センター

気温

種いもの萌芽適温は二八～三二℃であるが、品種によってやや異なる。床温が三六℃以上になると種いもが腐敗しやすく、九℃以下の低温でも種いもは腐敗する。挿苗した苗の発根には、地温が一五℃以上必要であり、一五℃以上では高温ほど発根数は多くなり、発根に要する日数は短縮される。三五℃以上になると、逆に発根数は少なくなり、四〇℃では発根は止まる。早期に温暖となる暖地や海岸の砂地では早植えができ、また、遅植えであっても、あるていどの収穫量は確保できる。

　サツマイモの生長は、一五℃から三五℃までは高温で盛んであるが、三五℃以上になると衰える。生育初期の乾物増加量と、同期間の平均気温とのあいだに正の相関が認められている。光合成が盛んに行なわれる温度は、二三～三三℃と推定されている。光合成産物の転流は気温の低いばあいには根の方向に多く、気温の高いばあいには未展開葉および生長点に多くなる。また、気温の日較差が大きいと塊根への転流量も多くなると考えられる。生育後期の塊根への分配に対し、高温は負の関係にある。

　日本における栽培限界は、生育期間の積算温度が三〇〇〇℃以上必要であり、サツマイモの経済栽培が可能な北限は、東北の宮城県、北陸の新潟県とされていた。しかしながら、ベニアズマでは、生育期間の積算温度が札幌で約二一〇〇℃、盛岡では約二五〇〇℃であるが両者とも二t／一〇a以上の上いも収量を得ており、収量的には温暖地と大差がなかった。

　食用サツマイモの品質に関係する問題で、生理障害である裂開は、塊根分化期の低温、地温較差、土壌水分較差が関係している。皮脈については、塊根肥大前期の高温乾燥が関与しているようである。

日射量

　葉身での光合成により、大気中の炭酸ガスをとりこむことによって、乾物の生産が行なわれている。三万ルクスまでは、日射量の増大によって、光合成量も増大するので、日射が強く、日照時間が長いほど、乾物生産量は多くなる。挿苗時に、日照不足となると、温度も上昇せず、発生した根は発達が停止し、塊根の肥大は遅れる。

　遮光試験では、乾物生産が抑えられて、地上部重、塊根重が減少するが、とくに塊根重の減少量が多い。生育初期の生育を支配する主な気象要因は気温であるが、七月上旬ごろから、日射量の影響も加わる。塊根形成には、日照時間が関係するとされ、不足すると根の発達、いもの分化、塊根の肥大が遅れる。塊根肥大期の八～一〇月に日照不足となると、つるぼけ現象を起こしやすい。

降水量

　サツマイモは乾燥に強く、降水量の少ない地下水位の低い場所にも広く分布している。しかしながら、生育時期によっては、水分の影響の大きな時期がある。植付け直後の乾燥は活着を不良にする。また、八月の生育中期の降水量は、乾物生産量に影響を与え、この時期の干ばつ害は大きい。このような時期における灌水の効果は大きい。

　一般に降水量が多すぎると、日照不足をまねくので、生育の中～後期には、地上部の生育および塊根の肥大ともに抑えられる。

降霜など

　サツマイモは熱帯原産の作物のため、霜にはきわめて弱い。関東では五月上旬に降霜にみまわれることがある。圃場に極早期に挿苗するときには、トンネルマルチを行ない霜害を回避する。

　秋期に降霜があると、葉身は枯死し、光合成による乾物重の増加は望めない。

　降雹があると、葉身が破壊され、生育が一時ストップする。しだいに、腋芽が伸長し、地上部は回復し、茎葉は繁茂する。しかしながら、塊根収量は大幅に減少している。

農業技術大系作物編　第五巻　生育環境・栽培条件と収量構成の変動　一九八七年より抜粋

土壌環境と生育

飯塚隆治　九州農業試験場

サツマイモ栽培地はおもに関東以南各地に分布し、土壌の種類も多岐にわたる。代表的土壌についてその一般的特性をサツマイモ栽培の特性とからめてまとめると、おおよそ表1のとおりとなろう。

土壌の特性と有機物施用効果

無底コンクリート枠試験では、厩肥連用によって黒ボク土、淡色黒ボク土とも施用量の増大に伴って、いも重は三倍に増収した。跡地土壌の分析では土壌窒素が増大したが、交換性カリの増加率がきわめて高く、多窒素による弊害を抑えたものと考えられる。一方、いもの増収が二倍にとどまった安山岩風化土、砂丘土ではカリの吸収増に比べ窒素の吸収増が大きく、いも増収率が小さかったものと思われる。

養分の溶脱の激しい火山砂礫土でも、窒素成分の多い下水汚泥や鶏糞の施用は、いずれも一〇a当たり一tを限度に収量は頭打ちとなる。豚糞では二t、牛糞では三tまで増収がみられる。また、窒素肥沃度の比較的高い黒ボク土では、都市下水汚泥の効果は、無肥料下で、堆肥での効果は窒素施用下で認められる。これらの現象はいずれも有機物と土壌の窒素供給力に対応しており、サツマイモが窒素過多をきらう性質を強く反映している。

以上のような養分的な機能のほかに、有機物の施用は土壌の物理性、微生物性における改良効果がある。

土壌水分とサツマイモの生育

一般に土壌が過湿になると茎葉はよく茂るが、いもの肥大は不良で細根が多くなる。生育初期の過湿は、土壌酸素の不足で発生する根が細根になりやすい。逆に、生育初期の過乾ではゴボウ根になりやすい。また生育盛期では乾燥によっていもが丸みとなり、湿潤では長くなる。

サツマイモは干ばつに強いといわれる。これは、短期の干ばつでは一時的に生育が抑制されても、その後の降雨で生育の回復が可能ということである。すなわち収量の低下には干ばつの期間が影響し、他作物に比べ相対的

表1　サツマイモ栽培地の土壌の特性

土壌の種類		主な分布	水はけ	通気性	水分保持能	養分保持能	養分供給能
火山性	淡色黒ボク土	関東・中南部九州など洪積台地	良	有機質多投により酸素不足	やや良	良	P.K不足
	腐植質黒ボク土	関東・中南部九州など洪積台地	良	有機質多投により酸素不足	良	良	P.K不足.N過多あり
	火山砂礫土	南九州など	過多		不良	不良	N不足
非火山性	砂質土	湾岸性砂浜土など	過多		極不良	極不良	N.P.微量要素不足
	沖積砂土	各地河川敷などやせ土	過多		不良	不良	N不足あり
	沖積砂壌土～壌土	低地	良・中	地下水位高のため過湿害あり	やや良	やや不良・良	N過多あり.Kは豊富
	赤黄色土	各地第三紀層の台地など	中・不良	排水不良のため過湿害あり	良	良・やや不良	N.P不足あり

に被害が小さいことを述べたものであって、弊害のないことをいったのではない。

微粒赤色土（おんじゃく）の畑地ではサツマイモで厩肥施用により二割、さらに灌水によって一割の増収がみられている。黒ボク土の干ばつ年での灌水による増収は、品種によって異なるが一～三割に達している。多量の厩肥施用により生育中期以降表層部の土壌水分の減少がみられ、窒素過多の危惧と相まって、適量の施用が大切である。また安山岩質土壌では、施肥処理のちがいによる収量差は干ばつ時にみられなくなる。

以上のことから、サツマイモ栽培といえども、土壌の水分管理が重要なことがうかがえる。

養分収奪からみた土壌環境の変化

土壌の肥沃度　土壌養分量の多少は土壌の種類によって異なるが、その絶対量だけでなく供給様式の差異の把握が重要である。サツマイモの栄養特性から、窒素の過多にならない適少量の継続的な供給とカリの十分な補給が必要である。

すなわち、窒素肥沃度の低い火山砂礫土でも、緩効性窒素質肥料による増収効果が認められており、後期の窒素肥効の持続効果もさることながら、初期の窒素供給の制御効果がみられている。

さらに、降雨による養分溶脱の大きい南九州の黒ボク土では、緩効性カリ質肥料による肥効持続が収量増をもたらしている。また、深層カリ施用が表層多量施用に比べ増収効果の高いことが見出され（津野ら一九六八）、生育の中～後期における、いも根によるカリの吸収の重要性が指摘されている（生育初期は茎根による表層での吸収が主体）。

養分収奪量　サツマイモは肥沃度の低いやせ地でも育つとされるが、茎葉を含め養分の収奪量は少なくない。いも一tの増収により、一〇a当たり窒素四・五kg、リン酸一・九kg、カリ一一kgが吸収されることになり（表2）、標準施肥による投入量を想定すると持ち出される量がはるかに多い。

四tの塊根を生産するのに必要な養分量は、渡辺によると窒素一三・六kg、リン酸八kg、カリ三六kgとされており、筆者らの早植サツマイモでは表2に示したように、窒素一四kg、リン酸六・三kg、カリ三五kg／一〇aと計算されている。後者は、標準施肥量を窒素二、リン酸六、カリ六kg／一〇aとした事例で、とくにカリと窒素では施用量のおのおのの七倍と六倍の収奪がなされることになる。

窒素成分の不足分が土壌窒素から供給されるとすると、窒素の無機化につれて土壌炭素の消耗も起こるので、長期的には土壌腐植の減耗とそれに伴う塩基交換容量（CEC）の

表2　サツマイモの養分吸収量と塊根部への配分割合

要素		いも1t増収するための必要量	いも収量4tのばあいの吸収量	塊根への配分割合
三要素	窒素（N）	4.5kg/10a	14.0kg/10a	63%
	リン酸（P_2O_5）	1.9	6.3	77
	カリ（K_2O）	11.0	35.0	75
微量要素	亜鉛（Zn）	10g/10a	28g/10a	78%
	銅（Cu）	7	22	75

栽培法が異なる10試験地での3ヵ年のデータから計算した値

低下や水分保持能の低下など、土壌物理性の悪化も起こることになる。

　カリ成分の消失は、交換性塩基総量の減少と、そのなかでカルシウムの占める割合の増加とをもたらす。K／Ca比の低下は、サツマイモによるカリ吸収上ますます好ましくない方向に変化させる。

　これらの理由からも、稲わら牛糞堆肥のようなカリ成分に富み、窒素成分量の抑えられた有機物資材の補給の重要性が理解されよう。なお、表2（右端）に示したように、吸収される各養分の塊根部への配分割合は、カリ、リン酸では四分の三、窒素では二分の一強と高いので、たとい茎葉を還元しても収奪量の大きいことも配慮されたい。

　サツマイモによる一〇a当たりカリ一kgの収奪により、黒ボク土では作土の交換性カリは乾土一〇〇g当たり〇・〇一二五me（ミリグラム当量）が減少することが試算されている。したがって四tのいもを収穫すると約三・五kgのカリが収奪され、土壌の交換性カリが一〇〇gにつき〇・四me減ることになる。

　普通畑作地の土壌診断基準値（九州地域）は、交換性カリでは乾土一〇〇g当たり〇・三～〇・六meとされているように、上記の減少量がいかに大きいかを理解できよう。

養分収奪への対応　多雨下にあり溶脱量の多い南九州畑地では、冬期の緑肥栽培と春先のすき込みによって、上いも収量の一割増の効果を認め、その肥効は堆肥と同程度であるが短期的には緑肥用肥料をサツマイモへ上積み多肥することによって代替できるとしている。しかしながら長期的視点にたてば地力への総合的な効果を評価する必要があろう。

　南九州の食用サツマイモ地帯では、イタリアンライグラスなど冬作物の導入が指導されている一方、有機物施用量は平均二tから〇・五tに低下している。

農業技術大系作物編　第五巻　生育環境・栽培条件と収量構成の変動　一九八七年より抜粋

施肥による生育制御

沢畑　秀　九州農業試験場

施肥量の多少と生育・収量

　サツマイモは、土壌中の養分を吸収利用する力が強い特徴をもっているので、他の作物では生育不良になるようなやせ地でも比較的よく生育する。また、肥沃地では窒素を吸収しすぎて、塊根への分配率が低下して、過繁茂による減収をきたすことがある。これらのために、必要養分量に比べて、施肥量が少ないことが多い。

　九州地域で、一〇a当たり四tの塊根収量を生産したばあいの肥料三要素吸収量は、窒素一四kg、リン酸八kg、カリ三六kgていどであるといわれている。このように、多収を得るためには多量の養分を吸収する必要があるので、地力からの供給量では不十分であり、相当量の施肥が必要である。

　窒素は、葉面積の拡大や根の発達に役だつので、生育初期には適量を吸収させることが大切であり、塊根肥大中期には吸収過剰による過繁茂を防ぐために吸収を抑制することが大切になってくる。

　リン酸は、火山灰土壌などで初期生育を促進する効果が高いが、多肥による増収効果は比較的少ない。

　カリは、塊根の形成・肥大を良好にする効果が高いので、全生育期間にわたって十分に吸収させる必要がある。また、カリの多用は、切干歩合を低下させることはあるが、その他の生育障害は比較的少ないので、多収を目標にする栽培では多量に施肥されることが多い。しかし、カリを多用しても増収効果がない事例も多く、カリだけの多用よりも、カリと窒素をバランスよく吸収させることが重要といわれている。

図1　窒素、カリ濃度と塊根重

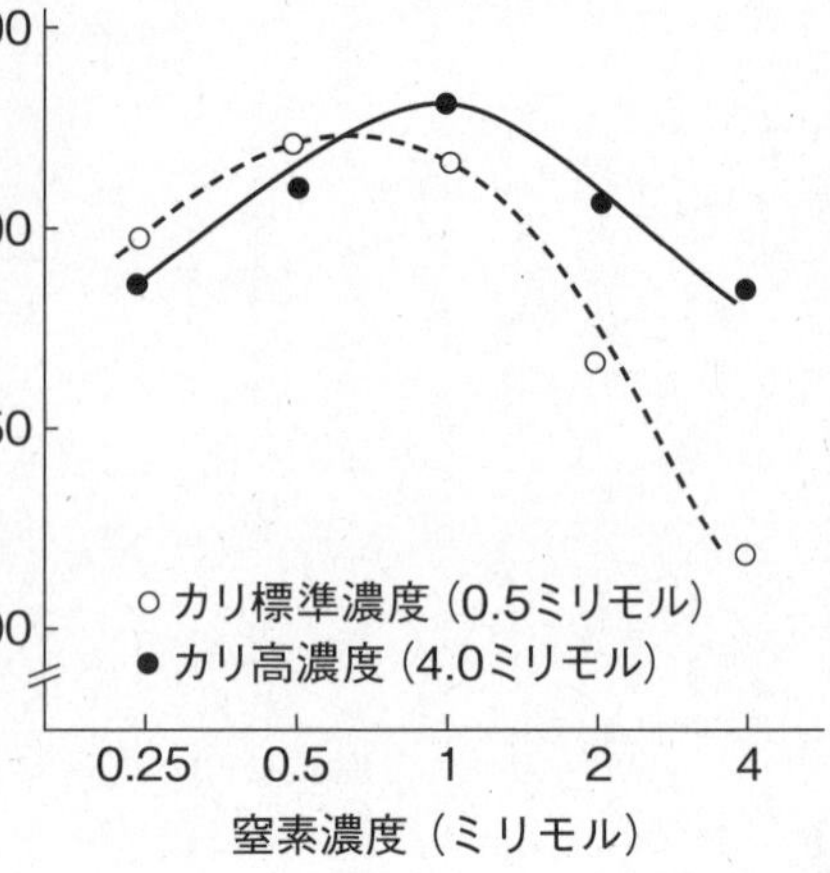

窒素、カリの供給量と生育・収量の関係を知る目的で、窒素濃度五水準、カリ濃度三水準として、九州試（熊本）で実施した礫耕試験における処理濃度と塊根重との関係は、図1に示したとおりである。塊根重は窒素低濃度で少、標準（〇・五ミリモル）ないし二倍濃度で最も多く、高濃度で少になる曲線で示される。これらの関係は、カリ濃度標準区と高濃度区では異なる曲線で示され、両曲線の対比から、カリ多用の効果は窒素濃度が高くなるにつれて増大することが認められる。

同様の礫耕試験における窒素、カリの供給量の差が収量に及ぼす影響の品種間差を検討した結果は、図2に示したとおりである。塊根重は窒素濃度の高低によって大幅に変化し、カリ濃度の高低による影響は比較的少ない。また、窒素濃度の高低による生育反応の品種間差も認められ、多収品種であるコガネセンガンは、農林一号や農林二号と比べて窒素適濃度区で多収が得られるとともに、窒素高濃度による減収程度も少ない。

図2　品種ごとの窒素、カリ濃度と塊根重

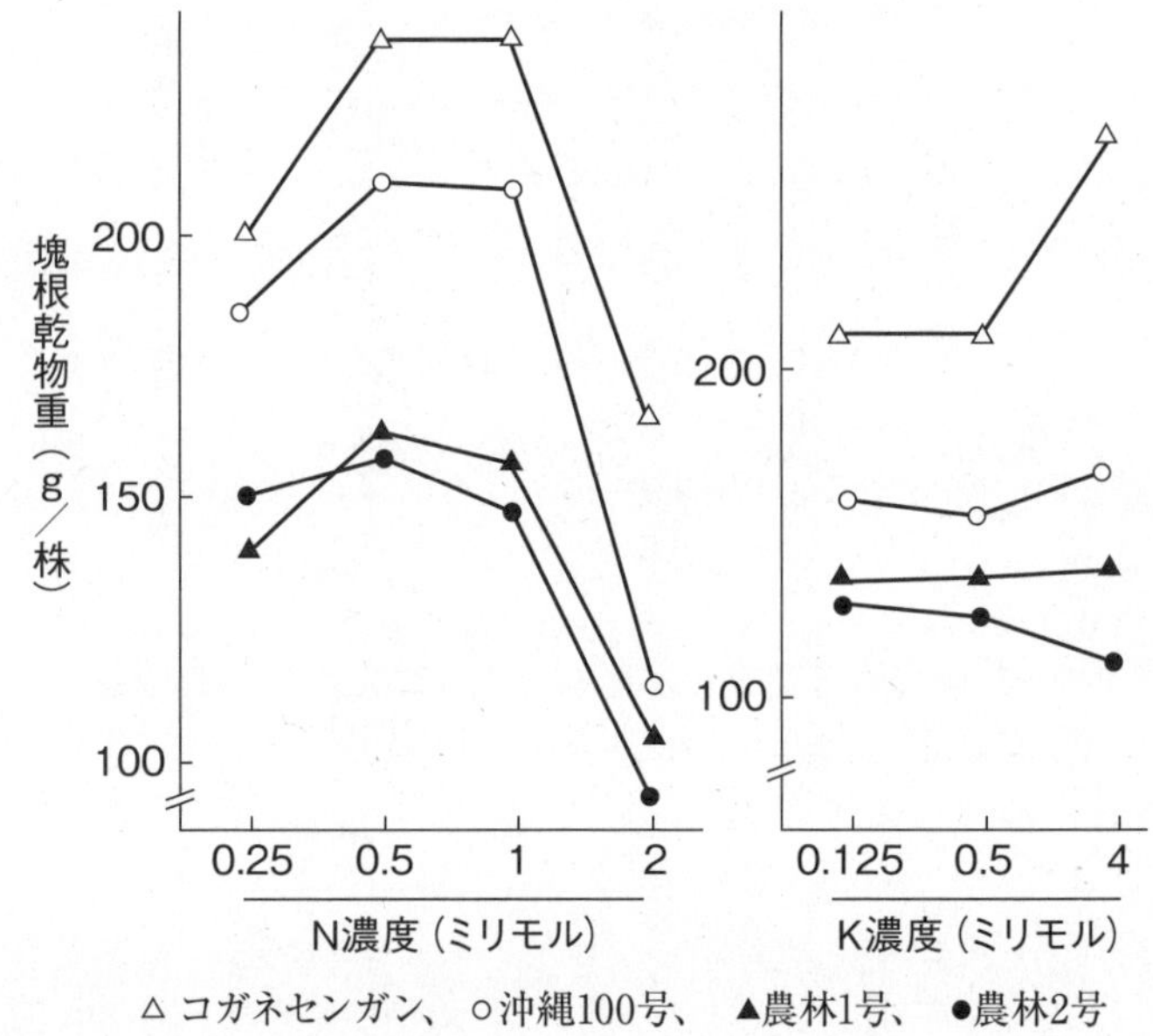

これらの礫耕試験および既往の知見から、窒素は生育量、生育期間および塊根への分配率に対する影響力が大きいので、施肥適量の幅は比較的狭く、カリは塊根の形成・肥大や分配率に対する影響力は大きいが、多すぎによる障害は比較的少ないので施肥適量の幅は比較的広い。これらのことから、まず適当な生育量を確保するために必要な窒素が供給される施肥量を求め、次に分配率の低下を軽減するために窒素の三倍ていどのカリを施肥して、両者の施肥適量を検討していくことが、施肥量決定にあたって重要である。

窒素、カリの含有率と生育・収量

サツマイモ地上部の窒素含有率の推移を図3、カリ含有率の推移は図4に示す。

葉身窒素含有率の推移は、挿苗期から活着期ごろまでは急激に低下し、活着後に根系が発達するにつれて急に高くなり、やがて最高に達する。以後は収穫期まで低下の一途をたどる。葉身カリ含有率の推移も窒素のばあいと同様の傾向をたどる。

鹿児島農試で一〇a当たり六t以上の収量

図5　多収サツマイモの葉身窒素含有率

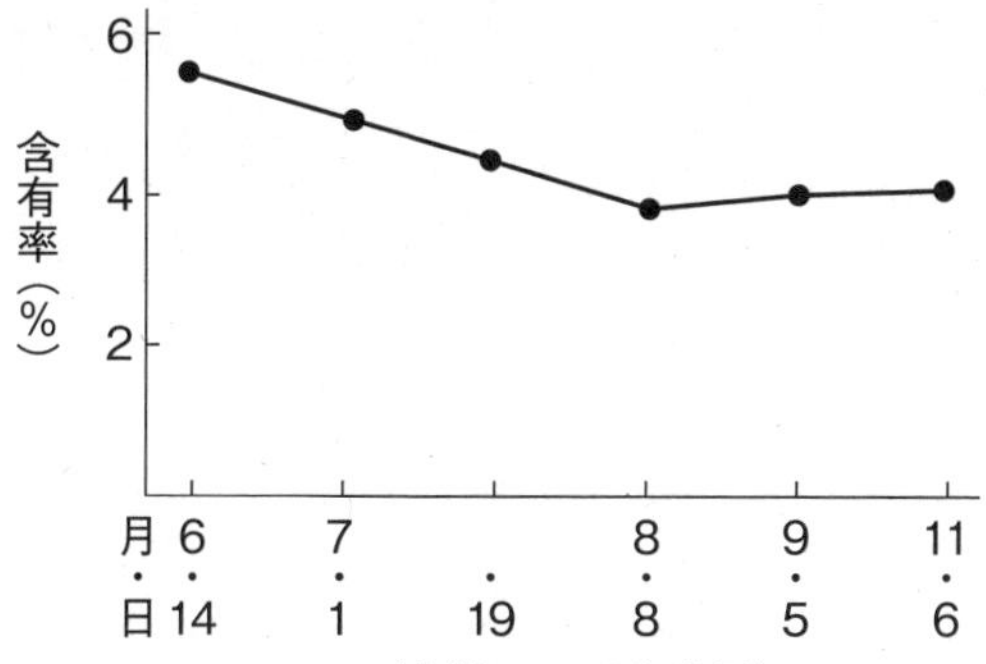

（内村、1975から作図）

鹿児島農試、1967年4月25日植え

図3　サツマイモ地上部の窒素含有率

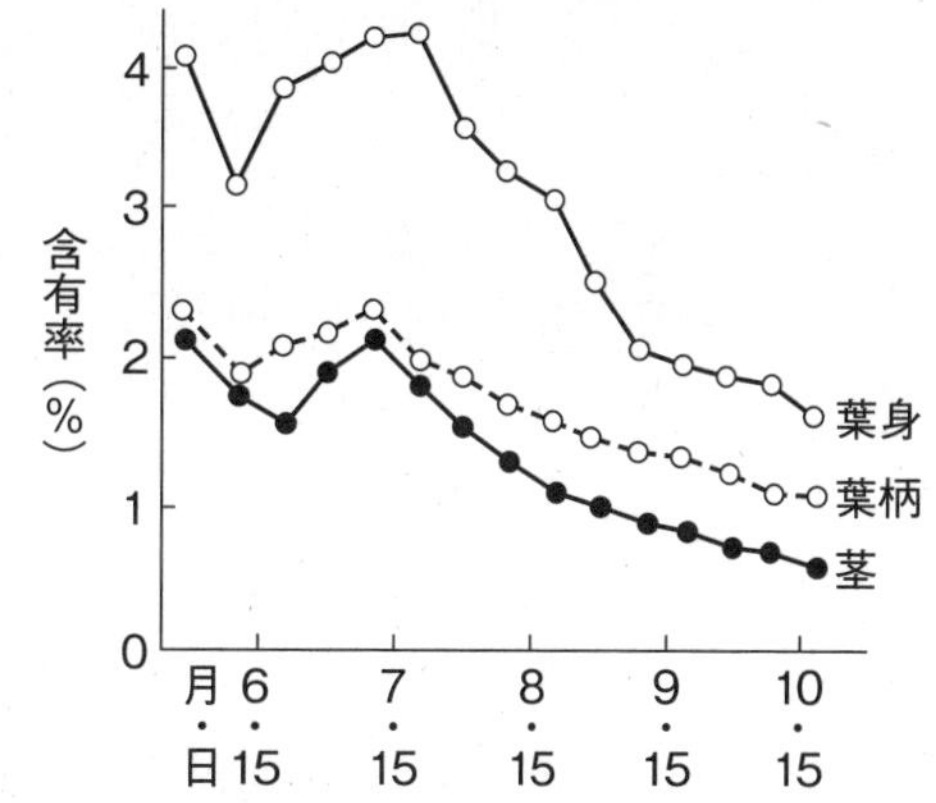

（戸苅ほか、1955の原図から作図）

10a当たり施用量：窒素3kg、リン酸6kg、カリ12kg

図6　葉身窒素含有率の理想的経過（模式図）

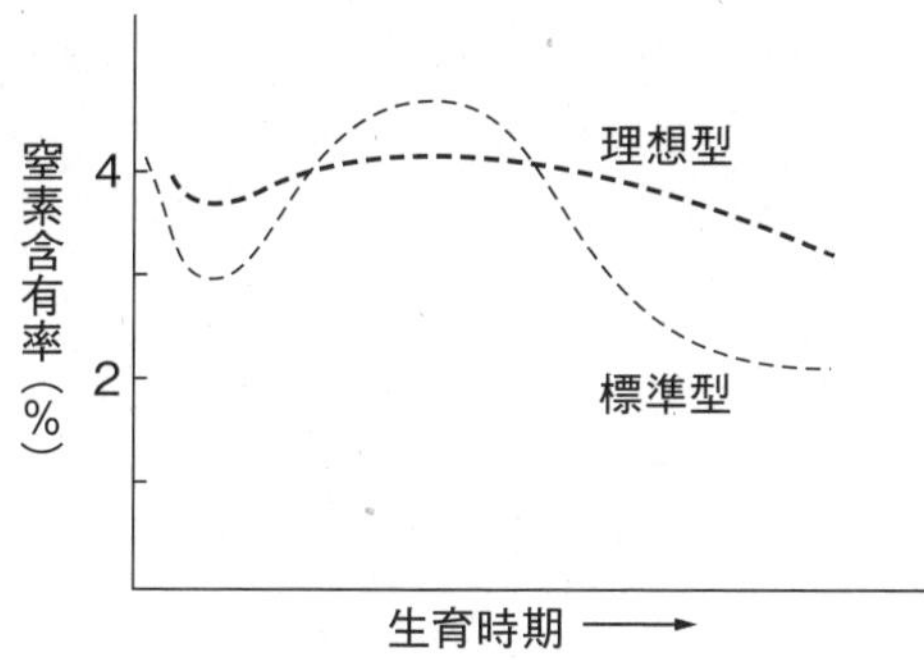

図4　サツマイモのカリ含有率

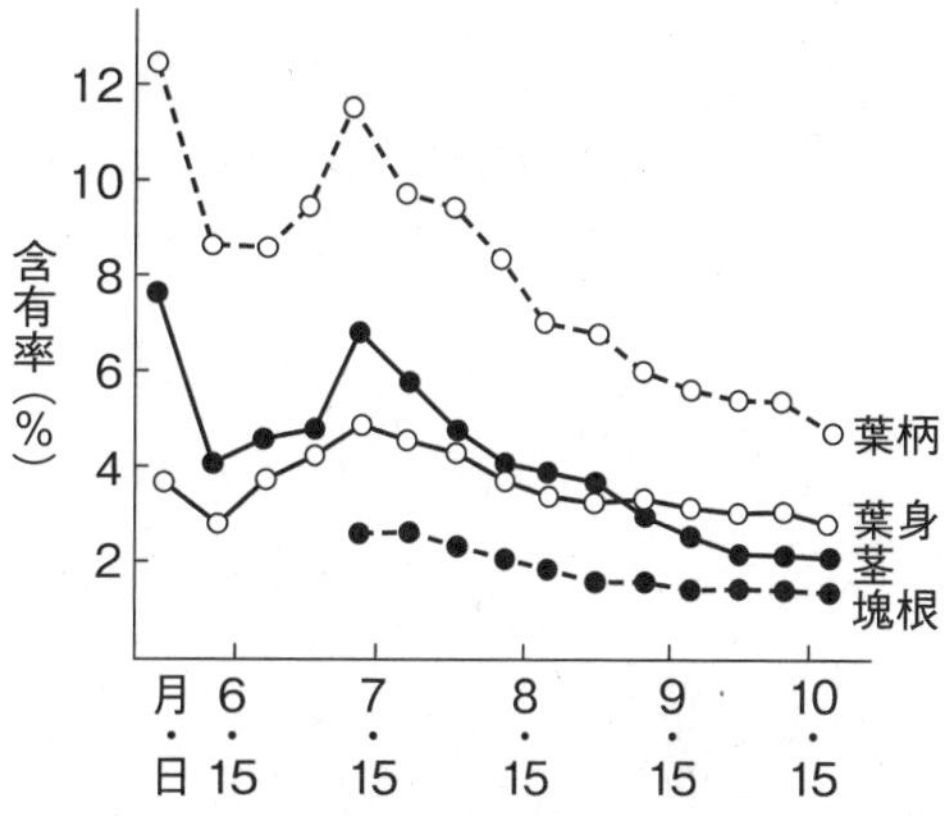

（戸苅ほか、1955の原図から作図）

をあげた、早植マルチ栽培試験における葉身窒素含有率の推移を、図5に示す。この図から、窒素含有率の時期的変化が少なく、生育期間が長いにもかかわらず後期まで比較的高い窒素含有率を維持しているという特徴が認められる。

これらの試験結果から、多収を得るための理想的窒素含有率の推移を想定し、図6に示した。すなわち、標準的窒素含有率の推移は、点線で示した起伏の多い曲線で示されるが、理想的窒素含有率の推移は、各生育時期ごとの適値を結んだ破線のような、なだらかな曲線であると推察される。

なお、生育時期ごとの葉身窒素含有率の適値の絶対値は、栽培環境条件によって異なり、鹿児島農試の早植マルチ栽培のように栽培環境条件がよいばあいには、関東地方などの普通栽培と比べてかなり高い値となる。

多収生育相へ近づけるための施肥法

挿苗から塊根形成期までは、養分吸収力が弱いので、窒素、リン酸を十分に吸収させて活着の促進と葉面積の拡大を図る必要があり、同時にカリを十分に吸収させて塊根形成を促進させる必要がある。塊根肥大前期には、生育を促進させて早期に葉面積を最適値にする必要があるが、窒素吸収量が多すぎると分配率の低下をきたして過繁茂になるおそれがある。塊根肥大中期には、高温などによって天然養分供給量が多くなるので窒素の吸収量を抑制することが重要になってくる。塊根肥大後期には、老化や低温などのために、窒素やカリの吸収量が低下しやすいので、適量を吸収させることが大切である。これらの時期別の養分供給方向に従って、施肥による生育制御を行なうことになるが、畑地では養分吸収量をコントロールすることは困難なので、次善の策としては次のような施肥技術が考えられる。挿苗から塊根形成期までは、発根後すぐに肥料三要素が吸収利用されるように、株元に十分な肥料があるような施肥を行なう。

この点については、マルチ栽培は養分吸収促進にきわめて好適な環境条件を提供する。塊根肥大前・中期における窒素の吸収過剰害を抑制する施肥法としては、この時期までに吸収されるくらいの施肥法、遅効性肥料の深層施肥、不熟有機物の多用、カリ肥料の多用などがある。しかし、これらの処理は、土壌の環境条件などによって効果が異なり、的確な効果を期待することはできない現状にあり、窒素吸収抑制技術のないことが、生育制御のネックになっている。

塊根肥大後期における窒素、カリの吸収を促進する方法には、堆肥の増施、追肥、遅効性肥料の深層施肥などがあるが、これらの方法も土壌の環境条件によって効果が異なるので、適量を吸収させることはむずかしい。

このように、施肥による生育制御の効果には限界があり、地力の増進や栽培技術などを含めた総合的対応がなされ、しかも天候がうまく組み合わせられたときに、全生育期を通じて適量の養分が吸収利用されて多収が得られる。すなわち、施肥技術は、多収を得るための有効な手段ではあるが、ほかの条件によって効果が異なることが多いので、さらに検討しなければならない課題が多く残されている。とくに、養分供給量が多すぎるときに、吸収を抑制する適切な技術の開発は、今後に残された大きな課題である。

一方、コガネセンガンやシロユタカは、耐肥性が高く、窒素の多施による分配率の低下程度が少ない特性をもっているので、古い品種と比べて多収生育相に近づけやすく、施肥による生育制御が比較的容易になった。

また、マルチ栽培は、土壌の環境条件を良好に保ち、肥料の流亡もないことから、施肥による生育制御が比較的容易にできる。鹿児島農試における多収品種を用いた早植マルチ栽培では、理想的生育相をたどらせ、毎年一〇a当たり六t以上の多収をあげる技術を確立しているので、さらに多収をあげる技術が開発されるものと期待されている。

農業技術大系作物編第五巻　生育環境・栽培条件と収量構成の変動　一九八七年より抜粋

養分吸収と施肥

武田英之　千葉県農業試験場

養分吸収の特徴

サツマイモを火山灰土の千葉県北総台地畑で栽培し、一〇a当たり二tの収量を得たときに吸収した養分量は、図1のとおりである。

サツマイモは窒素を吸収する力が強い。窒素が多すぎると茎葉ばかり繁茂していもは減少する。植付け後一か月くらいの期間は、発根した根がいもに分化する時期である。この時期に窒素が多いと同化養分が茎葉の伸長にだけ使われ、いもの分化・肥大に回らず、直接減収につながる。

根が、いもに分化したのちは、茎葉を茂らせ葉面積を確保して同化量を増大させることが大切なので、この時期に窒素が効くようにする。

収穫時には窒素が切れないとデンプン価が低くなり、まずいいもになる。窒素に関しての施肥上のポイントは、植付け後と収穫前の一か月は窒素を少なくすることにある。

他の作物に比べていも類はカリの要求量が大きく、とくにサツマイモの収量は土壌中のカリ含量に左右される。リン酸は要求量が小さい。

図1　サツマイモ品種別養分吸収量（マルチ栽培）

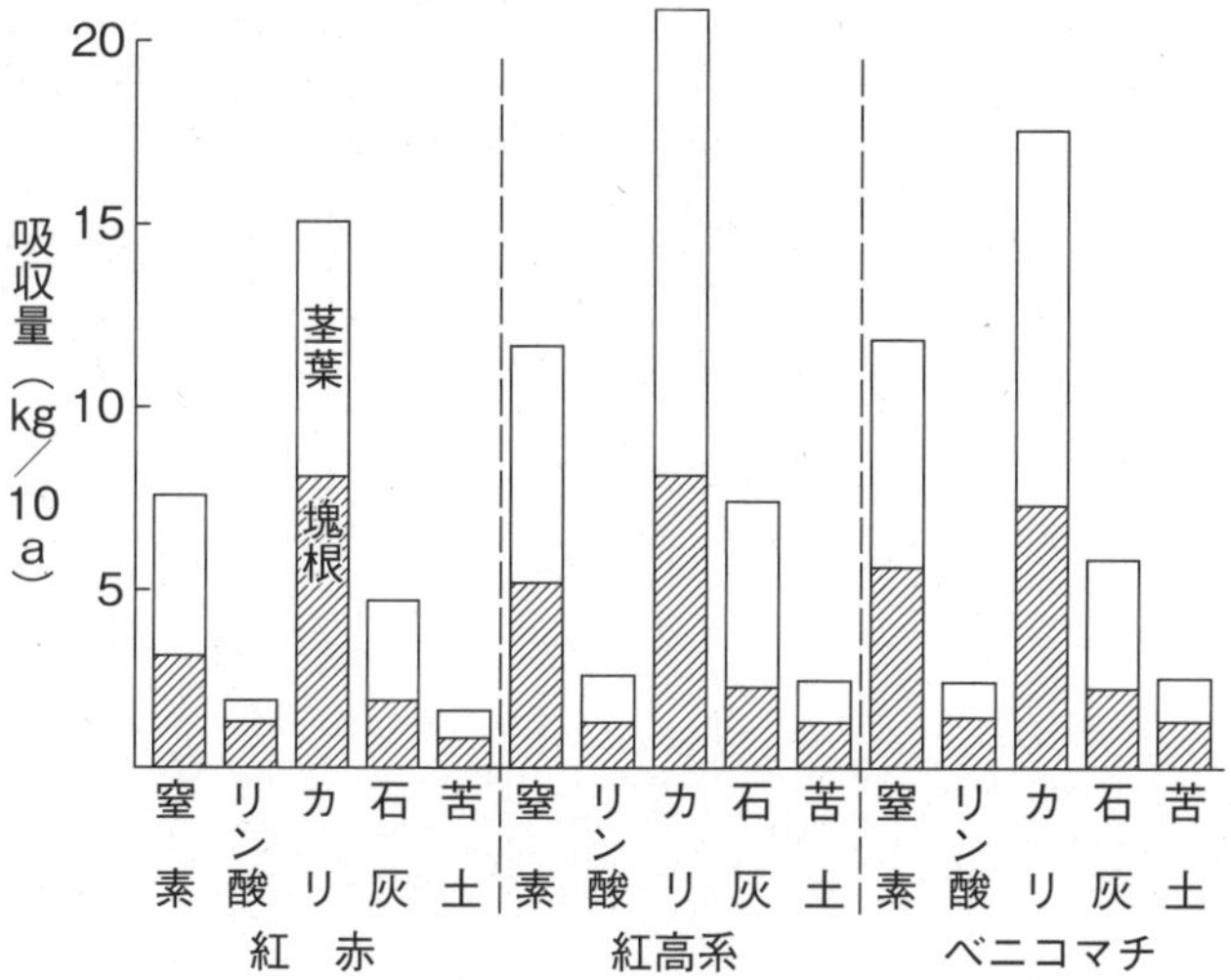

（いも収量：2t／10a 換算）　（甲田ら、1981）

表層腐植質黒ボク土
施肥量（kg／10a）：窒素0.8、リン酸9.5、カリ8.0

石灰は窒素の半分ていどの量が吸収されているが、カリとは拮抗的にはたらき、多すぎると全体的に生育を抑制し収量が低下する。

土壌pHが高すぎるのもよくない。マルチ栽培ではうね内が高温乾燥状態になることが多いが、それにさらにpHが高い条件が加わると、苗の立枯れやいもの潰瘍を起こす放線菌などが繁殖して障害をもたらす。

サツマイモ栽培にとって重要な土壌条件は土壌の物理性で、いもが肥大する作土層の保水性、空気率、コンシステンシー（土質）などはもちろん、下層一mくらいまでの構造も影響する。保水性が小さいと初期の高温乾燥害をうけやすく、空気率が小さすぎると肥大が悪く、固結力が大きいといもが変形する。地下水がつねに高いと苗の活着はよいが食味が悪く、収量も低くなる。下層まで粗大孔隙が多すぎると毛管連絡が切断され、水分供給が不足して高温乾燥害を助長する。

麦-サツマイモ体系で化学肥料が不足していた時代でも、堆肥は麦だけに施すのがふつうであった。麦わらを心に入れるうねづくりも行なわれ、土が締まって空気不足になったり、滞水したりするのを防ぐ効果があった。堆肥は積み込んで半年以上経過した完熟堆肥といわれるものでも、直接いもに触れると皮色は褐変し不良品になる。サツマイモ栽培に施す堆肥は、二〜三年かけてつくった土と区別できないボロボロのものが望ましい。

有機物施用は土壌の固結を防止し、いもの形状をよくするという土壌物理性改善の意義が大きいが、現在ではフィルムマルチによってこの効果が代替されている。

施肥技術の実際

高系を早出しするばあいは、目標収量は低めになるので施肥量も少ない。火山灰土や沖積土では、一〇a当たりの施肥量は窒素五kg、リン酸一〇kg、カリ一〇kgていどが多い。植付け二か月後の土壌一〇〇g中の無機態窒素量が四〜五mg、収穫の一か月前は二mg以下になるのがよい。

砂土で、堆肥はもちろん、いもづるなども入れないで栽培する徳島県では、吸収量の大部分を化学肥料で施している。窒素が一〇a当たり一四kgにも達し、追肥重点の施肥となっている。

各地の施肥事例は多様であるが、一〇a当たり堆肥を一tと窒素三kg、リン酸一〇kg、カリ一〇kgていどの施用が多い。三要素にホウ素、米ぬか、油かすなどを加えた専用肥料が各地に普及している。

紅赤は耐肥性が小さいので、連作でしかも窒素は一kgていどしか施さない。生育期間が一五〇日以上もあるのに、収量は二・五t以下に抑えるといった栽培が行なわれている。最初に出た根が、いもに分化しつづけることが形状のよいいもを多収する要締である。植付け後一か月間は地温を二二〜二六℃、土壌水分を圃場容水量の六〇％以上（pF二・二以下）に保つことが必要である。肥料に関しては窒素が多いといもに分化せず、つるぼけする。土壌溶液の浸透圧が高くなり根は水を吸収しにくくなり、老化が促進されるものと思われる。砂土では地力窒素やカリの供給が少ないので、追肥は不可欠である。

多収穫畑の土壌中の石灰含量はかなり少ない。また苗立枯れなども石灰の多い圃場で発生するなどの点から、石灰類の施用はひかえるほうがよい。しかし砂土畑では吸収量にも満たない場所もあるので、施用しないと欠乏する。

土壌施肥編第六-二巻　サツマイモ　一九八五年より抜粋

苗質と生育・収量

中谷　誠　農業研究センター

サツマイモではしばしば苗半作といわれ、篤農家は栽培の第一歩は良苗の育成にあることを強調する。しかし、ひと口に良苗といってもそのもつべき条件は多様である。ここでは苗の内的要因と発根や生育・収量との関係をみて、良苗の条件を考える。

苗体内での根原基の発達

サツマイモの根原基は、育苗中に苗の節部に形成されている。節位別の根原基の形成発達の様相を、表1に示した。根原基の形成は最上位展開葉の最上節から始まり、その数は第五節に至るまでふえていく。またその太さや長さは、第六〜七節付近で最大に達する。

苗を植え付けると、切り口や節間にも新たに根原基が分化し、それらも発根はするが、いもになることはまれである。のちにいもになるのは、もともと苗体内に形成されていた太い根原基が発根したもののことが多い。このことから、良苗の条件としては、太い根原基をもった、少なくとも六〜七節以上の苗ということができる。

表1　節位による不定根原基の性状　（戸苅1950）

節位	根原基数	平均根径（mm）	平均根長（mm）
−1	1.0	0.24	0.08
1	1.7	0.42	0.12
2	2.0	0.57	0.23
3	3.2	0.51	0.32
4	3.2	0.69	0.64
5	3.8	0.75	0.82
6	5.2	0.74	1.02
7	3.7	0.85	1.23
8	4.7	0.87	1.31
9	4.3	0.77	1.14
10	4.2	0.80	1.13

注　品種：九州1号

苗体内の窒素と炭水化物

本圃に植え付けられた苗が完全に活着し、十分な光合成や養分吸収ができるようになるまでには、条件によって大きく異なるが、ふつう挿苗から一〇日間ていどかかる。その間、苗は体内に蓄えられた養分を消費して生長しなければならない。

とくに、エネルギー源となる炭水化物と、器官造成のもとになる窒素とが重要である。挿苗から発根に至る間に、苗の体内ではタンパク質やデンプンの形で貯蔵された養分が、可溶性の窒素や糖に変換され、発根部位である茎の基部に移動し、それらを利用して根の伸長が図られる。そして、養分の主な供給源は葉身であるとされている。

これらのことから、養分的にみた良苗の条件とは、貯蔵養分に富む充実した苗で、葉身が脱落していないことが重要である。このためには窒素を適量与え、強度の遮光はさけて光合成産物を蓄積させた苗が望ましい。このことは、太い根原基を発達させるためにも重要なことである。

これらを苗の外観で判断すると、茎が太く、大きな葉身をもつものが良苗といえる。徒長したような苗は炭水化物が不足であり、逆に日に焼けたような極端に硬い苗は、炭水化物は十分でも窒素不足の傾向がある。

なお、葉身の炭水化物量はかなりの日変化を示し、一般に明けがたに最も少なく、午後には多くなるので、晴天日の午後にとった苗は炭水化物に富んでいる。

苗体内の生長調節物質

苗が発根する過程において は、窒素や炭水化物といった養分ばかりでなく、植物ホルモンをはじめとする内生の生長調節物質も重要な働きをしている。なかでもオーキシン類は根の分化や伸長と関連が深い。サツマイモ苗では節位別のオーキシン活性が調べられており、図1に示すように最上位展開葉の直上節で最も高く、第五節付近まで漸減し、それ以下の節では低いレベルにある。最上位展開葉の直上節は根原基の分化が始まる節位であり、またオーキシンが少なくなる第五節までで根原基数の増加が終わる。

一方、挿苗後の根の伸長は、オーキシンの少ない第五～六節が最も速い。一般にオーキシンは根の伸長に対しては低濃度では促進的に、高濃度では阻害的にはたらくことが知られている。これらのことから、根原基の分化は比較的高いオーキシン

図1　サツマイモ節位のオーキシン活性、挿苗5日後の発根数、総根長、塊根数

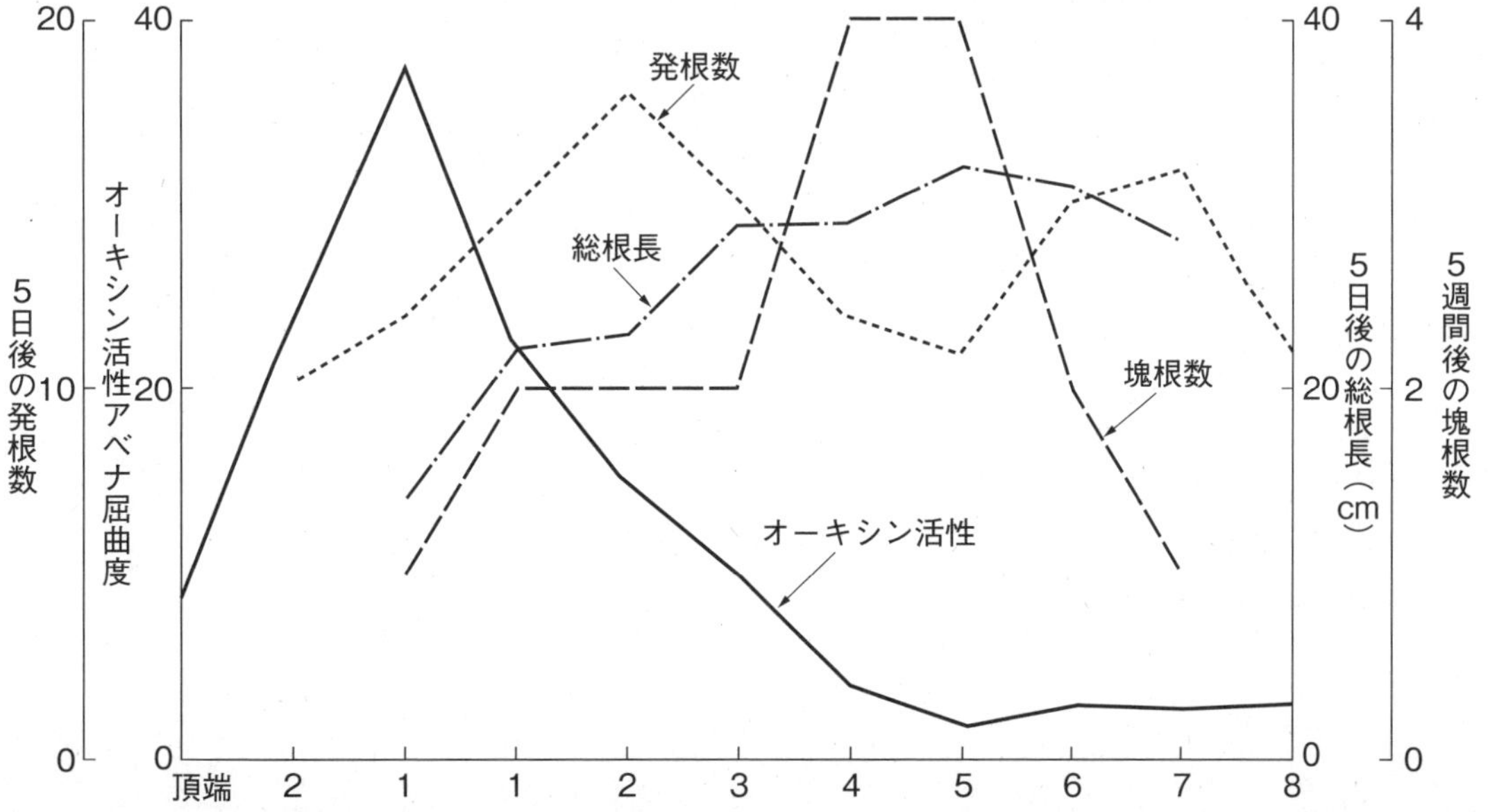

植え付け方法の特徴

斜め植え

苗を斜めに3〜4節土中に挿す。いも個数はやや少ないが、活着がよく、原料用や青果用のマルチ栽培で多く行なわれる

水平植え

浅植えのため、いもは着きやすいが、苗の活着が悪い。苗の根元を深く植え込む改良水平植えは、活着はよくなるが多くの労力を要する。大きく良好な苗でなければならず、暖地の原料用の栽培向き

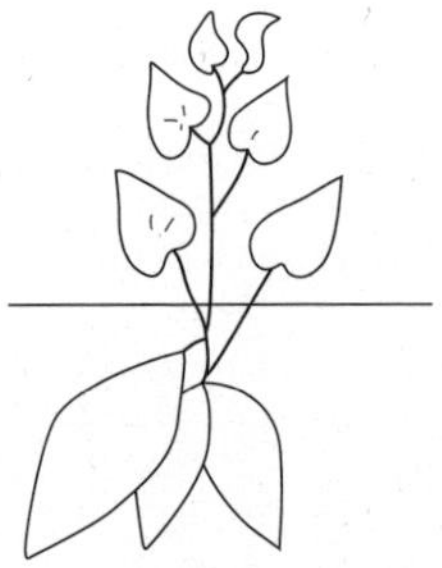

直立植え

うねに直角に棒で穴をあけ、苗を 2〜3節挿し込む。いも個数は少ないが、いもの肥大がよい。関東などの青果用の早掘栽培で行なわれる。太くて短い苗を密植する

舟底植え

植え傷みが少なく活着がよい。植付けの労力も少なく、暖地の原料用の裸地栽培でよく行なわる

レベルのもとですすみ、根の伸長には、五節目以降の低いオーキシンレベルが適することがわかる。節位別の塊根形成数をみても、五節付近が最も多いので、良苗の条件としては第五節付近が健全なもので、この付近に中心的な働きをさせるためには、やはり最低六〜七節以上の苗が望ましい。

　サツマイモ苗の発根には、オーキシンなどよく知られた植物ホルモンのほかに、未知の根の伸長促進物質も関与しているらしい。サツマイモの培養根は、いもの煮汁を加えないと伸長しない。またサツマイモの葉身からは、かなり活性の高い発根促進物質が抽出されている。いもや葉身に含まれる発根因子はフェノール性の物質と思われるが、まだ分離、同定はされていない。しかし、苗の発根にさいしては、葉身起源のこれら発根促進物質がなんらかの働きをしていることは確実とされている。

　このように葉身は、窒素や炭水化物といった養分の供給だけでなく、生長調節物質の供給源としても重要な役割を果たしている。この点からも、健全な葉身をもつことが、良苗の条件といえる。

健全な苗

　当然のことながら、良苗とは種々の病害をもっていてはならない。サツマイモでは黒斑病、つる割病、ウイルスによる病害、帯状粗皮症など苗伝染する病害は多い。これらは見つけしだい、種いもごと除去する。しかしウイルス性の病徴は、気温が高くなると消えてしまうことが多いので、低温期に除いてしまわなければならない。茎頂培養苗はこの面で有効である。

　また、サツマイモは比較的芽条変異（枝変

わり）しやすいので、品種特性がはっきりした苗を用いることも必要である。

いずれにしても、良苗育成には健全な種いもの確保、選抜が第一歩である。

農業技術大系作物編第五巻　生育過程と基本技術　一九八七年より抜粋

育苗条件と苗床管理

内村　力　鹿児島県専門技術員

サツマイモは、育苗中に「いもの基」である根の原基が形成されるので、苗の良否によって収量が大きく左右されるといっても過言ではない。良苗とは、苗が太く、節間が短く各節に適当な根の原基をもち、苗長二五～三〇cmで七～八枚の葉をつけ、硬からず、軟らかからずの苗である。

このような良苗を、必要な時期に必要な量を生産することが、育苗の要点である。

苗床の種類

苗床には、露地の育苗床、太陽熱を利用したハウス+トンネル、トンネル様式がある。ハウストンネル様式には、地温を高めるために電熱や、醸熱材料を踏み込んだものもある。

苗床の選定にあたっては、植付けの時期や気象条件によって異なるが、早植を主体とする地域や寒冷地域では、ハウス+トンネル方式で特別保温を行ない、萌芽や初期の生育を促す。五～六月に植付けする温暖地では、トンネルか露地方式でよい。近年は、ハウスやトンネル方式により農協を中心とした共同育苗や、苗の専用育苗農家もみられており、栽培農家に必要な時期にそろった苗が供給されており、よろこばれている。

一方、南九州では、マルチ栽培の面積が増加し、植付時期もかなり早まる傾向にある。ここではこれらの点も考慮して、ハウスやトンネル育苗を中心に述べることにする。

苗床の適地

①日当たりがよく、水利や管理作業に便利なところ。

②肥沃で排水のよい場所（黒斑病、紫紋羽病、ハリガネムシやコガネムシの幼虫の被害があるので、早めに土壌消毒を行ない防除しておく）。

③季節風の強い時期であるので、防風帯のある場所。防風帯のないところは、北西側に防風がきを設置する。

表1　採苗数と種いも伏込み個数

品種名	1個当たり萌芽数（本）	採苗本数（本/個）		採苗間隔	苗3,000本を得るための種いも個数		
		1回目	2回目以降		1回採苗のばあい	2回採苗のばあい	3回採苗のばあい
コガネセンガン	10	5	3	7	600（120kg）	375（75kg）	275（55kg）
シロユタカ	25	10	5	5	300（60kg）	200（40kg）	150（30kg）

（ ）内は1個重を200gとした10当たり種いも重

種いもの用意

品種固有の色と型をそなえた無病なものを選ぶ。サツマイモは、色、形状などの形質が変わりやすいので、収穫時に株ごとによく観察し、病害のない形状のよい株を種いもに選ぶよう心がける。

種いもの大きさと採苗数との関係を表1に示した。表に見られるように、小いもは萌芽数が少なく揃いも悪い。したがって、その品種として中庸の二〇〇～三〇〇gていどのものを使用する。

種いもの伏込み量は、採苗回数や、品種の萌芽特性により異なる。表1を参考にして、伏込み個数を決めるとよい。

種いもは、貯蔵中に黒斑病などの病原菌が付着している可能性があるので、殺菌処理を行なう。温湯で殺菌する場合は、四七～四八℃の温湯に四〇分間浸す。

苗床での温度管理が難しい場合は、催芽処理をする。イネの育苗器などを利用して、温度三〇℃で、三～五日間管理し、芽を一cm程度に出させる。

苗床の施肥

苗床の予定地には、よく腐熟した堆厩肥を一㎡当たり一〇～一五kgていどを全面散布し、一五～二〇cmの深さによく攪拌する。未熟堆肥を使うと、アンモニアなどのガスが発生し、種いもが腐敗したり、根腐れを起こすことがある。やむをえず未熟堆肥を施用するばあいは、少なくとも種いも伏込みの一か月以上前にすき込んでおくことが必要である。

化学肥料は、一㎡当たり窒素二〇g、リン酸一〇g、カリ一五gを施し、レーキなどで床面四～五cmにかき混ぜる。

表2　苗床の施肥量

（㎡当たり）

	元　肥	追　肥
堆厩肥	10～15kg	
窒素	20g	10g
リン酸	10g	
カリ	15g	

注　追肥は採苗後に施す

種いも伏込み密度と苗床面積

種いもの伏込み密度は、萌芽性の極良のシロユタカやシロサツマは、密に伏せ込むと徒長するので一㎡当たり一一個ていど、萌芽性不良のミナミユタカで二五個ていどが適正である。

このようなことから、一〇a当たり三〇〇〇本の栽培面積に必要な実苗床面積は、二回採苗で、一五～一八㎡でよい。

伏込み時期

種いもの伏込みから一回目の採苗までは、一月、二月の低温期の伏込みでは六〇日、三月以降の伏込みでは五〇日ていどを要する。したがって、植付けの予定日から逆算して伏込み時期を決めるようにする。あまり早くて伏込み温度管理が不十分であると、萌芽が悪いばかりでなく、種いもが腐敗することがある。また品種によって萌芽の遅速があり、シロユタカ、シロサツマは萌芽と生育が早く、ミナミユタカは遅い。

四月上旬に植付けするときの伏込み時期は、ハウス、トンネル育苗では二月上中旬に、五月上旬～六月上旬に植付けするばあいはトンネルまたは露地育苗でよく、三月中旬～四月中旬に伏込みをする。

育苗

温度　いもの萌芽に適する温度は、およそ三〇℃である。種いもの伏込み後七～一〇日間で萌芽する。萌芽までの温度管理が低温であると、萌芽が遅れるばかりでなく、萌芽数が少なく揃いも悪いので、萌芽までの温度管理はとくに重要である。

萌芽後は昼間は二〇～二五℃、夜間は一五℃をめどに管理する。夜間の冷えこみにより寒害をうける危険性も多いので、冷えこみのひどい夜はビニールの上からこもなどで被覆して、四℃以下に下がらないように保温に努める。

三月以降は外気温が上昇し、ハウス育苗やトンネル育苗では、高温による日焼けを起こすので、トンネルやハウスのすそをあけ十分に換気を行なう。

灌水　種いもを伏せ込んだのちは、十分灌水する。乾燥すると発根や萌芽が悪く生育も遅れる。とくに萌芽までは十分量灌水しないと高温障害をうけ、種いもが腐敗するので注意する。

また萌芽後に乾燥がつづくとダニが発生しやすいので、適宜灌水し、かつ防除に努める。

灌水すると床温が下がるので、灌水は天気のよい日の午前中に行なう。苗が伸びてから

図1　種いもの伏込みと覆土

図2　伏込み後のマルチ、トンネル被覆

図3　サツマイモの萌芽

（写真　『新 野菜つくりの実際　根茎菜』農文協より）

図4　種いも伏込み後の温度管理

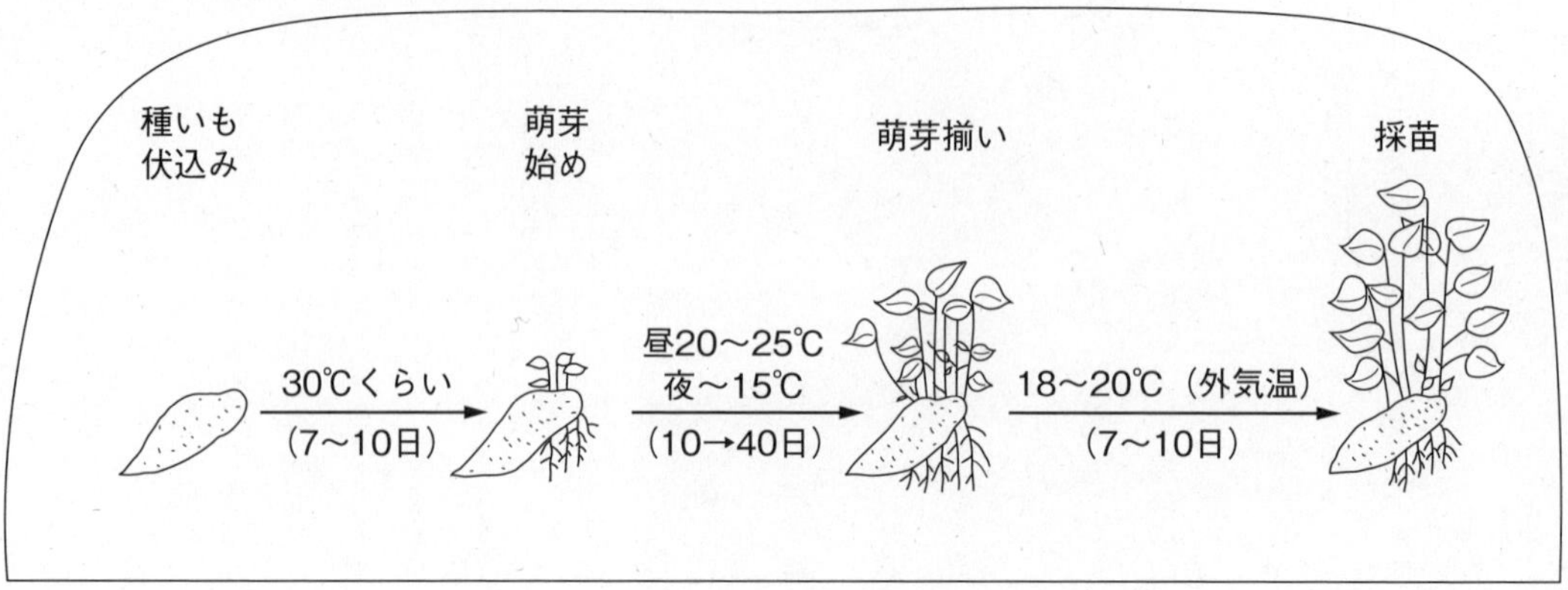

表2　植付け節数と個数、個重　（鹿児島農試、1969,1970）

植付節数	上いも重	上いも比率	1株当たり上いも個数	上いも1個重
4 節 苗	314kg	92%	4.1個	227g
5 〃	344	101	5.2	218
6 〃	326	95	5.8	179
7 〃	334	98	6.0	183
8 〃	342	100	6.4	177

注　品種：コガネセンガン　10a当たり栽植本数：38本

の灌水は、強圧で行なうと倒伏して曲がり苗になるので注意が必要である。

追肥　追肥は、生育状況に応じて、一㎡当たり窒素一〇g（硫安では五〇g）を追肥する。また採苗を終えたら、そのつど同様に追肥して灌水を行ない苗の伸長を促す。

苗の馴化　植えいたみを少なくするために、植付け前七～一〇日ぐらい順次外気に馴らしておくことが大切である。外気温が上昇したら、昼間は内トントルをはずし、ハウスのビニールは、すそをあけて換気を行なう。夜間は霜の心配がないばあい、トンネルやハウスを開放し、順次外気に馴らすようにする。

採苗　採苗は植付け当日から前日に行なう。苗の大きさは、品種のちがいや苗床での温度管理によって若干の差異があるが、節数で六～八節、長さで二五～三〇㎝が適当である（表２）。

採苗には、苗の基部を二～三節（五～六㎝）残して切る。二～三節残して切るのは、次の採苗にそなえると同時に黒斑病の伝染を防止するためである。

農業技術大系作物編第五巻　生育過程と基本技術
一九八七年より抜粋

サツマイモ普通栽培（関東）

屋敷隆士　千葉県農業試験場

マルチ栽培の普及

サツマイモは全国的に栽培が可能であるが、経済的・経営的には栽培地帯は限られてくる。それは、年平均気温は一〇℃以上、最も気温が高い月の平均気温二二℃、積算温度三〇〇〇℃以上のところである。しかし、フィルム資材によるマルチ栽培の普及により、青森県の砂土地帯でも経済栽培が可能になった。

マルチ栽培は、地温上昇効果をはじめ、うね内の土壌を膨軟に保ち、養水分の保持力にもすぐれ、さらに除草の手間が減少するなど多くの利点がある。増収の効果も高く、品質的にもすぐれたものが生産されるので、すべての作型に導入されるようになった。

関東では、普通期掘りは五月中～六月中旬植え、一〇月上～一一月上旬収穫の作型で、貯蔵出荷が中心となる。紅赤は早期肥大性に劣るので晩霜限界まで肥大させるのが有利である。紅赤は貯蔵性が悪いが、三月から四月初めころまで良質ないもが出荷できる。高系一四号と紅赤の中間的な肥大性をもつベニコマチは一〇月上～下旬に収穫し、貯蔵性がよいので六月まで貯蔵出荷できる。高系一四号、ベニアズマのような早期肥大性のよい品種は過肥大にならないよう早めに掘る。両品種とも貯蔵性がよいので六月まで長期貯蔵ができる。

普通期掘り作型の特徴

サツマイモの作型は、大きくは関東地方と九州地方の二型に分けられ、前者を北方型、後者を南方型と称している。

北方型を代表する地域は千葉、茨城の関東東部畑作地帯、南方型を代表する地域は鹿児島、宮崎の南九州畑作地帯である。

気温、降水量、日照時間の気象条件は南方型が有利であるが、北方型は主として軽しょうで有機質含量の多い火山灰土地帯および海岸の沖積砂土地帯であり、南方型は有機質含量の少ない火山灰地帯である。土壌条件では北方型のほうが有利である。

北方型は植付け後、地上部の生育は急速にすすみ、比較的早く繁茂期に達し、それ以降もあまり草勢はおとろえない。いもの肥大も比較的急速で、その後も茎葉の生長とともに肥大をつづける。しかし十分肥大しきれないうちに降霜などで肥大が停止する。

一方、南方型は植付け後、地上部の生育はゆるやかにすすみ、九月上中旬に繁茂期をむかえ、それ以降草勢は急速におとろえる。いもの肥大も植付け後ゆるやかであるが、つるの繁茂期になるころから急速になり、つるが枯死するまで肥大する。

千葉県では八～九月の二か月でいもの全肥大量の約七〇％が肥大する。北方型では、不利な気象条件を克服し、短期間にいもの肥大を図る必要がある。このためにマルチ栽培の意義は大きい。

また、関東における生育特性として、地上部生育期と地下部肥大期の転換期が認められる。図２（次頁）に示したように、八月中旬ごろの転換期には落葉数が急激にふえ、茎のデンプン含量が低下し、葉の葉緑素含量が減少する。いわゆるつるぼけは、転換点がはっきりしない現象とみられる。転換点の時期は品種によっても異なり、この時期に土壌窒素を切らす土壌管理法と栽培法が必要である。

普通期掘り作型の多くは貯蔵出荷がねらいとされ、一月から六月まで貯蔵する。収穫時

図1　サツマイモの主な作型（マルチ栽培）

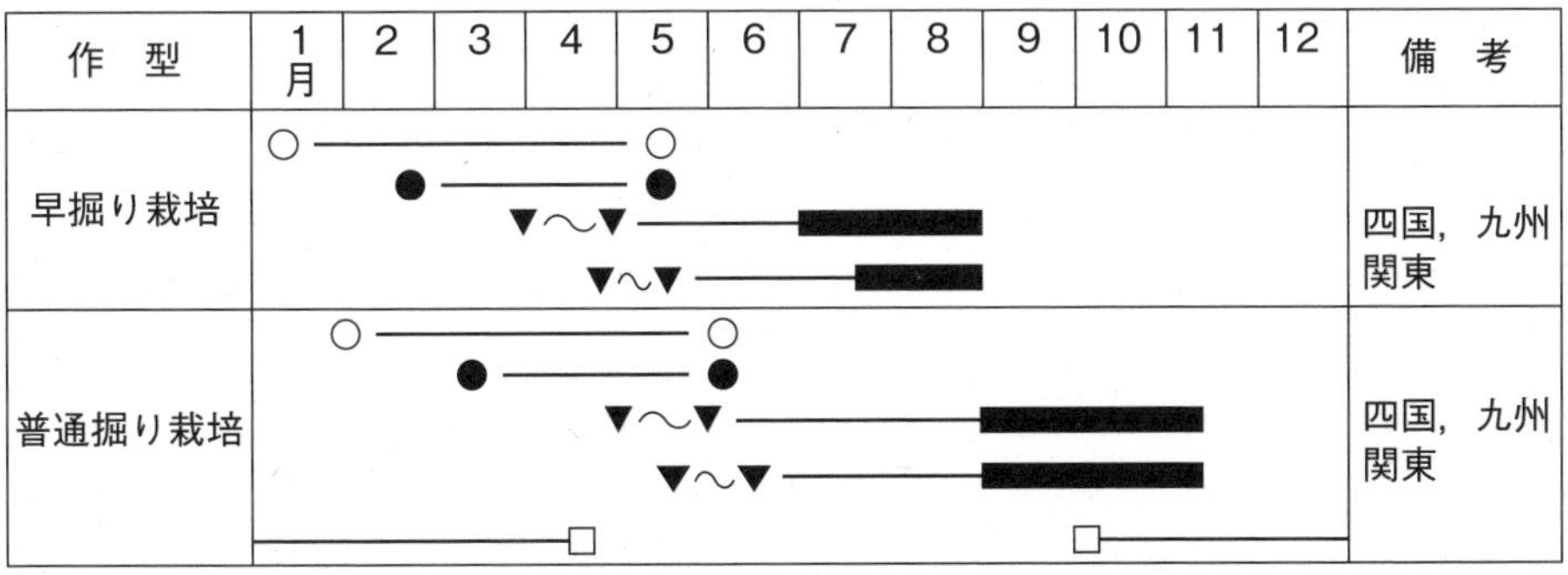

○－○：育苗（ポット苗利用）　●：育苗（種いも育苗）　▼：植付け　■：収穫　□－□：貯蔵

（『新野菜つくりの実際　根茎菜』農文協）

のいもの品質ばかりでなく貯蔵技術が重要視される。外観、食味とも兼ねそなえた品質が要求される。

貯蔵して五～六月ごろまで出荷販売するには、品質の変化を少なくし、長期間貯蔵しなければならないので、収穫時に低温や降霜にあわせてはならない。早すぎると貯蔵中の高温によって貯蔵に失敗することがあるので、収穫時期はおのずから決定される。貯蔵用としては、デンプン含量の高い良質ないもを降霜前に収穫することが要件になる。

土壌条件

サツマイモは土壌に対する適応性が広く、気象条件がよければかなりの収量があがる。

地中にデンプンを蓄積するため、多量の酸素を要求する。そのため土壌が膨軟で通気性がよく、しかも保水力のあることが望ましい。この点、関東に多い火山灰土壌や砂壌土はサツマイモ栽培に適している。

生食販売用では、収量よりいもの皮色、形状などが重視されるので、とくに土壌の適否が問題になる。火山灰土壌では、栽培法によって良質ないもを生産することができる。

サツマイモは土壌酸度に対する適応性が大きく、pH四・二～七の範囲内では生育・収量

図2　普通期掘り栽培の生育と作業（千葉県）

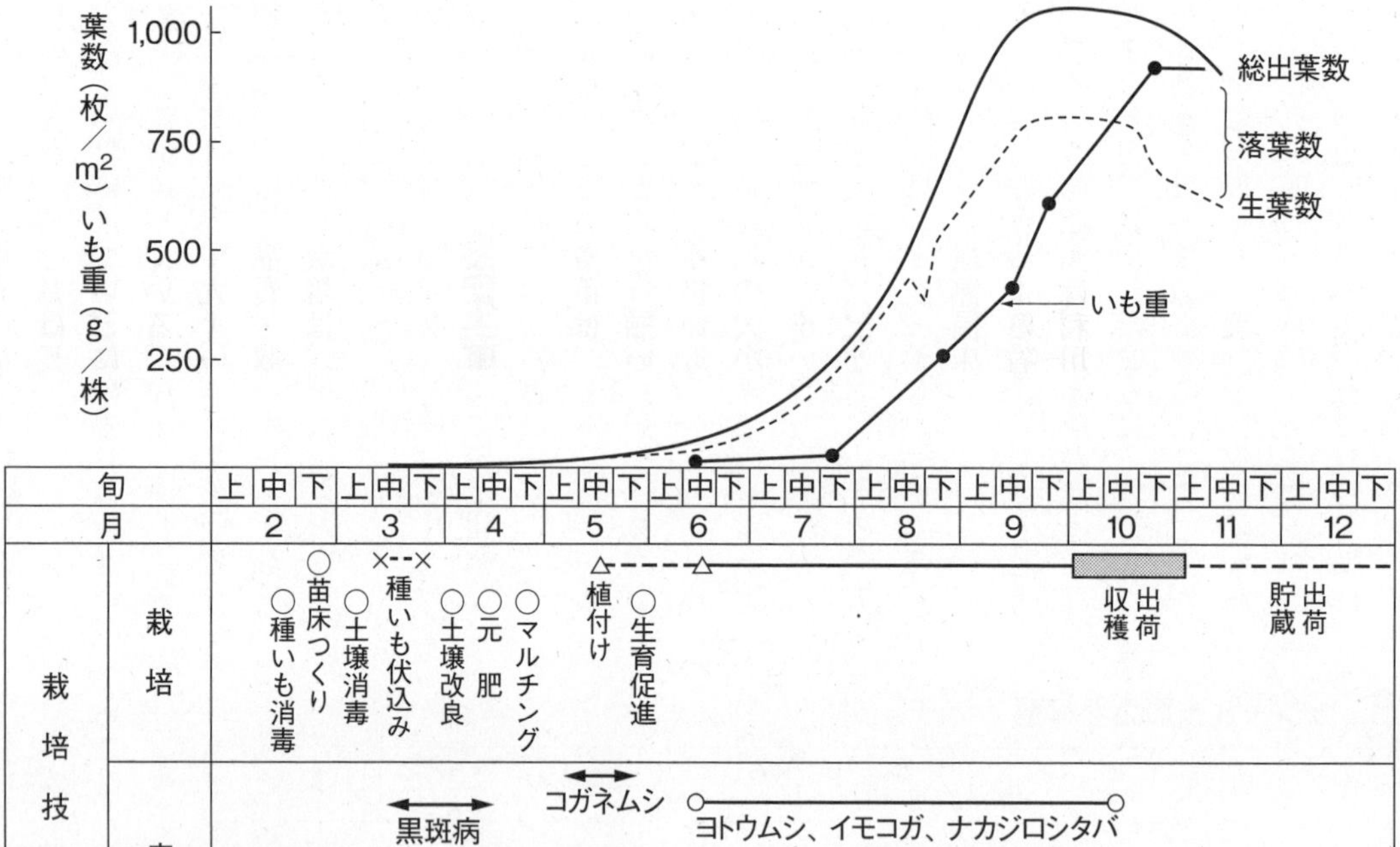

に差がないとされている。しかし、pH六以上になると、立枯病などが発生しやすくなるので、石灰をひかえpH六以下に管理する。

サツマイモは、一般的に野菜跡に作付けするとつるぼけ現象を示し、品質・収量に影響するが、耐肥性品種の選択によって解決できる。

気象条件

気温　サツマイモの発根には一五℃以上の温度を必ず必要とし、品種によって異なるが生育は一五～三八℃、いもの肥大適温は二〇～三〇℃とされている。

サツマイモの主産地である北総台地の五月の平均気温は約一六℃で、五月中旬には一五℃になる。マルチすることにより地温が上昇し、五月上旬には植付けが可能となる。関東地域では九～一〇月の気温が肥大の制限要因になる。

日照と降雨　サツマイモは乾燥に強いが、挿苗期には適度の土壌水分がなければ活着が不良となる。生育盛期の七～八月の乾燥は地上部が茂らず、九～一〇月の乾燥はいもの肥大を抑制する。

北総台地では、五月の日射量が最大で一日平均四三〇kcal／㎡、晴天には二〇〇〇kcal以上になりサツマイモの生育には最適である。肥大に影響する九～一〇月は長雨により平均日照量が五月の六〇％ていどに低下し、いも肥大の制限要因になっている。

雨量は六月について九～一〇月に多い。この時期に雨が多いと品質・収量の制限要因になる。高うねマルチ栽培は、雨量に影響されることが少ない。

種いもの選別と良苗生産

種いもの条件　良質苗は、よい種いもから生産される。形、皮色、揃いなど品種の特性を具備し、無病健全な種いもであることが必要条件である。種いもの大小によって萌芽数はあまり変わらないが、小いもでは苗が細くなるので二〇〇～三〇〇gのいもを利用する。

育苗法　育苗法は醸熱温床から、中型のハウスを利用した冷床による省力的な方法に変わってきている。床土は利用せず、直接ハウス内圃場に伏せ込んでいる状態で、苗質も良好とはいえなくなってきている。このことが活着不良、収量低下の原因のひとつにあげられる。苗七、八分作といわれているように、良質苗の生産が大切である。

良質苗の生産　良質苗とは、苗の貯蔵養分が多く、苗の保水力、吸水力が強く、苗長が二五～三〇cm、七～八枚の葉をつけ、一〇〇本当たり一kg以上のものである。良質苗は萌芽～採苗の生育時期に適した温度、水分、日照などの管理により生産される。

種いもの萌芽は、適温適況であれば五～七日で完了する。この適温は紅赤、ベニアズマ、高系一四号で三〇～三二℃、ベニコマチ三〇℃と比較的高く、その後の生育適温は日中二二～二五℃、夜間一五～一八℃である。

土壌水分は、対容水量の七〇％くらいで、床土を手で握ってもくずれないていどである。

日光に当てる時間は、生育にあわせて順次伸ばしていき、苗長が二〇cmほどになったとき被覆を除いて日光に十分当てる。夜間は低温にもあわせ苗の伸びすぎを防ぎ、健全苗とする。

苗が伸びないうちに、日照過多の状態で育苗すると太い苗となるが、苗の伸びが少なく、採苗、植付けに不利不便が多い。したがって採苗直後、追肥と灌水を行なって床を寒冷紗などで光をさえぎり、苗の伸長を図ることが大切である。

窒素分を欠乏させないように、採苗後は必ず窒素を追肥し、十分灌水して次回の採苗を早め、苗質の向上を図る。

植付け

地温　一般的に五月は晴天が多く、地温は五cmの深さで、透明マルチで四〇～四五℃に達する。発根の適温は二〇℃以上、三〇℃以下で、三〇℃以上になると発根数は減り、根の組織は木化しやすく、ゴボウ根が増大するとされている。また高地温下で立枯病やかいよう症状が発生しやすくなる。これらの障害にはベニアズマが強く、高系一四号は弱い。白黒ダブルマルチで地温を下げることにより、これらの障害が軽減される。

土壌水分　苗の活着は土壌水分pF二・〇～二・二が望ましく、乾燥すると立枯病やかいよう症状が発生しやすくなる。また、乾燥によりゴボウ根になりやすい。マルチ高うね栽培では、後から水分が補給されることが少ないので、降雨後にマルチを張ったり、灌水したりして土壌水分を十分に確保する。

栽植密度　栽植密度は畑の肥沃度、土壌の性質などの条件で異なるが、うね間七〇～一〇〇cm、うねの高さ二〇～三五cm、株間は二五～四〇cmが普通である。

千葉県の火山灰土壌のサツマイモ地帯では、紅赤は一〇a当たり七〇cm×四〇cm（三一七〇本）、ベニコマチは七〇cm×三五cm（四七六〇本）、高系一四号、ベニアズマは七〇cm×三五cm（四〇〇〇本）ぐらいが一般的である。

高系一四号やベニアズマのように早期肥大の高い品種は、生育期間が長くなるといもが過肥大となり、これを防ぐために密植にする。高系一四号は作期で調整している。ベニアズマは六月中旬以降植付けでは、七月の高温によりいもに皮脈症が発生しやすくなるので、高系のように晩植えによる調整には問題がある。ベニアズマのばあい、五月植付けで一〇月収穫では、慣行より密植とし栽植本数は一〇a当たり五〇〇〇～六〇〇〇本とする。

施肥

施肥量　施肥効果を高めるには、窒素は葉面積を確保して同化量を高めるために生育前半に利用されるようにし、一時落葉する生育転換点（八月中旬ごろ）には、窒素を抑えて過繁茂を防ぎ肥大を促進させる。また後半窒素を抑えることによってデンプン含量を高め、食味を向上させる。

サツマイモのリン酸に対する要求量は少ない。しかもリン酸は、品質を向上するということで多施用されている。最近、土壌改良がすすみ、土壌中の有効態リン酸が増加している。

カリは全生育期間十分に吸収されるようにし、とくに塊根肥大期の吸収量を多くし、肥大を促進させる。いも類はカリを多く吸収するので、前作に堆肥を入れてカリ含量を高めておく。

施肥量は土質、肥沃度、品種などを考慮して決めなければならない。

石灰と品質　石灰は、食用では皮色を鮮明にする効果がある。しかし、多施用すると土壌pHが上昇し、pH六以上になると総いも重は減少する傾向がある。石灰の多施用の影響と思われる。また放線菌によるかいよう症状が多発する傾向がある。さらに、石灰飽和度が高くなると、デンプン含量が低下し肉質は粘質化し食味が低下する。したがって、土壌pHは五～六に管理し、石灰飽和度が五〇％以上のサツマイモ畑では石灰の施用をさける。

貯蔵法

関東で生産されるサツマイモの多くは、一～六月の長期にわたり貯蔵出荷される。貯蔵には溝式貯蔵、むろ式貯蔵、横穴式貯蔵、キュアリング庫貯蔵、室内貯蔵などがある。

これらのうち、溝式貯蔵が最も多いが、温湿度を調節できるキュアリング庫や簡易貯蔵庫を利用した貯蔵がふえている。

腐敗　腐敗は、貯蔵前のいも質や貯蔵中の

図3　サツマイモの溝式貯蔵

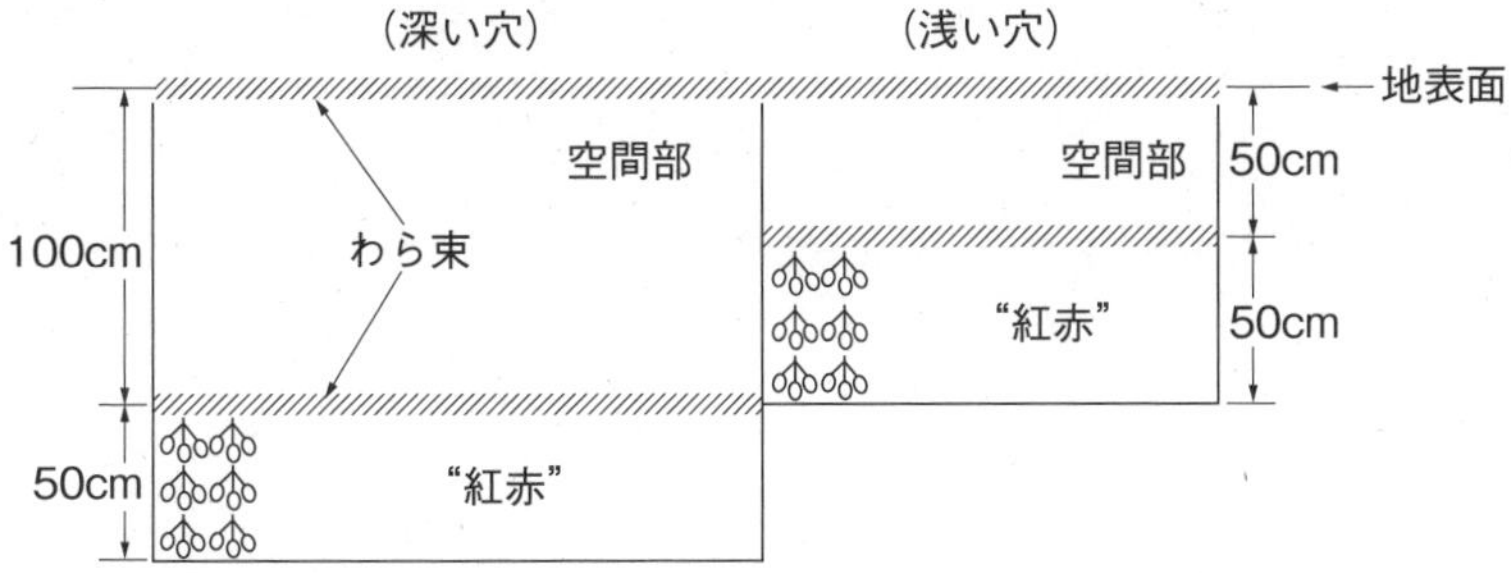

図4　サツマイモの溝式貯蔵

（写真『新 野菜つくりの実際　根茎菜』農文協）

貯蔵条件によって発生する。貯蔵前の留意点として次の事柄があげられる。①いもは降霜前に掘り上げ、無病・無傷の株を選別する。②貯蔵場所はサツマイモを栽培した畑の一部または近くで、地下水が低く雨水の流入しない南面を選ぶ。貯蔵穴は深さ一二〇cm、幅六〇cmていどとし、長さはいもの量で定めるが、管理上二〇～三〇mが限度である。

関東で最も普及している溝式貯蔵（図3、4）における溝穴の温度は、一二月から四月上旬までは適温の一三～一五℃に保たれている。温度が上昇すると、芽が出たり、呼吸による消耗、軟腐病の発生など品質の低下や腐敗が多くなる。したがってこの貯蔵法では、三月下旬から四月上旬までが貯蔵の限界と考えられる。

四月以降の貯蔵は貯蔵庫を利用して行なうが、このばあい、品質を保持する技術としてポリシートなどで包み乾燥を防ぐことによって高品質が維持できる。

内部褐変　貯蔵中、いもの内部に褐変が、生じる症状で、そこから病原菌が見出されていないので生理障害とされている。発生は品種間差が明らかで、紅赤に特徴的に発生する。主な原因は貯蔵中の乾燥と温度上昇である。したがって溝式貯蔵では乾燥を少なくし、貯蔵庫による貯蔵では乾燥防止とキュアリング処理が有効である。しかしキュアリング処理では高温にしすぎないことが必要であり、三三℃以上になると内部褐変が発生する。

出荷作業中に、二〇～三〇℃以上になる場所に放置すると内部褐変が多発する。

病害虫

コガネムシの被害が増加しており、品質低下の最も大きな要因になっている。サツマイモネコブセンチュウの被害も大きく、土壌深耕により一mの深さに生息するようになり、土壌消毒では完全には防げない。サツマイモネコブセンチニウは多犯性であるが、これにかからないラッカセイ、イネ科作物あるいはサツマイモの抵抗性品種を導入して耕種的防除法をとり入れながら、線虫密度を低下していくことが大切である。

サツマイモの大敵である黒斑病の発生が少なくなり、放線菌による病害、つる割病、貯蔵中に起こる新しい腐敗病などが問題になっている。

農業技術大系作物編第五巻　関東・普通栽培
一九八七年より抜粋

本書は『別冊 現代農業』2013年10月号を単行本化したものです。

著者所属は、原則として執筆いただいた当時のままといたしました。

農家が教える

ジャガイモ・サツマイモつくり

2014年3月15日　第1刷発行
2021年6月5日　第7刷発行

農文協　編

発行所　一般社団法人　農山漁村文化協会
郵便番号 107-8668 東京都港区赤坂7丁目6-1
電話 03(3585)1142(営業)　03(3585)1147(編集)
FAX 03(3585)3668　振替 00120-3-144478
URL http://www.ruralnet.or.jp/

ISBN978-4-540-13215-5　DTP製作／ニシ工芸㈱
〈検印廃止〉　印刷・製本／凸版印刷㈱

定価はカバーに表示
乱丁・落丁本はお取りかえいたします。